GENIAL GESCHÜTZT

Raffinierte Verpackungen in der Natur

Ruthild Kropp (Hrsg.)

GENIAL GESCHÜTZT

Raffinierte Verpackungen in der Natur

Ruthild Kropp (Hrsg.)

THEISS

Die Deutsche Nationalbibliothek verzeichnet diese Publikation in der Deutschen Nationalbibliografie; detaillierte bibliografische Daten sind im Internet über **http://dnb.d-nb.de abrufbar**.

Der Konrad Theiss Verlag ist ein Imprint der WBG

Die Herausgabe des Werkes wurde durch die Vereinsmitglieder der WBG ermöglicht.

Lektorat: Christiane Martin, Köln
Gestaltung & Satz: Melanie Jungels, scancomp, Wiesbaden
Einbandabbildung: Eric Isselée – Fotolia.com
Einbandgestaltung: Stefan Schmid, Stuttgart

Gedruckt auf säurefreiem und alterungsbeständigem Papier
Printed in Germany

Besuchen Sie uns im Internet: www.wbg-wissenverbindet.de

ISBN 978-3-8062-3014-7

Elektronisch sind folgende Ausgaben erhältlich:
eBook (PDF): 978-3-8062-3078-9
eBook (epub): 978-3-8062-3143-4

Inhalt

Einleitung

DR. RUTHILD KROPP

Verpacktes Leben – warum verpackt die Natur?

Verpackung – das klingt so industriell, vom Menschen geschaffen, in Form gepresst und gestanzt, angefertigt, um den jeweiligen Inhalt zusammen- und Flüssigkeit festzuhalten. Verpackungen helfen, Dinge einfacher, möglichst eng gepackt und ohne Beschädigung von einem Ort zum anderen zu transportieren. Sie schützen das Paket vor dem Postboten, der es fallen lässt, bewahren die DVD vor Kratzern und halten das Hundefutter länger frisch.

Die Herstellung dieser Verpackungen folgt meist nur einem einzigen Ziel, nach dem sich auch ihre Form richtet: Eier sollen sicher und stapelbar transportiert oder einen Brief ohne Einsicht zum Empfänger gebracht werden. Natürlich kann man mit den Eierpaletten später seinen Musikraum dämmen oder einen schönen Briefumschlag rahmen und an die Wand hängen, doch grundsätzlich sind Verpackungen sehr einseitig und zweckentsprechend geplant. Sie sind somit recht unspektakulär und landen schließlich im Müll.

Und jetzt legen Sie einmal den Finger auf ihren Handrücken und fühlen Sie sie: Ihre Haut, die Verpackung Ihres Körpers. Ein genial angepasster Schutzmantel, eine Hülle, die Stoffe ein- und ausströmen lässt, sich ständig erneuert und doch altert, die Wunden schließen und Stress anzeigen kann und, nicht zuletzt, die Sie Berührungen fühlen lässt.

Solch begnadeten Verpackungen der Natur begegnen uns täglich, oft nehmen wir sie gar nicht mehr wahr und vergessen zu staunen über die Vielfalt und Kreativität, die die Natur uns präsentiert. Ganz selbstverständlich schälen wir eine Banane oder schlagen ein Ei auf, streicheln das Fell unseres Hundes und zupfen ein Blatt vom Baum, ohne die Hüllen dieser Dinge bzw. Lebewesen zu betrachten.

Diese Verpackungen haben nichts gemein mit denen, die der Mensch anfertigt, denn die Natur verpackt Lebendiges, sie verpackt Leben. Dieses muss atmen, muss mit der Außenwelt in Kontakt treten und gleichzeitig einen Eingriff von außen abwehren können. So haben sich im Laufe der Evolution die natürlichen Verpackungen optimal an ihren Inhalt und die Umwelt angepasst. Sie besitzen Sollbruchstellen, sie zeigen Reifegrade an, sie schützen, stabilisieren, schmücken, signalisieren, kommunizieren, wärmen, tarnen und warnen, sind umweltfreundlich und vieles mehr. Kurz: Sie sind genial in Form und Material, Gestalt und Struktur.

Kein Wunder, dass der Mensch sich bei der Natur umschaut und sie sich zum Vorbild nimmt für eine neue Generation von Verpackungen, die er entwickelt. Bionik ist das Schlagwort, und nicht nur die Verpackungsindustrie sieht in der Natur einen Lehrmeister, um uns Kunden immer ausgefeiltere Produkte zu präsentieren.

Dieses Buch möchte Ihnen viele ganz verschiedene natürliche „Verpackungen" vorstellen. Verschiedene Autorinnen und Autoren haben sich ihre Forschungsschwerpunkte und Lieblingsthemen vorgenommen und erzählen nun von besonderen Verpackungen. Sie betrachten ganz kleine Einheiten, etwa die Zellmembran oder die Viren. Sie führen durch die Welt der Botanik mit der Kokosnuss oder dem Pollenkorn und der Zoologie mit Fischschuppen und Schildkrötenpanzer. Und sie schrecken auch vor riesigen Verpackungen wie der Erdkruste und der Atmosphäre nicht zurück.

Auf Ihrem Weg durch die Verpackungswunder der Natur werden Sie Alltäglichem begegnen, Bekanntes wiedertreffen, aber auch Unbekannteres entdecken. Vielleicht wird Sie der Einfallsreichtum der Natur in Staunen versetzen, wenn Sie das nächste Mal eine Feder betrachten oder eine Knospe.

Die Zellen der Bienenwaben – ideal geometrische Formen

ANJA SCHWEIA-BUTTERO

siehe links: Europäische Honigbiene (*Apis mellifera*) an einer Zelle.

Zu den genialsten Formen der Natur gehören zweifelsohne die Zellen der Bienenwaben. Exakt und einheitlich sind sie nicht nur eine architektonische Meisterleistung und bildschön anzuschauen, sondern darüber hinaus auch ein technisches Meisterwerk. Durch ihre sechseckige Form gelingt es, effiziente Raumnutzung, optimale Stabilität und maximale Volumenausnutzung miteinander zu kombinieren – Eigenschaften, auf die bereits Ingenieure der Bionik aufmerksam wurden, die die Wabenstruktur als Vorbild für Materialeigenschafften in der Technik einsetzen.

Der Zusammenschluss mehrerer Zellen wird als Wabe bezeichnet. Der Umfang der gesamten Wabe wird bei der heutigen Bienenhaltung durch den Imker vorgegeben, indem er im Bienenstock Holzrahmen meist mit eingespannten Wachsplatten platziert, die die Insekten als Grundlage für ihre Bebauung nutzen.

Honigbienen zählen, neben Wespen und Ameisen, zu den staatenbildenden Insekten, sie gehören zu den populärsten und wirtschaftlich wertvollsten Insekten. Ihr Verbreitungsgebiet reicht von Europa bis Asien, Afrika und die USA. Durch ihre weite Verbreitung und züchterisches Einwirken entstanden zahlreiche Arten der Gattung *Apis*. Erste fossile Nachweise von Bienen existieren aus der Zeit des Oligozäns (vor 30 Millionen Jahren).

In der Natur sind Honigbienen typische Höhlenbrüter, sie legen ihre Nester in Baumhöhlen und anderen Öffnungen an. In der Vergangenheit war gesammelter Honig der einzige Süßstoff, der dem Menschen zur Verfügung stand. Bereits seit der Steinzeit beschäftigt sich der Mensch mit der Gewinnung von Honig. Die Bienenvölker wurden zu dieser Zeit in ihrer natürlichen Behausung belassen.

Die drei Bienenwesen

Zu einem Bienenvolk gehören die drei Bienenwesen: Königin, Arbeiterin und Drohne. Jedes Bienenvolk hat eine Königin, zwischen 30 000 und 80 000 Arbeiterinnen und einigen Hundert Drohnen. Die Gesamtheit der Bienen eines Volkes, die dazugehörige Brut sowie das Wachsgebäude mit Futtervorräten wird als „Bien" bezeichnet.

Drohnen sind nur temporär im Bienenstock, sie entwickeln sich aus unbefruchteten Eiern. Ihre einzige Aufgabe ist es, einmalig eine Königin beim sogenannten Hochzeitsflug zu befruchten. Gegen Ende des Bienenjahres – etwa in der Mitte des Sommers – werden die Drohnen bei der Drohnenschlacht aus dem Bienenstock verstoßen. Der Bienenstaat funktioniert nur als Einheit. Eine einzelne Biene ist allein langfristig nicht überlebensfähig. Drohnen auf Dauer im Stock zu beherbergen, bedeutet daher einen Mehraufwand an Nahrung, der für den Erhalt des Stockes von Nachteil ist.

Der Körperbau der drei Bienenwesen ist aufgrund der unterschiedlichen Aufgaben verschieden. Die Königin ist gekennzeichnet durch ihren länglichen Hinterleib und die verhältnismäßig kurzen Flügel im Vergleich zu dem länglichen Körper. Drohnen haben von den drei Bienenwesen die größten Augen, sie dienen dazu, die Königin während des Hochzeitsfluges finden zu können. Arbeitsbienen sind ebenfalls weiblich. Ihre Geschlechtsorgane sind angelegt, jedoch nicht funktionsfähig. Sie legen keine Eier, sondern übernehmen verschiedene Aufgaben innerhalb des Bienenstockes, so zum Beispiel die Aufzucht

Die Bienenwesen eines Bienenvolkes (von links: Königin, Drohne, Arbeiterin).

der Larven, die Pflege der Königin und das Sammeln von Pollen und Nektar.

Die Königin ist somit das einzige fortpflanzungsfähige weibliche Tier des Bienenvolkes und die Mutter aller Volksmitglieder. Alle Arbeiterinnen sind – genetisch gesehen –Schwestern. Die Königin legt bis zu 3000 Eier am Tag in die besagten Zellen der Wabe. Die Königin kann durchaus 5 Jahre alt werden. Die Arbeiterinnen hingegen leben im Sommer nur 4 bis 6 Wochen. Die überwinternden Arbeiterinnen werden älter, sie leben einige Monate, um mit der Königin den Winter zu überdauern.

Je nach Alter übernimmt eine Arbeitsbiene nacheinander verschiedene Aufgaben, die sich unmittelbar aneinander anschließen. So ist der kontinuierliche Ablauf im Bienenstock gesichert. Am ersten und zweiten Tag reinigt und desinfiziert sie nach und während ihres Schlüpfens die Brutzelle. Von Tag zwei bis Tag fünf ist es ihre Aufgabe, ältere Larven mit Pollen und Honig aus den umliegenden Zellen zu versorgen. Von Tag fünf bis Tag zehn ihres kurzen Lebens übernimmt sie die Rolle der Amme und Diätschwester. Sie versorgt junge Larven mit Futtersäften. Ab dem elften Tag übernimmt die Arbeitsbiene die Bautätigkeit. Die Phase der Bautätigkeit dauert fünf Tage, dann folgen Aufgaben wie die Herstellung von Honig, die Funktion als Wächterbiene sowie ab der vierten Woche die Aufgabe der Sammelbiene.

In den Zellen der Wabe erfolgt die Entwicklung der Biene vom Ei bis zum vollständig entwickelten Insekt. Darüber hinaus werden Pollen und Nektar in den Waben gelagert und zu Honig verarbeitet.

Von April bis Juni wächst das Bienenvolk stetig. In dieser Zeit produziert das Volk ständig neue Zellen und erweitert so seinen Raum für neue Brut. Was aber geschieht genau in der Bauphase? Die Arbeiterin hat das Alter von elf Tagen erreicht. Ihre Futterdrüsen, die sie zuvor zur Ernährung der Jungbienen benötigte, versiegen und die Wachsdrüsen nehmen ihre Funktion auf. Sie produzieren Wachs. Der Imker nennt den Prozess der Wachsproduktion „Wachsschwitzen“. Die Bestandteile des Bienenwachses sind Verbindungen von Fettsäuren mit Alkoholen.

Acht Paar Wachsdrüsen liegen an der Unterseite des Hinterleibes (Abdomen) des Bienenkörpers. Sie befinden sich zwischen dem dritten und sechsten Abdominalsegment. Da ein Wachsplättchen nur einen winzigen Bruchteil eines Gramms wiegt, wird hier die Leistung der Insekten deutlich, denn um die Wabenstruktur zu erstelle und ein flächiges Ausmaß von Zellen zu erhalten, müssen große

Verschiedene Entwicklungsstadien der Honigbiene.

Die Arbeitsbiene produziert Wachsplättchen mittels Wachsdrüsen.

Mengen an Wachsplättchen verfügbar sein. Binnen 24 Stunden kann ein Bienenvolk eine Wabe mit 5000 Zellen komplett aufbauen und das dazu benötigte Wachs produzieren. Die frisch produzierten Wachsplättchen haben zunächst eine weiße Farbe. Erst durch die Einlagerung der ölhaltigen Pollen färben sich die Zellen schließlich gelb.

Innenausbau in Selbstorganisation

Bereits seit vielen Hundert Jahren beschäftigen sich Wissenschaftler mit der Entstehung der exakten Struktur der Bienenwaben. Während ursprünglich den Bienen mathematischer Verstand zugesprochen wurde, konnte schließlich gezeigt werden, dass sie zunächst nicht sechseckige, sondern runde Zellen bauen. Das Wachs wird erst anschließend durch entsprechende Wärmeerzeugung auf circa 45 °C erwärmt, was dazu führt, dass die Zellen sich verformen und automatisch die Form der Hexaeder annehmen. In der Natur wird dieses Phänomen als Selbstorganisation bezeichnet. Diese Art der Selbstorganisation bringt für die Bienen auch Aspekte des Energiesparens mit sich, denn sie erzielen auf diese Weise mit der geringsten Menge Wachs ein ideales Ergebnis.

Die sechseckige Form bringt den positiven Effekt der vollständigen Raumausnutzung mit sich, insofern, dass alle Zellen unmittelbar aneinandergrenzen und es keine Zwischenräume gibt, was bei anderen Formen, wie Tetraeder oder Kugel der Fall ist. Weiterhin entsteht im Inneren der Zelle durch die sechseckige Form mehr Volumen als bei anderen Formen und auch die Stabilität ist optimal.

Runde Strukturen weisen im Vergleich zum Sechseck Hohlräume auf.

Energetisch perfekte Bauweise

Geringer Materialverbrauch, optimale Raumnutzung und hohes Maß an Stabilität sind die Eigenschaften, die Ingenieure hellhörig werden ließen. Denn sie suchten schon lange nach der energetisch perfekten Leichtbaugeometrie – und die weist die Bienenwabe auf. Die Wabenstruktur ist ideal einsetzbar, wenn gleichzeitig leichtes und auch stabiles Material benötigt wird. Auch Versuche der Selbstorganisation sind bereits in der Technik unternommen worden. So konnten selbstorganisierende Wölbstrukturen in Wabenform entwickelt werden: Entsprechend präparierte Blechplatten springen durch sanfte Druckeinwirkung von außen automatisch in die gewünschte Wabenform. Auf diese Weise ist es möglich, Blechdosen herzustellen. Da das Verfahren materialschonend ist, kann das Blech bereits vor der Verformung bedruckt werden, denn es ist einfacher eine glatte Oberfläche zu bedrucken als eine runde.

Weiterhin findet sich die Wabenstruktur in Kombination mit sogenannten Sandwichstrukturen bei vielen technischen Anwendungen wieder. Hier ist sie als „Honeycomb-Struktur" bekannt. Auf diese Weise werden Umzugskisten und andere Verpackungsmaterialien besonders leicht, aber dennoch stabil gestaltet. Ähnliche Strukturen gibt es auch aus Aluminium.

Weitere Anwendungsbeispiele für den Einsatz von Wabenstruktur in der Technik finden sich in der Entwicklung von Autoreifen, denn die Gummiwaben ermöglichen eine bessere Bodenhaftung auf glatter oder vereister Fahrbahn. Auch der Bremsvorgang wird durch die Wabenstruktur verbessert.

In der Bautechnik sorgen strukturierte Ziegelsteine für deutlich leichteres Material, das zusätzlich die gleiche Stabilität aufweist wie massive Steine. Die Arbeit wird dadurch erleichtert. Durch die Hohlräume im Stein kann gleichzeitig eine verbesserte Schall- und Wärmeisolation erfolgen. Ebenfalls in der Bautechnik werden zur Belüftung wabenförmig strukturierte Aluminiumrohre eingesetzt.

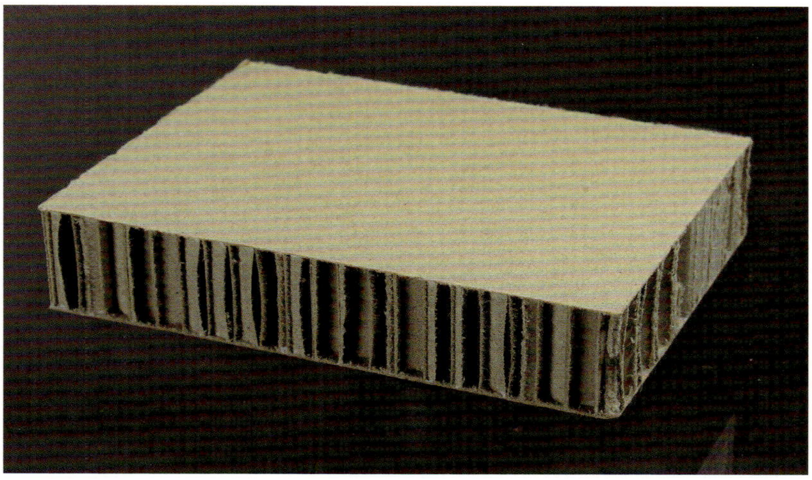

Sandwichstruktur eines Pappkartons.

Die vermutlich bekannteste Erfindung nach Bienenbauart ist wohl die Schontrommel der Waschmaschine, die durch entsprechende Oberflächenstruktur einen Wasserfilm erzeugt, auf dem die Wäsche gleiten kann und so weniger stark strapaziert wird. Hinzu kommt, dass die Trommel nur wenig wiegt und dabei sehr haltbar und stabil ist.

Weiterhin werden Wabenstrukturen in der Medizintechnik eingesetzt. Sie ersetzen mittels eines entsprechenden Kunststoffs bereits Gips als Verbandmaterial zur Behandlung von Knochenbrüchen.

Und so lassen sich viele weitere Beispiele finden, in denen die Formen der Natur zum Vorbild für die Technik wurden. Und im Übrigen schmeckt der Honig direkt aus der Wabe besonders gut. Der Test lohnt sich.

Wabenstruktur der Waschmaschinentrommel.

Die Körperhülle der Fische – nicht nur Schuppen

MARTIN BOPP

Wer an Fische denkt, hat sofort stromlinienförmige Leiber mit silbrigen Schuppenkleidern vor Augen, die anscheinend mühelos durchs Wasser gleiten. Doch tragen längst nicht alle der heute auf unvorstellbare 32 000 Arten geschätzten Fische Schuppen. Unter solchen schuppenlosen Fischen finden sich extrem schnelle Schwimmer, wie die Schwertfische (Xiphiidae), der träge Mondfisch, alle Welse (Siluriformes) oder der junge Aal, der nach seinen ersten Jahren im Meer erst beim Aufsteigen in die Flüsse winzige Schuppen anlegt. Auch viele Tiefseefische verzichten auf die schützenden Plättchen. Doch lässt sich weder eine funktionale Ordnung noch eine erdgeschichtliche Entwicklungsreihe erkennen, warum die meisten Fische Schuppen tragen und andere nicht. Manche Fische schützen sich auch mit Panzern, die sich aus Knochenabscheidungen der Haut bilden.

Alles in allem scheinen Schuppen aber ein erfolgreiches Prinzip in der Evolution zu sein, denn die Fische stellen heute mehr als die Hälfte aller Wirbeltierarten der Erde. Sie haben alle Wasserlebensräume von der Tiefsee bis zu Quellbächen und temporären Tümpeln besiedelt und dabei eine enorme Vielfalt an Formen und Lebensweisen entwickelt.

Fischhaut – Schutzinstrument, Kommunikationsorgan und Chassis fürs Bewegen

Die Grundform der Körperhülle ist bei Fischen wie bei allen Wirbeltieren eine mehrlagige Haut. Als Außengrenze des Körpers muss sie beim Fisch idealerweise den Wasserhaushalt des Körpers gegenüber dem umgebenden Wasser konstant halten, das Konzentrationsgefälle vieler im Wasser gelöster Stoffe, wie zum Beispiel Salze, regeln und in der Tiefe enormen Druck aushalten können. Zugleich soll sie Schutz vor Krankheitserregern und Fressfeinden bieten, darf aber auch nicht beim Fortbewegen behindern. Wichtig ist auch, dass viele Fische über Farbwechsel in der Körperhülle visuell kommunizieren: Sie locken und warnen damit, zeigen ihren Sozialstatus im Revier an oder tarnen sich. Schließlich können die Fische über ihre Haut auch Druck- und Strömungsänderungen im Wasser wahrnehmen und sich in der Nähe orientieren.

Die vielgestaltigen Schuppen, die der inneren Hautschicht entsprießen, stabilisieren im Wesentlichen den Körper im Wasser und gewähren Schutz vor Angreifern und Krankheitserregern.

Schuppentypen – die Harten und die Zarten

Elasmoidschuppen

Typischerweise sind die scheibenförmigen Rund- und Kammschuppen der Knochenfische elastisch und aus mehreren Schichten zusammengesetzt. Im Wesentlichen bestehen sie aus einer durchsichtigen Deckschicht und einer darunterliegenden, knöchernen Grundschicht. Im Gegensatz zu den Rundschuppen tragen Kammschuppen am kantigen Hinterrand Zähnchen oder Riefen.

siehe links:
Für die Küche nackt gezüchtet: vom Schuppenkarpfen (oben) zum Spiegelkarpfen (unten). Die Teichwirte strebten danach, Fische mit möglichst wenig Schuppen zu züchten, um den Köchen das lästige Entschuppen zu ersparen.

Auch die rhombischen, knochenharten Cosmoidschuppen zeugen davon, dass der berühmte Quastenflosser *Latimeria* evolutiv früh entstanden ist.

Placoidschuppen

Bei den Knorpelfischen, also den Haien und Rochen, bildet die Lederhaut als Körperbedeckung Millionen winziger knöcherner, rhombischer Hautplättchen mit aufsitzenden Zähnchen aus Dentin, die als Placoidschuppen bezeichnet werden. Sie werden weiter unten näher beschrieben.

Cosmoid- und Ganoidschuppen

Die rhombischen Cosmoidschuppen findet man noch bei altertümlichen, fleischflossigen Fischen (Sarcopterygii), von denen nur wenige das Massenaussterben am Ende des Perm vor 280 Millionen Jahren überdauert haben, darunter die Lungenfische (Dipnoi) und die Quastenflosser (*Latimeria*). Die allermeisten Fische tragen heute Strahlenflossen aus Hautstrukturen (Actinopterygii). Die vergleichsweise dicken Panzerplatten der Cosmoidschuppen bestehen aus einer dichten Schicht lamellenartigen Knochengewebes (Isopedin), über der eine Schicht feinporiges Knochengewebe mit Blutgefäßen liegt. Nach außen folgt eine dem Zahnbein (Dentin) ähnliche Lage aus Cosmin, die noch von hartem Schmelz überzogen sein kann.

Aus den Cosmoidschuppen abgeleitet sind schließlich die Ganoidschuppen einiger urtümlicher Knochenfische mit Strahlenflossen, wie zum Beispiel Flösselhechte. Sie sind ähnlich aufgebaut, doch ist die feinporige Knochenschicht nur noch dünn, und auf die (oft reduzierte) Cosminschicht folgt eine dicke Lage von glänzendem, schmelzähnlichem Ganoin.

Wie die Placoidschuppen durchstoßen Cosmoid- und Ganoidschuppen die Oberhaut (Epidermis). Sie sind groß, dachziegelartig in Reihen angeordnet und wachsen mit dem Fisch mit.

Mal rund, mal eckig, meist elastisch – die Schuppenformen der Knochenfische

Anders als bei Haien und Rochen liegen die Schuppen bei den Knochenfischen dachziegelartig übereinander. Vorne sitzen sie mehr oder weniger fest in Taschen der Lederhaut, auch Corium genannt. Ihre freiliegenden Hinterenden sind von einer mehrlagigen Oberhaut (Epidermis) überdeckt. Diese Oberhaut enthält Drüsenzellen, die überwiegend Schleim als Gleitschicht absondern, sowie Pigmentzellen, die sternstrahlenartig bis lappig geformt sind. Sie können zum Wechseln der Farbe auseinandergezogen oder verengt werden. Die Schuppen selbst haben also mit dem Wechsel der Farben nichts zu tun, tragen allerdings oft selbst Pigmente, zum Beispiel das Silber vieler Karpfenverwandten.

Größe, Form und Festigkeit variieren stark, doch lassen sich der Form nach zwei Grundtypen bei den Knochenfischen unterscheiden: Die Rund-(Cycloid-) und die Kamm-(Ctenoid-) schuppen. Die meist rundlichen Scheiben sind aus einer knöchernen Grundschicht und einer darüber liegenden, durchsichtigen Deckschicht zusammengesetzt. Sie sind mit knorpeligen Fasern verstärkt und zeigen oft Zuwachsringe, denn sie wachsen mit dem Fisch. Diese radialen Ringe sind mehrfach unterbrochen, sodass die Schuppen biegsam bleiben. Nur die Kammschuppen tragen am kantigen Hinterrand Zähnchen oder Riefen. Deshalb fühlen sich die Träger solcher Schuppen, wie etwa Barsche, trotz Schleimschicht ähnlich rau an wie ein Hai. Die meisten der heute lebenden Knochenfische sind mit Kammschuppen bedeckt.

Manche Plattfische tragen auf der „Oberseite" Kammschuppen und auf der „Unterseite" solche vom Rundtyp. Während bei anderen Arten die Männchen Kamm- und die Weibchen Rundschuppen besitzen.

Spätentwickler – Schuppenbildung erst nach ein paar Tagen oder Jahren

Die meisten Schuppenträger unter den Knochenfischen haben bei ihrer Geburt noch keine Schuppen. Wenn sie aus dem Ei schlüpfen, sind sie noch unförmige, mehr oder weniger durchsichtige Larven mit einem riesigen Dottersack. Erst wenn der nach einigen Tagen aufgezehrt ist und das Fischchen seine Form erreicht, erscheinen auch die Schuppen.

Bei manchen Arten kann es sogar Jahre dauern, bevor die Schuppen ausgebildet werden, so zum Beispiel beim Aal, der erst als handlanger „Gelbaal" bei seinem Aufstieg aus dem Meer in die Flüsse sehr kleine, ovale Schuppen entwickelt, die tief in der Haut sitzen. Nur der Nachwuchs lebendgebärender Fische wie die Guppys aus der Gruppe der Zahnkarpfen kommt bereits vollentwickelt zur Welt.

Fischart und Alter – Schuppen als Identitätsausweis

Anhand der Schuppen können Spezialisten bei vielen Fischen die Art, oft sogar das Alter und manchmal auch das Geschlecht bestimmen. Denn bei Knochenfischen sind die Schuppen in ihrer Form, Anzahl und Position am Körper für jede Art charakteristisch. Daher können Fischkundler zum Bestimmen auch eine „Schuppenformel" heranziehen. Sie gibt zumeist die Anzahl der Schuppen entlang des Seitenlinienorgans an den Flanken an.

Wie bei Bäumen kann man bei Knochenfischen anhand der Cycloid- bzw. Ctenoidschuppen das Alter nach Jahresringen bestimmen. Jedenfalls bei Arten, die in Regionen leben, wo deutliche Jahreszeiten auftreten. Wenn zum Winter hin die Temperaturen sin-

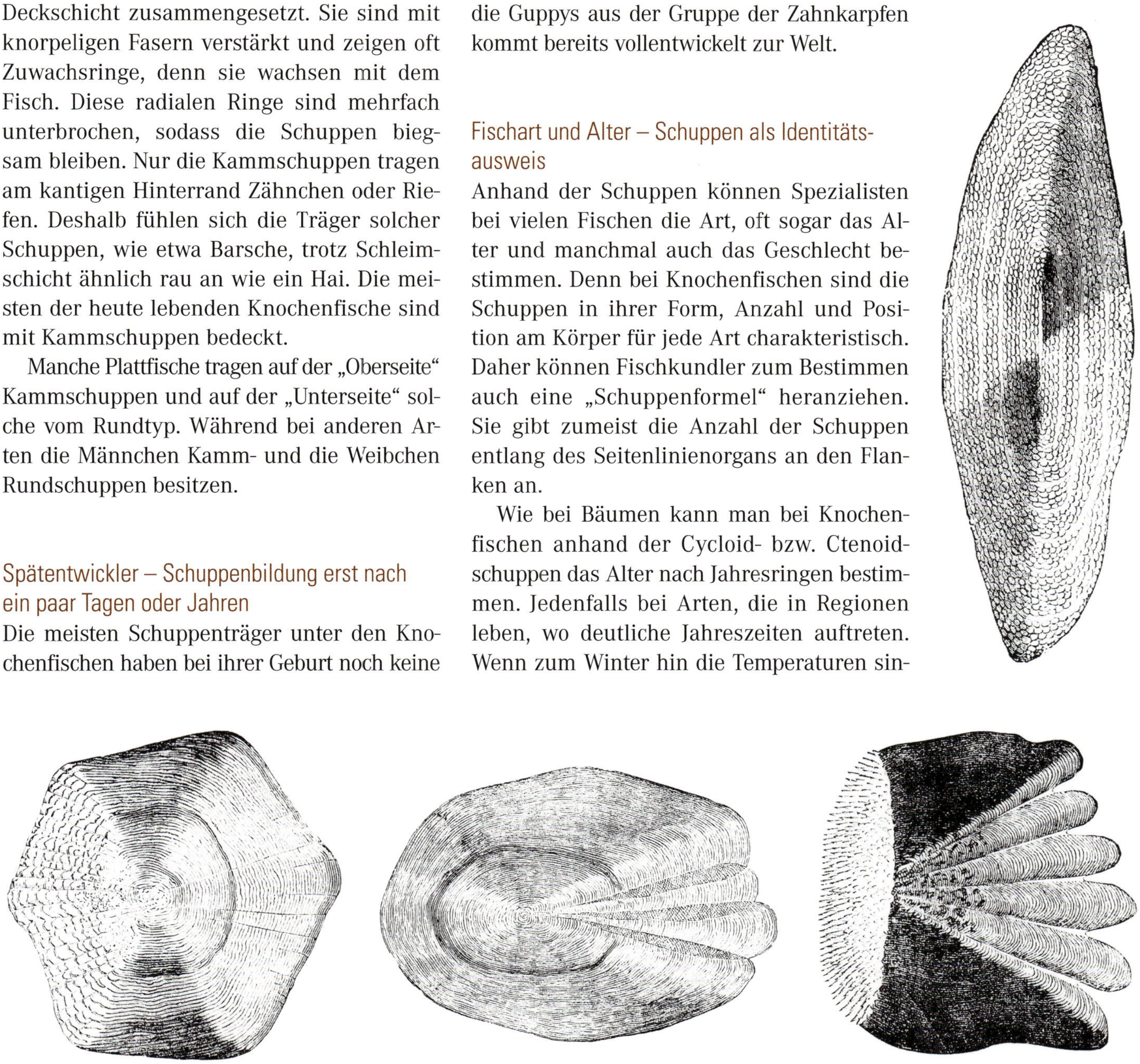

Einige charakteristische Rund- und Kammschuppen von bekannten Knochenfischen: Aal (oben), Karpfen, Hecht, Flussbarsch (untere Reihe). Alle Schuppen weisen rechts zum Körperende; links sitzen sie also in Schwimmrichtung in den Hauttaschen.

ken, nehmen viele Fische keine Nahrung mehr auf; sie senken ihren Stoffwechsel und halten Winterruhe, oft am Gewässergrund. In dieser Zeit wachsen auch die Schuppen kaum, und sie bilden eine Zone mit kompakterem Gewebe. Man kann also wie an einer Baumscheibe einen Jahresring erkennen.

Allerdings darf man zur Altersbestimmung nicht eine Schuppe erwischen, die einmal als Ersatz nachgebildet wurde. Sie würde weniger Ringe tragen als die Anzahl der Lebensjahre. Auch die Laichzeit, in der viele Fische nicht fressen, kann sich als Phase ohne Wachstum auf der Schuppe als Zone dichteren Gewebes abzeichnen.

Fische, die in den Tropen leben oder ortstreu in einem Meer ohne große Temperaturunterschiede, kennen keine jahreszeitlich bedingten Ruhephasen und zeigen deshalb auf ihren Schuppen solch ausgeprägte Ringe nicht.

Fischerei-Experten nutzen die Schuppenkunde als nicht-tödliche Methode, um das Alter und den Bestand von Nutzfischen abzuschätzen. Außerdem findet man Schuppen als unverdauliche Reste auch in Speiballen von Fischfressern, wie zum Beispiel Kormoranen oder Möwen, sodass Zoologen sich einen Überblick über deren Beutespektrum verschaffen können.

Und der Haifisch, der hat Zähne … – auch auf der Haut

Haie, Rochen und Chimären fassen die Zoologen als Knorpelfische (Chondrichthyes) zusammen, weil ihr Innenskelett nicht verknöchert, sondern knorpelig bleibt. Derzeit kennt man fast 1100 Arten dieser Gruppen, die bereits im Devon vor über 400 Millionen Jahren existierten und die verwandtschaftlich den heute viel zahlreicheren Knochenfischen (Osteichthyes bzw. Teleostei) gegenübergestellt werden.

Dank Hollywood als grausame Bestie verschriien und Archetypus des Hais schlechthin: Der Weiße Hai, mit bis zu 6 m Länge wohl einer der größten Fischjäger der Weltmeere.

Bei Haien und Rochen bildet die Lederhaut als Körperbedeckung Millionen winziger knöcherner Hautplättchen, die als Placoidschuppen bezeichnet werden. Doch sind sie keine echten Schuppen, sondern komplexe Gebilde, die in Bau und Entstehen den Zähnen im Maul (und sogar den Zähnen der Säuger) gleichkommen: Von der rhombischen Basalplatte ragt nach außen ein durchblutetes Knochenstielchen auf, das sich zu einem zweiten Plättchen erweitert, das wiederum Zähnchen, Dornen oder Riefenmuster aus Dentin tragen kann. Wie die Zähne im Maul durchstoßen diese Placoidkronen die Epidermis nach außen. Beide Organe werden nach gewisser Zeit auch sukzessive abgestoßen und neu gebildet.

Die Zahl der Placoidschuppen – oder besser Placoidzähnchen – bleibt auch nicht konstant wie die der Schuppen der Knochenfische, sondern wächst mit der Größe ihres Trägers, denn sie selber wachsen nicht. Zumindest die rautenförmigen Basalplatten überdecken sich nicht dachziegelartig, doch können sich Teile der oft komplex geformten äußeren Plättchen überlappen.

Auch bei den Knorpelfischen sondert die Außenhaut Schleim ab, der vor mikrobieller Besiedlung schützt. Allerdings so wenig, dass er für ein reibungsarmes Schwimmen keine Rolle spielt, außer bei den Rochen, denn viele Arten haben diese raue Bewehrung der Haut bis auf ein paar Dornen ganz zurückgebildet.

Reibeisen gibt Schub – die Haut der Haie

Die Placoidschuppen oder besser „Hautzähne" der rund 600 heute noch existenten Haiarten umgeben den Körper wie eine recht feste Schale, die sich wie Sandpapier anfasst und entsprechend als Außenskelett Halt gibt. Das ist wichtig beim Schwimmen: Mit der wie ein Kettenhemd eingeschränkt beweglichen Hautschale als Widerlager wird erst die kraftvolle Bewegung der Flossen möglich. Das knorpelige Innenskelett und die Muskelgruppen wirken im Verbund mit.

Die nur 0,1 bis 1,3 Millimeter kleinen Hautzähne differieren im Aussehen, je nach Lebensweise ihres Trägers, oft auch je nach Position am Körper. Langsam schwimmende, bodennah lebende Arten können lange, nagelartige Hautzähne mit breiter Basis entwickeln, wie etwa die Nagelhaie (*Echinorhinus*). Engelhaie (*Squatina*) zeigen auf dem Rücken zum Schutz gegen Feinde dornartige Schuppen; auf der Bauchseite sind die Hautzähne rundlich, sie würden sonst am Boden abgeschliffen.

Hochseeformen wie der Blauhai (*Prionace glauca*), die Hammerhaie (Sphyrnidae), Makrelenhaie (Lamnidae) und der Fuchshai (*Alopias vulpinus*) sind sehr schnelle Schwimmer. Ihre mit 0,2 mal 0,23 Millimeter sehr kleinen Hautzähne weisen ein typisches Mikrorelief aus winzigen Leisten parallel zur Schwimmrichtung auf. Die zahnartigen Außenseiten überlappen sich etwas. Diese Strukturen beeinflussen die Wasserströmung direkt am Körper und mindern den Reibungswiderstand bei hohen Schwimmgeschwindigkeiten wirksam ab. Wenn die Tiere langsam schwimmen, ist der Widerstand geringfügig größer als wäre die Haut glatt.

Vor Kurzem fanden Biologen der Harvard-University in Boston heraus, dass die riefenartigen Mikrostrukturen (Riblets) auf der Haut der schnell schwimmenden Haie nicht nur den Reibungswiderstand beim Schwimmen senken, sondern dem flexibel bewegten Fischkörper sogar zusätzlichen Schub verleihen.

An dieser Schuppe sind deutlich einige Jahresringe zu sehen. Sie bilden die winterlichen Ruhephasen des Fischs als Zonen dichteren Gewebes ab.

Nackt, aber nicht schutzlos – schuppenlose Fische

Schuppenlose Fische bilden keine definierte Gruppe nach evolutionsbiologischen Kriterien. Beispiele sind vielmehr in den verschiedensten Verwandtschaftsgruppen zu finden.

Immerhin tragen viele Rochen keine oder reduzierte Placoidschuppen. Und alle Welse (Siluriformes, weit über 3000 Arten) sind schuppenlos, doch tragen viele Knochenplatten in oder auf der Haut, wie die bizarren Harnischwelse (Loricariidae). Unser heimischer Waller (*Silurus glanis*) legt sich ungepanzert und nur in Schleim gehüllt auf die Lauer.

Auch viele Tiefseefische verzichten in der Dunkelheit und eisigen Kälte auf den Schutz von Schuppen: Dort unten ist zwar der Stoffwechsel sehr gering. Doch gibt es wenig Nahrung. Also muss jedes Lebewesen dort Energie sparen. Deshalb und wegen des extrem hohen Drucks in der Tiefe, haben viele Tiefseebewohner ihre Skelette und ihre Muskulatur auf ein Minimum reduziert. Die Reflexe glänzender Schuppen würden sie zudem verraten, wenn jagende Raubfische oder Kalmare in der Tiefe Lichtblitze aussenden.

Gepanzerte Ritter unter den Schuppenlosen

Statt Schuppen zu bilden, lagern viele Fische Knochenmaterial so in die Haut ein, dass sich ein Panzer bildet. Bei manchen wirkt das formlos, wie beim Seehasen (*Cyclopterus*), einem Bodenfisch der nordatlantischen Küsten. Andere Fischgruppen tragen bisweilen skurril geformte Plattenserien, wie zum Beispiel viele Welse (Siluriformes). Ihnen allen ist gemeinsam, dass sie bodennah oder am Boden leben und dass sie bedingt vom Korsett der Panzer nicht sehr beweglich oder schwimmfreudig sind. Seepferdchen haben eine Panzerung aus etlichen Knochen-„ringen“ mit Riefenstrukturen entwickelt, die den Körper umhüllen, und die sie etwas gegeneinander bewegen können.

Kofferfische (Ostraciidae) panzern sich mit einer Hülle aus sechseckigen, knöchernen Waben, die tief in der Haut liegen. Diese Platten sind wohl ehemals aus Schuppen entstanden, die an den Kanten verwachsen sind. Die behäbigen, klobig-kantigen Tiere leben in Korallenriffen und wehren Feinde auch mithilfe eines Nervengiftes und Warnfarben ab.

Störe – ledrige Riesen mit einzelnen Knochenschilden

Die Störe (Acipenseridae) sind recht urtümliche Knochenfische, deren fossile Verwandtschaft um 200 Millionen Jahre bis in den Jura zurückreicht. Auf der nackten, körnigen Haut verlaufen vom Kopf bis zum Schwanz fünf Längsreihen großer, gebuckelter Knochenschilde (Plural von: der Schild). Die obere, fleischige Hälfte der Schwanzflosse trägt schräg angeordnete, scharfe Ganoidschuppen (Fulcren), der Kopf ist komplett mit flachen Knochenplatten gepanzert (Dermatocranium). So geschützt gleiten die bis mehrere Meter langen Tiere über den Bodengrund von Küstenmeeren und Flüssen, wo sie wirbellosen Kleintieren und Fischen nachstellen.

Dieser Stör zeigt drei seiner fünf Längsreihen von Knochenschilden entlang von Bauch, Flanke und Rücken.

Traditionelle Fischlederjacke der Hezhen.

Leder, Leim und Airbusfolie – was der Mensch aus Fischhaut macht

Fischleder – fein wie Schlangenhaut, hart im Nehmen

In einigen Gegenden Sibiriens fertigen die Menschen seit alters her ihre Kleidungsstücke aus Fischleder, zum Beispiel das kleine Volk der Nanai am Amur in Ostsibirien. Dazu werden die abgezogenen Häute etwa einen Monat lang gegerbt. Obwohl Fischleder nach dem Bearbeiten keine Schuppen hat, bleibt die Struktur mit dem Schuppenmuster erhalten, denn die Schuppen saßen ja in Hauttaschen. Verarbeitet werden meist Häute von Lachs, Karpfen, Aal, Dorsch, Seewolf und Stör, wobei die letzteren beiden ohnehin keine Schuppen tragen. Die Knochenplatten der Störe werden je nach Größe entfernt oder zur Dekoration stecken gelassen.

Auch Hai- und Rochenhäute werden zu Leder verarbeitet. Den perlig genoppten Rochenhäuten schleift man die großen Dornen ab, sodass die Häute dekorative Muster zeigen. Fischleder ist dünn, gleichwohl sehr elastisch und reißfest. Die Modeindustrie fertigt daraus heute zumeist Luxusartikel wie dekorative Gürtel oder Taschen und Geldbörsen, auch Schuhe oder Überzüge für Alltagsgegenstände. Naturvölker nähen auch Jacken, Hosen, Mützen oder Stiefel aus Fischleder.

Auch aus ungegerbter Haut von Haien und Rochen hat man früher Überzüge für Möbel und Taschen hergestellt sowie rutschfeste Griff- und Scheidenbezüge für Samuraischwerter und Messer. Bis heute werden solche Häute als Schleif-„papiere“ für Holz, und in der japanischen Küche als Reibe für Wasabi genutzt.

Fischleim – klebt auch unter Zug noch

Aus verschiedenen Körperteilen von Fischen hat man auch jahrhundertelang Leim gewonnen, zum Beispiel aus der Haut von Flussbarschen: Nach einer Beschreibung des schwedischen Naturforschers Carl von Linné von 1773 trocknen die skandinavischen Lappen die Barschhaut zunächst, um die Schuppen loszuwerden, dann werden die Häute eingeweicht und in einem Topf über einem Dampfbad so lange gedünstet, bis die Haut zu einem viskosen Leim zerkocht ist. Damit sichern sie die Wicklung der Bogensehnen an ihrem Jagdbogen. Fischleim gilt auch heute als äußerst elastisch und fest, riecht aber oft unangenehm. Er wird unter anderem noch im Instrumentenbau eingesetzt.

Perlen und Farben aus Fischsilber

Die silbernen Rundschuppen einiger Heringsverwandten und kleiner Karpfenartiger, wie Ukelei und Moderlieschen, lösen sich leicht ab. Dies nützt den Fischchen vermutlich bei der Abwehr von Fressfeinden, die beim Zupacken nur Schuppen im Maul haben. Gegen den Menschen nützt es nichts: Seit es Mitte des 17. Jahrhunderts gelungen war, die silbernen Pigmente aus den Schuppen chemisch herauszulösen, entwickelte sich eine kleine Industrie, die aus den Schuppen von Hering, Ukelei und Sardine die Perlessenz, eine Suspension von Kristallplättchen, herstellte. Aus dieser auch als Fischsilber bekannten Substanz fertigte man künstliche Perlen und Pigmente für Künstlerfarben. Für ein Kilogramm Fischsilber „verbrauchte“ man Zehntausende Ukeleien.

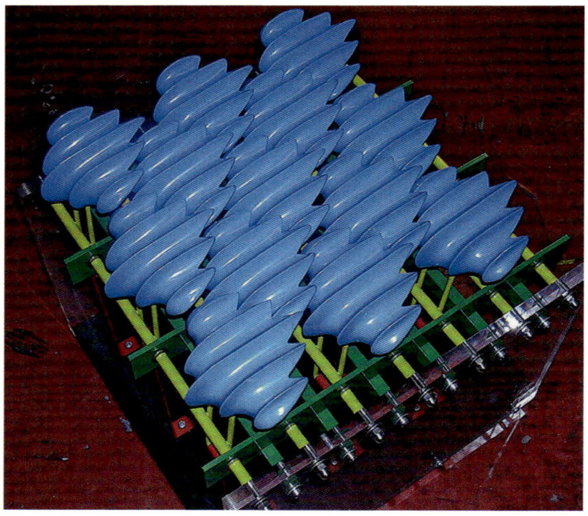

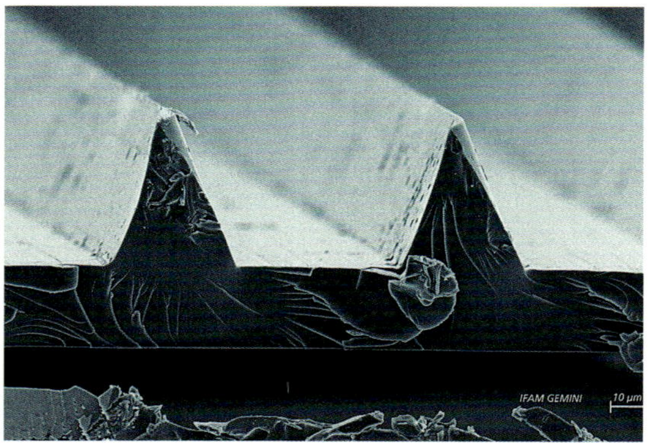

Becherts 3D-Modell der Haihaut mit Riblet-Strukturen und Elektronenmikroskopische (REM) Aufnahme künstlicher Riblets vom Fraunhofer Institut für Fertigungstechnik und angewandte Materialforschung.

Der Traum von der künstlichen Haihaut als technischem Produkt

Als der Tübinger Paläontologe und Zoologe Professor Wolf-Ernst Reif in den 1970er-Jahren die Haut fossiler und rezenter Haiarten unter dem Mikroskop untersuchte, fiel ihm auf, dass die bezahnten Hautplättchen oberseits von feinen Längsriefen und Rippen mit scharfen Firsten (Riblets) durchzogen sind. Und nicht nur das: Jede Schuppe verlängert diese Rippen-und-Rillen-Struktur zu ihren Nachbarn, sodass sie alle in Strömungsrichtung vom Kopf zum Schwanz verlaufen. Diese Strukturen sind insbesondere bei schnell schwimmenden Arten sehr ähnlich und fein ausgeprägt, wie zum Beispiel den Hammerhaien (*Sphyrna* spp.). Reif schloss daraus, dass diese Rillenmuster von drei bis sieben Riblets je Plättchen etwas mit der enormen Schwimmgeschwindigkeit dieser Haie von bis zu 70 Stundenkilometern zu tun haben. Dies stand nun ganz im Gegensatz zur gängigen Lehrmeinung der Physiker, wonach Körper umso schneller durch Wasser gleiten, je glatter deren Oberfläche ist.

Reif reichte seine Erkenntnisse an den Strömungsforscher Dietrich W. Bechert von der Deutschen Forschungsanstalt für Luft- und Raumfahrt (DLR) in Berlin weiter, der wiederum 100-fach vergrößerte Modelle von den Haihautzähnen baute und im anströmbaren Ölbad untersuchte. Die Ergebnisse bestätigten Reifs Vermutung: Demnach senken solche Rillen den Widerstand beim schnellen Schwimmen entlang des Haikörpers. Die scharfen Rippenfirste halten bremsende Turbulenzen an der Grenzfläche zum umgebenden Wasser gering. Bechert und sein Team vereinfachten die Strukturen aus der Natur für technische Anwendungen, und die Industrie entwickelte zunächst eine Folie mit den begehrten Haihautstrukturen.

Als man 1996 diese „Riblet"-Folie der Firma 3M auf zwei große Airbus Passagier-Jets klebte, ergaben sich zwar Treibstoffeinsparungen von 1 bis 3 Prozent – auf Langstrecken bereits ein wirtschaftlich relevantes Potenzial. Doch brachte der fliegerische Alltag Probleme mit sich: So waren die Folien nicht haltbar genug. Temperaturunterschiede von mehr als 100 °C zwischen Boden und Reiseflughöhe (10 000 Meter) sowie die hohe UV-Strahlung dort oben ließen sie vergilben und spröde werden. Außerdem wurde das Reinigen und Lackieren der Außenhaut der Flugzeuge zu aufwendig. Und weil Folien extra aufgebracht werden müssen, bedeuten sie zusätzliches Gewicht, das Einiges vom Spareffekt wieder zunichtemacht. Deshalb fliegen die Flotten auch fast 20 Jahre nach dem spektakulären Beginn ohne künstliche Haihaut.

Inzwischen wird eine Lackiertechnik getestet, mit der die Mikrostrukturen beim Lackieren über Rollmatrizen auf die Außenhaut von Flugzeugen oder auf Rotorblätter von Windturbinen aufgebracht werden. Der Harzlack wird dabei auch gleich gehärtet.

Maschinenbauer testen derzeit noch eine weitere Technik: Sie pressen die Riblet-Strukturen mittels Walzen auf Metallwerkstoffe, die für die Schaufelblätter von Düsentriebwerken verwendet werden. Die Walzen tragen entsprechende ultrafeine und sehr harte Drähte auf ihrer Oberfläche. Auch hier konnten störende Turbulenzen der ins Triebwerk strömenden Luft um etwa ein Prozent reduziert werden.

Bewährt haben sich Riblet-Strukturen bei Renn-Yachten und Rennflugzeugen sowie an gänzlich unauffälliger Stelle: Die Innenwände vieler Pipelines sind damit ausgestattet.

Forscher testen Spareffekte künstlicher Haihaut auch für große Schiffsrümpfe und für Hochgeschwindigkeitszüge. Überall verspricht man sich bessere Leistung bzw. Spareffekte im Bereich von grob 1 bis 10 Prozent. Bei Schiffen erhofft man sich zudem, mit dem Überzug von Haihautstrukturen die hochgiftigen Lacke abschaffen zu können, mit denen man bislang die Reibung schaffende Ansiedlung von Plankton verhindert (Antifouling).

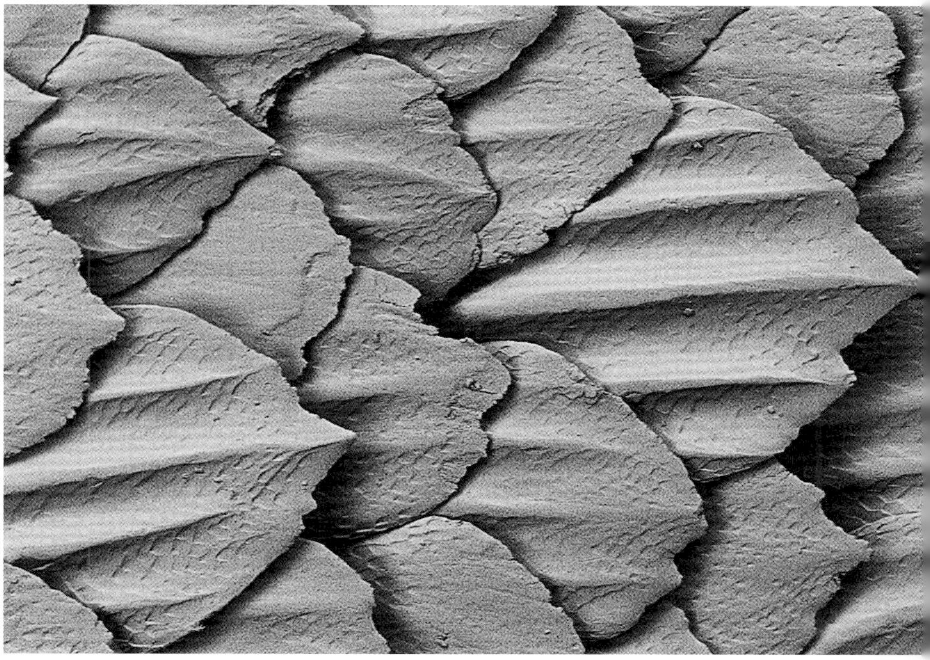

Die nur 0,1 bis 1,3 mm kleinen „Hautzähne" (Placoidzähne) der Haie differieren im Aussehen, je nach Lebensweise ihres Trägers, oft auch je nach Position am Körper. So gibt es von flachen Plättchen bis zu komplexen Riefen- oder Dornen-tragenden Gebilden alle Übergänge.

Irrtum beim Fastskin-Gewebe

Übrigens ist der Siegeszug von Schwimmanzügen mit sogenanntem Fastskin-Gewebe bei Wettkämpfen wohl nicht auf den vom Hersteller Speedo reklamierten Haihauteffekt zurückzuführen: Die Mikrostrukturen im Gewebe der berühmten High-speed-Schwimmanzüge hätten rein gar nichts mit Haihaut zu tun, so der Biologe George Lauder von der Harvard-University in Boston, der sich das Gewebe genauer angesehen und getestet hat. Er vermutet, dass die Sportler deshalb so schnell damit seien, weil die Anzüge so eng sitzen, dass sie den Körper straffen.

Schmetterlingsschuppen – ein vielseitiges Paillettenkleid

MARTIN BOPP

Jeder kennt das wohl: Da gaukelt einem ein bunter Falter ins Zimmer. Man ergreift den flügelschlagenden Kobold, um ihn draußen in die Freiheit zu entlassen. Doch ach, der eben noch von der Luft getragene Gaukler taumelt zitternd dahin. Und obendrein sind die Finger schmierig bestäubt von feinster undefinierbarer Farbe, während der Falter sein prächtiges Muster verloren hat. Was ist geschehen? Der Schmetterling hat beim Zugreifen einen beträchtlichen Teil seiner winzigen Schuppen eingebüßt, mit denen sein Körper und seine Flügel beiderseits bedeckt waren. Und da die Flügelschuppen beim Auftrieb helfen, verwirbelt nun der Luftstrom, anstatt die Flächen entlangzugleiten. Der Falter ist verloren.

Allerdings leben die meisten Schmetterlinge ohnehin nur wenige Wochen. Sie sind aus ihrer Puppe geschlüpft, um Geschlechtspartner zu finden und sich fortzupflanzen. Bei vielen Arten finden sich Männchen und Weibchen über Sexuallockstoffe (Pheromone), die sie aus speziellen Duftschuppen verströmen. Oder sie signalisieren mit Balzflügen und den Farben ihrer großen Flügel: Hier ist mein Revier!

Schauen wir uns also den Schuppenstaub näher an. Allerdings braucht man dazu eine starke Lupe bzw. sogar ein Mikroskop, typische Deckschuppen sind nämlich nur etwa 0,1 Millimeter lang und 0,05 Millimeter breit.

Keine platten Plättchen – wie Schuppen gebaut sind

Forscher vermuten, dass Schmetterlingsschuppen zunächst als Isoliermaterial aus Haaren entstanden sind; sie sind also echte Anhangsgebilde der Haut, mit der sie durch die harte Chitinhülle (Cuticula) des Insekts hindurch in Verbindung stehen. Bei den meisten Faltern sind die Schuppen in zwei bis drei Lagen dachziegelartig angeordnet. So ausgestattet kann der Falter die für das Fliegen nötige hohe Körpertemperatur erreichen bzw. während des Fluges in kalter Luft halten. Wandernde Falter überqueren durchaus Gebirge und fliegen in Luftschichten mit geringen Temperaturen. Und viele Schmetterlinge müssen kalte Nächte überstehen und sich rasch aufwärmen können. Deshalb sind die muskulösen Brustsegmente (Thorax) und meist andere Teile des Körpers mit Schuppen und Haaren bedeckt.

Die Flügelschuppen der meisten Falter sind blattartige, längliche, aber hohle Chitinsäckchen der Cuticula. Man kann ihre Grundform wohl am besten mit einer Gummiwärmflasche gleichsetzen. Wo jene ihren Spund hat, ist bei der Schuppe die Ansatzstelle zur Flügelfläche. So verschieden die hohlen Hälse der Schuppen auch aussehen, sie sind in eine Hülse der Flügelhaut lose eingelenkt, sodass sie leicht verloren gehen.

Die Schuppen ursprünglicher, primitiv gebauter Motten (Urmotten bzw. Micropterigidae) sind noch einfache, quasi solide Scheiben ohne Hohlraum, eben Schuppen, wie man sie sich vorstellt.

siehe links:
Extremer Ausschnitt eines Flügels vom Tagpfauenauge (*Inachis io*). Das Mikrofoto zeigt sehr schön einige Schuppenreihen: Die Schuppen tragen jeweils nur Pigmente einer Farbe in der transparenten Gitterstruktur ihrer Hülle (Lamina). Die längeren Deckschuppen liegen über kürzeren Tiefenschuppen, die komplett überdeckt werden. Das gesamte Bild zeigt nur etwa zwei Quadratmillimeter.

Bunte Vielfalt – Schuppen und Farben

Wie so ein bunter und oft schimmernder Falter gefärbt ist, hängt von den unzähligen winzigen Schuppen ab. Doch birgt jede Schuppe nur Pigmente für eine Farbe, und so formen

Schuppen anderer Insekten

Auch bei anderen Insekten finden sich Schuppen auf den Flügeln bzw. auf dem Körper, insbesondere bei den Rüsselkäfern (Curculionidae). Deren Schuppen gleichen in Größe und Form dem Schuppentyp der Schmetterlinge. Auch die Käferschuppen sind vorne in die Außenhaut eingelenkt, liegen dachziegelartig übereinander und gehen mit der Zeit verloren. Doch sitzen sie bei den Käfern wohl nur in einer Lage und nicht so streng zur Flugrichtung angeordnet wie bei den Schmetterlingen. Und die häutigen Hinterflügel, mit denen die Käfer fliegen, sind kahl. Nur die hartschaligen Deckflügel tragen Schuppen, wo sie oft kontrastierende Farbmuster bilden.

Türkische Forscher, die kürzlich vier eng verwandte Arten der Rüsselkäfer-Gattung *Tychius* unter dem Elektronenmikroskop untersucht haben, vermuten, dass die Form der Schuppen für jede Art charakteristisch sein könnte. Nun, da liegt noch viel Arbeit vor der Wissenschaft, bei weltweit rund 62000 Rüsselkäferarten …

sie wie die Steinchen in einem Mosaik Zacken- und Linienmuster oder Punkte und Augen.

Die Flügelmuster haben vielfältige Funktionen. So tarnen sich die meisten Falter, indem sie ihre oft weit leuchtenden Flügeloberseiten auf dem Rücken gegeneinander klappen. Augenblicklich verschwimmen sie mit der Umgebung, denn die Flügelunterseite zeigt oft körperauflösende Wellen oder Zackenlinien. Fressfeinde werden mit übertriebenen Augenattrappen erschreckt, die beim Entfalten der Flügel hervorblitzen. Giftige oder ungenießbare Falter leisten sich auffällige Warntrachten, die wiederum von harmlosen anderen Arten imitiert werden (Mimikry).

Die auffälligen Flügelfarben vieler Tagfalter machen bei Balzflügen auf ein besetztes Revier aufmerksam oder helfen den Geschlechtspartnern, einander zu erkennen.

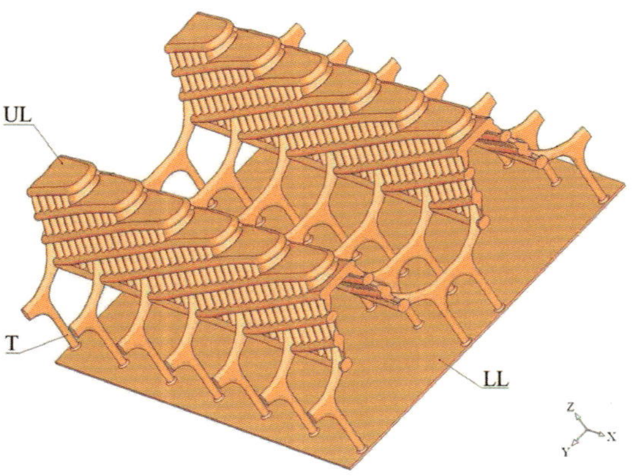

Die Schmetterlingsschuppe ist ein Hohlgebilde mit einer porösen Hüllmembran aus Chitin auf Ober- und Unterseite, den Laminae. Beide Laminae (im Bild mit UL und LL abgekürzt) sind durch Säulchen (Trabeculae; im Bild mit T abgekürzt) miteinander verbunden. Die obere Lamina zeigt oft komplexe Strukturen, zum Beispiel vielfach durchbrochene Leisten und Rillen über basalen Höhlen. Die untere Lamina ist meist glatt. Der Hohlraum kann Pigmentkörper enthalten (im Bildbeispiel sind keine zu sehen).

Die Farben der Falter werden durch die Kombination von Pigment- und Strukturfarben bestimmt, und auch vom Effekt übereinanderliegender Schuppen. Unter Pigmentfarben versteht man chemische Verbindungen, die bestimmte Farben hervorbringen. So erzeugen Melanine Schwarz und Braun, Carotinoide Orange, Flavonoide Gelb und Anthocyane blaue bis violette Töne. Die letzten drei Farbstoffe sind pflanzlichen Ursprungs, und die Schmetterlinge nehmen sie wohl bereits als Raupe mit der Pflanzennahrung auf und lagern sie bis zur Verwandlung zum Falter im Körper ein.

Die Weißlinge (Pieridae) verdanken ihre weiße bis gelb-orange Farbe einer eigenen Stoffklasse: den Pterinen. Diese Kristalle lagern in den Flügelschuppen und reflektieren das Licht (sie sind also kein Pigment im engeren Sinne, sondern erzeugen Strukturfarben). Bis Ende der 1960er-Jahre hatte man die Pterine für Pigmente aus Harnsäureabwandlungen gehalten.

Strukturfarben hingegen beruhen auf der physikalischen Beschaffenheit der Schuppen. Diese Strukturfarben sind für den schillernden – meist grünen oder blauen, manchmal auch roten oder silbernen – Metallglanz der Flügel maßgeblich und können sogar im Ultraviolettbereich liegen, der für uns Menschen unsichtbar ist. Für dieses metallische Schillern gibt es gleich mehrere farberzeugende Prinzipien. Auf der Oberseite der Schuppen verlaufen feine, parallele Rippen. Oft sind sie zu regelrechten Wänden erhöht. In ihnen bricht sich das Licht, durch den Einfallswinkel und die entsprechende Reflexion wird ein bestimmter Farbeindruck erzeugt. Denselben irisierenden Effekt können auch Chitinkörperchen aus abgestorbenen Zellen erzeugen, die im Hohlraum der Schuppen liegen. Diese Körperchen sind nach einem Leichtbauprinzip so regelmäßig wie Kristalle geformt und in parallelen Schichten gelagert. An ihren Grenzflächen einfallende Lichtstrahlen werden reflektiert und überlagern sich. Welcher Farbeindruck entsteht, hängt vom Abstand dieser Schichten ab.

Mit Farbkontrasten wärmen und kühlen – Schuppen als Temperaturregler

Bei Weißlingen (Pieridae) konnte man nachweisen, dass die Verteilung der schwarzen Pigmente (Melanine) auf dem Flügel die Körpertemperatur beeinflussen kann, indem der Falter die Flügel in einem bestimmten Winkel zur Sonne hält. So sind die Areale der Flügeladern und die Flügelspitzen der meisten Arten mit schwarzen Schuppen bedeckt. Dies kann zum einen die Körpertemperatur erhöhen. Aber auch das Gegenteil konnte gemessen werden. Vermutlich können die Falter erwärmte Luft durch die Tracheen (Luftleitungen des Atmungssystems der Insekten) der Flügeladern ab- bzw. zuleiten.

Schuppen als Auftriebshilfe – die Federn der Schmetterlinge

Die Schuppen sind auch wichtige Auftriebshilfen für den Flug: Beim Flügelaufschlag werden sie an den Flügel gedrückt und wirken aerodynamisch günstig, sodass die Flugmuskeln weniger Kraft brauchen. Außerdem scheinen sie sogar notwendig zu sein: Fehlen die Schuppen auf großen Arealen der Flügel, brauchen die Falter viel mehr Energie zum

Das Landkärtchen (*Araschnia levana*) zeitigt zwei Generationen im Jahr mit verschiedenen Farben. So ist die im Frühjahr schlüpfende Generation oberseits hell orange-braun gefärbt. Unterseits trägt sie das namengebende Muster aus weißen Linien, das die Farbflächen segmentiert wie Straßen auf einer Landkarte. Während dieses Unterseitenmuster auch für die Sommergeneration charakteristisch bleibt, formen deren Schuppen oberseits ein neues Farbkleid: tief dunkelbraune bis schwarze Flächen dominieren, die Flecken des Frühjahrsfalters verlöschen und dessen weiße Bänder und Abzeichen verschieben ihre Position.

Fliegen, oft sind sie auch deutlich behindert oder gar flugunfähig. Die Form vieler Falterflügel scheint also den aerodynamischen Notwendigkeiten zum Fliegen nicht zu genügen.

Während die meisten Falter ihre Flügel vergleichsweise langsam bewegen und einen gaukelnden Ruderflug zeigen – die Tagfalter können sogar mit steifgestellten Flügeln segeln – beherrschen die Nachtfalter, vor allem die Schwärmer, den Schwirrflug, so zum Beispiel das Taubenschwänzchen (*Macroglossum stellatorum*), das seinen Namen von abgewandelten Schuppenbüscheln am Hinterleibsende hat, die es als Gesamtes verschwenken kann wie ein Vogel seinen Federschwanz. Diese einige Millimeter langen Gebilde sehen aus wie dicke Haare. Die Büschel helfen beim Bremsen und Steuern, wenn das Tier wie ein Kolibri schwirrend in der Luft steht, um mit seinem langen Rüssel Nektar aus Blüten zu saugen.

Falter mit Flügelglatze

Der mit dem Taubenschwänzchen verwandte Hummelschwärmer (*Hemaris fuciformis*), der im Sommer auf Waldlichtungen und waldnahen Blumenwiesen Blüten besucht, zeigt in puncto Schuppen noch eine weitere Besonderheit: Ihm fallen nach dem Schlüpfen aus der Puppe die Schuppen auf den mittleren Flügelfeldern aus. Offenbar braucht dieser tagaktive Schwärmer seine Flügelschuppen nicht zum Fliegen, da er mit seinen stark vergrößerten Vorderflügeln so schnell schwirrt wie zweiflügelige Fliegen oder Hautflügler, wie zum Beispiel die Hummeln, die dieser Schwärmer ja imitiert. Um dieses Flügelschwirren zu ermöglichen, heizen Schwärmer vor dem Abflug ihre gewaltigen Brustmuskeln auf ungefähr 38 °C auf. Dem Hummelschwärmer reicht wohl der Isoliereffekt der Schuppenbedeckung auf dem Körper, um diese „Betriebstemperatur" halten zu können.

Als evolutiven Vorteil der glasig durchsichtigen Flügel vermuten Insektenkundler, dass der Schwärmer so besser den wehrhaften Hummeln gleicht (Mimikry) und daher von Fressfeinden nicht angegriffen wird. Einige ihm verwandte Arten behalten jedoch ihre ganze Flügelschuppenpracht.

Das Taubenschwänzchen (*Macroglossum stellatorum*) ist ein Wanderfalter und einer der wenigen Schwärmer, der am Tage fliegt (die meisten Schwärmer sind Nachtfalter). Gut zu sehen sind die namengebenden, zum Steuern breit gefächerten Schuppen am Hinterleibsende, die ein Schwänzchen bilden.

Schuppen als Duftspender

Duftschuppen sind oft noch als Haare gestaltet, deren oberes Ende in mehrere Drüsenöffnungen aufspleißt, die den Duft entlassen. Diese „Drüsenhaare" stehen einzeln oder in Gruppen aufrecht auf der Cuticula des Flügels. Beim Männchen des Kaisermantels (*Argynnis paphia*) stehen solche Gruppen in einer schützenden Delle der Flügelhaut. Über ihnen wölben „normale" zungenförmige Schuppen auf dem Flügel ein Dach. Letztere bilden entlang der Flügeladern des Vorderflügels vier markante schwarze Streifen.

Solche Duftschuppen können aber zum Beispiel auch an den Überdeckungszonen von Vorder- und Hinterflügel liegen, wie bei den Männchen von Weißlingen (Pieridae) und Bläulingen (Lycaenidae). Dort können die Duftstoffe am wirksamsten ausströmen, ohne durch Eigenbewegung verwirbelt zu werden. Oft fallen Zonen mit Duftschuppen auf, weil dort die Deckschuppen felderweise fast lotrecht vom Flügel abstehen.

Stehen Duftschuppen einzeln, so können sie auch als zungenförmige Deckschuppe ausgebildet sein. Hier öffnen sich feine Röhrchen auf der Hülle der Schuppe, die den Duftstoff aus der Haut entlassen.

Mit seinen glasig durchsichtigen Flügeln imitiert der Hummelschwärmer (*Hemaris fuciformis*) Hummeln. Auch er fliegt am Tage.

Wachsschuppen – wie Bläulinge die Zeche prellen

Wenn die zarten Wiesenknopf-Bläulinge (*Maculinea nausithous*) im Sonnenlicht über den purpurnen Wiesenknopfblüten aufblinken, ahnt man nicht, welchen dramatischen Lebensumständen und Gefahren diese kleinen Falter im Verlauf eines Jahres ausgesetzt waren. So ist jeder Falter erst kurz vorher in einem unterirdischen Nest der Gelbroten Knotenameise (*Myrmica laevinodis*) aus seiner Puppenhülle geschlüpft, die Flügel noch knittrig angelegt, und der Körper mit wollig-weißlichen Wachsschuppen bedeckt. Die sollen den jungen Falter auf seinem Fluchtweg ans Tageslicht vor den zudringlichen Bewohnern schützen, die ihn als Beute wahrnehmen. Beim Zubeißen bleiben die Schuppen den Ameisen in den Mundwerkzeugen kleben, sodass sie erstmal beschäftigt sind.

Doch wie ist die Puppe überhaupt in den Bau gekommen? Das ist eine der abenteuerlichsten Geschichten eines Lebenszyklus im Tierreich: Die Raupen schlüpfen noch auf dem Wiesenknopf (*Sanguisorba officinalis*) aus dem Ei und fressen dort zunächst an den Blüten und Früchten. Nach der zweiten oder dritten Häutung klettern sie auf den Boden herab und suchen einen Ameisenpfad der oben genannten Knotenameise, wo sie verharren, bis sie von Ameisen gefunden werden. Die nehmen sie dank eines Duftstoffs wie eine Larve der eigenen Brut anstatt als Beute wahr und tragen sie in ihren Bau ein. Dort wird sie zur eigenen Brut gelegt und gefüttert, wobei die Raupe ihre Wohltäter mit Sekrettröpfchen aus einer Rückendrüse belohnt. Gleichzeitig frisst sie bis zur Verpuppung im nächsten Frühjahr mehrere Hundert Ameisenlarven. Immer vorausgesetzt, ihre Tarnkappe aus Duftstoffen funktioniert, denn sonst würde sie sofort selbst gefressen. Gibt es zu wenig Ameisenbrut, muss sie einen neuen Bau in der Nähe finden. Über den Winter erlischt im Ameisennest die Aktivität, und auch die Bläulingsraupe hält Winterruhe. Erst im Frühsommer verwandelt sie sich zur Puppe, und damit verliert sie ihre Dufttarnkappe. Deshalb ist der frisch geschlüpfte Bläuling auf seinem Weg nach draußen ganz auf die Wirkung seiner Wachsschuppen angewiesen, die er nach geglückter Flucht beim Trocknen und Entfalten der Flügel verliert. In Mitteleuropa gibt es fünf Arten solcher „Ameisenbläulinge“, deren Fortbestand ganz von der Existenz der zugehörigen parasitierten Ameisenart sowie von ihren artspezifischen Futterpflanzen abhängt.

Ein Männchen des Kaisermantels (*Argynnis paphia*) beim Blütenbesuch. Die Duftschuppen liegen unter den vier schwarzen Streifen auf jedem Vorderflügel. Ihr Duft lockt Weibchen an.

Bromelien und ihre Saugschuppen – von Luft und Liebe

DR. HILKE STEINECKE

Ananasgewächse sind Freunden tropischer Früchte wohlvertraut. Sie werden auch Bromeliengewächse (Bromeliaceae) genannt. Die artenreiche Pflanzenfamilie umfasst geschätzt etwa 2000 Arten aus rund 60 verschiedenen Gattungen. Am bekanntesten ist vermutlich die Ananas (*Ananas comosus*) mit ihren delikaten Früchten (eigentlich Fruchtstände, sogenannte Überbeeren), die mittlerweile in großen Mengen an jeder Obsttheke preiswert zu bekommen sind. Manche Bromelie eignet sich aber auch als Zimmerpflanze für die heimische Fensterbank. Bromelien, die sich als gängige Zierpflanzen etabliert haben, sind zum Beispiel *Vriesea*-Arten, wobei *Vriesea splendens* (Flammendes Schwert) besonders beliebt ist. Auch Billbergien (zum Beispiel *Billbergia macrocalyx*, deren Blütenstand attraktive rote Hochblätter trägt) oder verschiedene Tillandsien und *Guzmania*- sowie *Aechmea*-Arten zieren unsere Wohnzimmer.

Manche Bromelien bleiben mit wenigen Zentimetern Höhe sehr klein, während robuste *Puya*-Arten im blühenden Zustand bis 10 Meter hoch werden können. Bromelien sind sehr anpassungsfähig und besiedeln verschiedenste Lebensräume von trockenen Savannen oder Halbwüsten bis hin zu feuchten Tieflandregen- und Nebelwäldern. Sie stammen aus der Neuen Welt, also aus Nord-, Mittel- und Südamerika. Zahlreiche Arten sind im Amazonasgebiet zu finden. Typisch für die meisten Bromelien ist ein stark gestauchter Spross mit rosettig angeordneten Blättern, die einen Blatttrichter bilden. Ein Teil der Arten lebt auf dem Boden. Von diesen wiederum wurzeln manche in der Erde, andere besiedeln nackten Fels. Etwa die Hälfte der Bromelienarten lebt als Aufsitzerpflanzen (Epiphyten) auf anderen Pflanzen, zum Beispiel in Astgabeln von großen Bäumen, in Trockengebieten auch auf größeren Kakteen. Bromelien stellen nach den Orchideen die meisten Epiphyten. Dabei handelt es sich keinesfalls um Parasiten. Die Trägerpflanzen dienen den Bromelien nur dazu, ohne Ausbildung eines Stammes an mehr Sonnenlicht zu kommen.

Bromelien als Aufsitzerpflanzen

Epiphytische Bromelien aus dem Regenwald haben grüne, dabei oft hell-dunkel gemusterte Blätter. Ananasgewächse aus Trockengebieten dagegen sind überwiegend silbergrau gefärbt. Beispiele für Letztere sind die sogenannten grauen Tillandsien. Als Zierpflanzen kommen sie häufig auf Steine geklebt oder an knorrige Aststücke gebunden in den Handel. Gerade bei den Arten, die auf nacktem Fels oder auf Bäumen leben, sind die Wurzeln nur relativ schwach entwickelt, schließlich ist an ihrem Wuchsort kaum Erde vorhanden, und dementsprechend rar sind hier auch Wasser und Nährsalze. Soweit Wurzeln vorhanden sind, dienen sie der Verankerung. Doch wie schaffen es solche Epiphyten, sich an ihren extremen Standorten ausreichend mit dem lebensnotwendigen Wasser und mit Nährsalzen zu versorgen?

Einzigartige Saugschuppen

Bromelienblätter haben eine einzigartige Oberfläche bzw. eine geniale wasserleitende Verpackung, mit der sie Wasser und darin gelöste Nährsalze aufnehmen können. Auf der

siehe links:
Tillandsia sprengeliana.

Außenhaut befinden sich sogenannte Saugschuppen, die zur Wasseraufnahme befähigt sind. Der Begriff wurde von dem österreichischen Botaniker Gottlieb Johann Friedrich Haberlandt (1854–1945) geprägt. Solch hoch spezialisierte Saugschuppen wie bei den Bromelien gibt es bei keiner anderen Pflanzenfamilie. Saugschuppen sind mehrzellige Haare. Von oben gesehen wirken sie stern- bis scheibenförmig. Im Querschnitt durch ein Bromelienblatt ist bei mikroskopischer Betrachtung zu erkennen, dass Saugschuppen in die Blattoberfläche eingesenkt sind und aus einem stiel- sowie einem deckelförmigen Bereich bestehen. In der Mitte des Deckels befinden sich ein bis vier zentrale Zellen. Diese sind umgeben von zwei Lagen aus jeweils 8 bzw. 16 Zellen. Bei den am kompliziertesten gebauten Saugschuppen der Tillandsien besteht ein zusätzlicher äußerer Zellkreis aus 64 flügelförmigen, schmalen Zellen. Die Wände der Zellen im Schild sind relativ dick. Dadurch werden die Zellen stabilisiert. Während die meist flügelartig ausgezogenen Zellen des Deckels tot und luftgefüllt sind, leben die Stielzellen, die Chlorophyll enthalten. Trifft nun Feuchtigkeit auf die Saugschuppen, wird das Wasser mittels Kapillarkräften in Sekunden aufgenommen und die zuvor grau und abgestorben erscheinende Pflanze wird schlagartig grün. Durch diesen einfachen Test kann man auch im Gartencenter die Vitalität der angebotenen Tillandsien überprüfen. Bleibt die Pflanze beim Befeuchten grau, so handelt es sich um eine Pflanze, die kurz vor dem Absterben oder bereits tot ist. Das Wasser wird von den lebenden Zellen des Stiels aufgesaugt und von Zelle zu Zelle immer weiter nach innen weitergeleitet, sodass es schließlich über Leitbündel verteilt und von der Pflanze genutzt werden kann.

Wie komplex Saugschuppen gebaut bzw. wie sie auf der Pflanze verteilt sind, hängt vom Spezialisierungsgrad, der Lebensweise und dem Standort der Art ab. Erdbewohnende Bromelien mit gut ausgebildetem Wurzelwerk

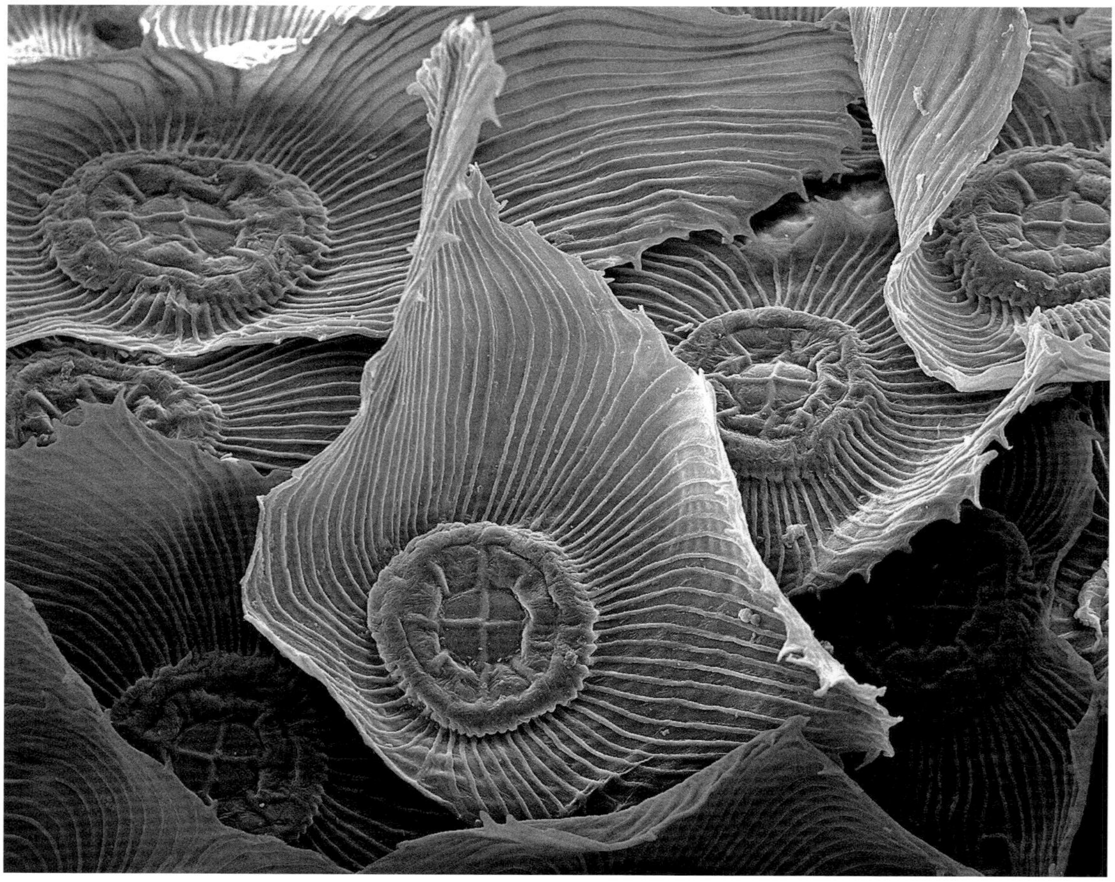

Tillandsia usneoides, Saugschuppen unter dem Rasterelektronenmikroskop.

Tillandsia usneoides.

Bromelien auf Fels.

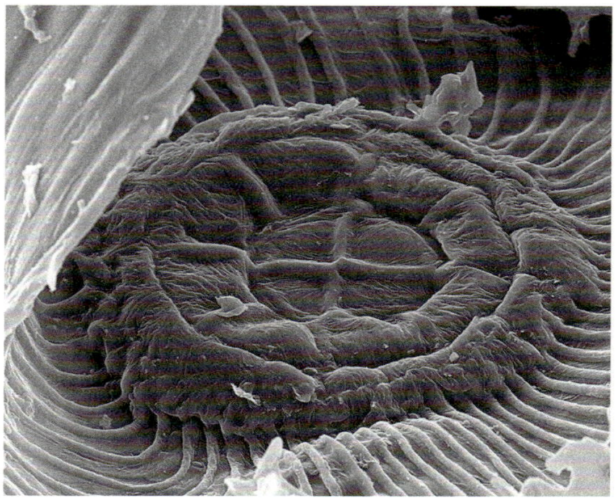

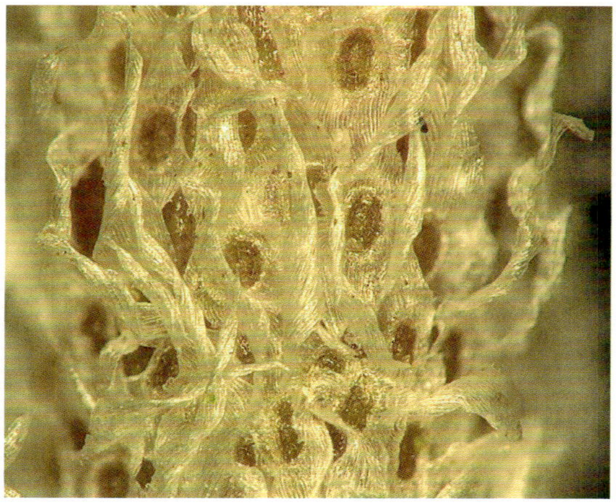

links:
Tillandsia usneoides, einzelne Saugschuppen unter dem Rasterelektronenmikroskop.

rechts:
Tillandsia usneoides, Saugschuppen in Aufsicht in starker Vergrößerung.

können Wasser und Nährstoffe aus dem Boden aufnehmen. Bei terrestrischen Vertretern wie *Hechtia-* und *Dyckia-*Arten (diese werden auch im Zierpflanzenhandel angeboten) mit einem gut entwickelten Wurzelsystem sind die Saugschuppen deshalb reduziert. Bei Bromelien mit Blatttrichtern sammelt sich das an den Blättern nach einem Regen herablaufende Wasser in einer Art Zisterne und kann dort über die Blätter aufgenommen werden. Die Saugschup-

Tillandsia tectorum.

pen befinden sich bei solchen Arten vor allem dort, wo sich das Wasser im Innern des Blatttrichters sammelt, das heißt, sie sind vermehrt auf der Oberseite der verbreiterten basalen Blattbereiche anzutreffen. Saugschuppen sind nicht immer gleichmäßig über die Blätter verteilt. Das grau-grüne Streifenmuster auf den Blättern beispielsweise von *Billbergia zebrina* ist auf eine unterschiedlich dichte Verteilung von Saugschuppen zurückzuführen.

Graue Tillandsien – Überlebenskünstler in luftiger Höhe

Graue epiphytisch lebende Bromelien bilden meist keine deutlichen Blatttrichter aus, sie nehmen die benötigte Feuchtigkeit direkt aus Regen, dichtem Nebel und nächtlichem Tau auf, wenn die Pflanze benetzt ist. Zimmerbromelien sollten deshalb regelmäßig mit Wasser besprüht werden. Die Blätter der grauen Tillandsien sind auf beiden Seiten dicht mit Saugschuppen besetzt. Ihre Struktur kann bereits mit einer stärkeren Lupe erkannt werden. Das von Nordamerika bis in den Süden Südamerikas weitverbreitete Louisiana- oder Spanische Moos (*Tillandsia usneoides*) ist ein Beispiel für eine epiphytisch lebende Bromelie ohne Blatttrichter. Ausgewachsene Individuen haben keine Wurzeln. Vom Habitus her erinnert diese Tillandsie an Bartflechten (*Usnea*). Sie siedelt sogar auf Überlandleitungen und scheint nur „von Luft und Liebe“ zu leben. Ihre schmalen Blätter und Sprossachsen sind fast pelzartig mit einer Schicht aus Saugschuppen verpackt. Derartige Tillandsien kommen mit sehr wenigen Nährstoffen aus, eine Tatsache, die auch in der Kultur von Bedeutung ist. So sollten Tillandsien in Kultur nur selten mit einem stark verdünnten Orchideendünger versorgt werden. Auch gibt es speziellen Bromeliendünger, der über die Blätter aufgenommen wird.

Außer der Wasserversorgung dient dieser Überzug aus Saugschuppen als Verdunstungs-, Hitze- und Sonnenschutz. Die ganze Pflanze wirkt im trockenen Zustand silbrigweiß. An den Saugschuppen wird das gesamte Licht reflektiert, ähnlich wie auch bei Schnee und weißen Schimmelpilzen. Sind die Saugschuppen mit Wasser gefüllt, schimmert das grüne Blattgewebe durch.

Gut verpackt mit Spanischem Moos

Tillandsia usneoides zeigt nicht nur eine geniale Verpackung ihres Sprosses zur effektiven Wasseraufnahme, sie diente früher auch selbst als Verpackungsmaterial. Vor der Einführung von Plastikchips war die häufige Pflanze ideal dafür geeignet, Kisten mit zerbrechlichem Inhalt auszukleiden. Auch Sofas und Matratzen wurden mit Spanischem Moos ausgepolstert. Wegen der Gefahr, dass sich dort auch Insekten wie lästige Wanzen einquartieren, ist man mittlerweile von diesem Polstermaterial abgewichen. Für Vögel aber bleibt *Tillandsia usneoides* ideales Baumaterial zum Auskleiden ihrer Nester. Auch Vögel, die nicht in der Heimat dieser Bromelie leben, sind lernfähig. So verwenden Amseln, die regelmäßig im Gewächshaus des Frankfurter Palmengartens nisten und munter durch die Lüftungen ein- und ausfliegen, gelegentlich Spanisches Moos für die Auskleidung ihrer Nester. Das Spanische Moos stibitzen sie im Bromelienhaus.

Das Vogelei – das durchdachteste Kinderzimmer der Welt

MAIKE DREWING

Dass Vögel Eier legen, ist eine allseits bekannte Tatsache, die man hierzulande besonders zur Osterzeit sehr schätzt. Dass Eier ein Meisterstück der Evolution darstellen, wird dabei allerdings eher selten bedacht.

An das Ei werden von seinem Bewohner und seiner Umwelt eine ganze Reihe von teils widersprüchlichen Forderungen gestellt: Es muss groß genug sein, damit sich das Küken gut darin entwickeln kann, sollte aber auch nicht unnötig riesig werden, um „Verpackungsmaterial" und Energie der Mutter zu sparen. Es muss das Küken mit Nährstoffen versorgen und dessen Atmung, das heißt den Gasaustausch gewährleisten, darf dabei aber nicht austrocknen. Es muss stabil genug sein, damit es das Gewicht des brütenden Elternvogels aushält, muss zugleich aber so zerbrechlich sein, dass das Küken am Ende der Brut schlüpfen kann. Schließlich müssen seine Form und Farbe weiteren äußeren Ansprüchen der Umgebung gerecht werden.

Eine solche Wunschliste lässt gestandene Ingenieure in Angstschweiß ausbrechen, doch jedes Vogelei erfüllt sie mit Bravour – wie gelingt das?

Die Reifung des Eis – ein Verpackungsprozess

Bei über 10 000 Vogelarten auf der Erde zeigt sich im Aufbau des Eis eine bemerkenswerte Einheitlichkeit. Von innen nach außen finden sich stets der Dotter, das Eiweiß, die Eihaut, die Kalkschale und das elastische Oberhäutchen, wobei das Ei auch in dieser Reihenfolge reift. Der Reifungsprozess erinnert dabei an die Arbeit an einem Fließband. An jeder Station wird ein weiterer „Handgriff" getätigt, wobei jeder davon sitzen muss, damit das Endergebnis zufriedenstellend ist.

Der Reifungsprozess beginnt im linken Eierstock der Vogeldame (der rechte ist nicht ausgebildet, was zur Körpergewichtsreduzierung beiträgt). Dort reift ein Follikel, das heißt eine Eizelle mit den zugehörigen Hilfszellen heran, indem sich Dotter in Schichten daran anlagert. Der Dotter ist der Proviant des späteren Kükens für die Zeit im Ei und enthält neben Wasser alle nötigen Nährstoffe, das heißt Fette, Proteine, Vitamine und Mineralstoffe. Bei Nestflüchtern – also Küken, die weit entwickelt schlüpfen und bereits kurz darauf das Nest verlassen – stellt der Dotter rund 40 Prozent des Gesamtgewichts des Eis (gegenüber 25 Prozent bei Nesthockern), was sich leicht mit dem erhöhten Energiebedarf für eben diese weiter fortgeschrittene Entwicklung erklären lässt.

Ist die Reifung der Dotterkugel abgeschlossen, gelangt sie über den Eileitertrichter in den Eileiter. Der Follikel befindet sich nun als Keimscheibe auf der Dotteroberfläche. Hier erfolgt gegebenenfalls die Befruchtung der Eizelle. Im Anschluss wird der Dotter dann von der Dotterhaut ummantelt und ist somit fertig.

Auf dem weiteren Weg durch den gewundenen Eileiter wird von speziellen Drüsen das sehr wasserhaltige Eiweiß abgegeben, welches sich wegen der steten Rotation des Dotters gleichmäßig anlagert. Wer öfter mit Eiern in der Küche arbeitet, wird dabei bemerkt haben, dass das Eiweiß keine homogene Flüssigkeit darstellt. Es besteht vielmehr aus drei Schichten, die unterschiedlich dünn- bzw. dickflüssig sind.

Das potenzielle Küken erhält als Nächstes seine „Sicherheitsgurte", die sogenannten Hagelschüre. Diese verlaufen jeweils vom Dotter zu einem Ende des Eis und halten den Dotter somit in der Mitte des Eis, um ihn vor Beschädigungen durch eventuelle Stöße zu schützen.

siehe links:
Das Gelege eines Neuntöters.

Das Küken bricht von innen die Eischale auf.

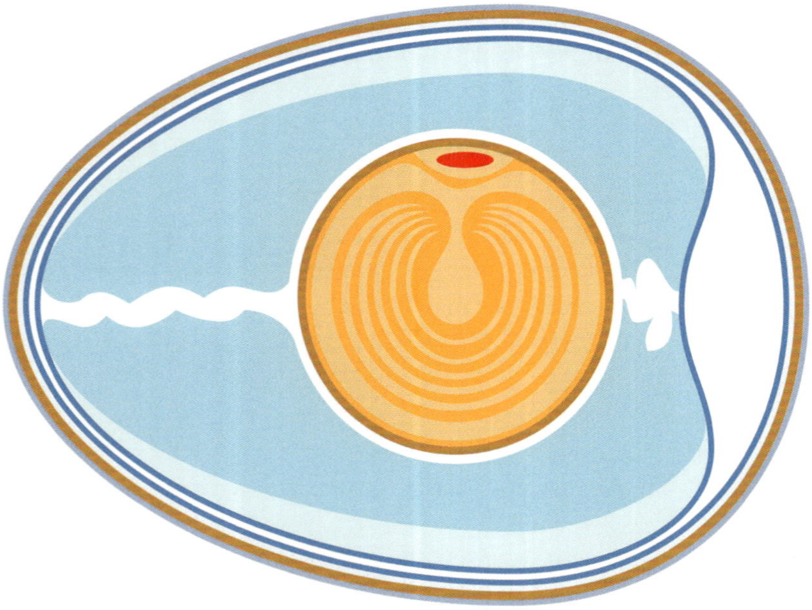

Der Aufbau des Eis. Gut zu erkennen ist der mehrschichtige gelbe Dotter im Zentrum, auf dem sich die Keimscheibe (rot) befindet. Die Hagelschnüre (weiß) ziehen sich durch das Eiweiß (blau) zu den Polen des Eis. Die Luftkammer zwischen den beiden Membranen der Schalenhaut ist deutlich am stumpfen Eiende zu erkennen. Die Kalkschale ist braun dargestellt und wird von dem Oberhäutchen (grau) ummantelt.

Die Schalenhaut ist die letzte Verpackungsschicht vor der Kalkschale. Sie besteht aus zwei Membranen, zwischen denen sich nach der Eiablage eine Luftkammer bildet. Beide Membranen sind selektiv permeabel: Sie lassen Wasser und Gase passieren, halten andere Stoffe jedoch zurück. Dies ermöglicht den zur Atmung des Vogelembryos nötigen Gasaustausch; lebensnotwendiger Sauerstoff erreicht den Embryo, während Kohlenstoffdioxid abgegeben wird.

Schließlich wird die Kalkschale im Eihalter gebildet, welcher auf den Eileiter folgt. Dort befinden sich Drüsen, die die Masse abgeben, aus der die Kalkschale entsteht. Im Wesentlichen besteht diese Masse aus Kalziumkarbonat, also Kalk, wobei jedoch noch strukturgebende Proteine dazugehören. Diese Proteine bilden eine organische Matrix, die den Grobaufbau der Schale vorgibt, denn die Kalziumkarbonatkristalle ordnen sich ihrer Vorgabe nach an. Man kann die Schale in drei Abschnitte unterteilen. Die äußerste Schicht ist die dünnste der drei Schichten (3 bis 8 Mikrometer beim Haushuhn) und besteht aus senkrecht angeordneten Kalksäulen. Die darunterliegende zweite Schicht, die Papillenschicht, ist deutlich dicker (etwa 200 Mikrometer beim Haushuhn) und besteht aus langen, dicken Kalksäulen. Die innerste Schicht, die Mamillenschicht, schließlich ist von ähnlicher Dicke wie die Papillenschicht (rund 200 Mikrometer beim Haushuhn); die Kalksäulen hier zeigen jedoch eine sternförmige Anordnung. Um so viel Kalkschale herzustellen, gibt der Muttervogel alles und das im wahrsten Sinne des Wortes. Dem Blut der Mutter wird dafür sämtliches Kalzium entzogen. Ist in der Nahrung nicht genügend davon vorhanden, wird für den Bedarf Kalzium auch an den Knochen abgebaut.

Die Kalkschale besitzt Poren, die Wasser und Gase passieren lassen, um die Atmung des Kükens zu gewährleisten. Hierin zeigt sich übrigens auch die klare Zugehörigkeit der Vögel zu den Landbewohnern: Landet ein Ei im Wasser, hat das darin befindliche Küken keine Überlebenschance, seine Atmung versagt.

Das sehr dünne Oberhäutchen (0,5 bis 12,8 Mikrometer Dicke) wird bei der Eibildung zuletzt vom Uterus auf die Schale aufgebracht. Es entsteht zunächst als eine dünne Schleimschicht auf der Eierschale, die aus Proteinen, Polysacchariden und Lipiden besteht. Einmal an der Luft getrocknet wird die Schleimschicht jedoch zum Häutchen und besitzt dann wachsartige Eigenschaften. Außerdem wehrt sie Bakterien und Schimmelpilze ab. Im Haushalt sollte man daher Eier erst kurz vor dem tatsächlichen Einsatz abwaschen, da man sonst diesen natürlichen Schutz zu früh entfernt.

Die Entwicklung eines Eis ist in der Summe also ein ausgeklügelter und perfekt abgestimmter Prozess. Kommt es jedoch an einer Stelle zu einer Störung, ist das komplette Endprodukt zum Scheitern verurteilt.

Es gibt eine ganze Reihe verschiedener „Montagsmodelle". Bei Windeiern beispielsweise fehlt die Kalkschale, was auf einen Kalziummangel bei der Mutter hinweisen kann. Lösen sich zwei Dotterkugeln zugleich, werden sie in dasselbe Ei gepackt und das entstehende Ei wird besonders nahrhaft mit zwei Dottern. Zwei Küken werden aber nicht erfolgreich entstehen können, da der Platz im Ei doch sehr begrenzt ist. Das Gegenstück zum Doppeldotter ist das Sparei. Hier wurde Eiweiß produziert, ohne dass ein Dotter auf dem Weg war und das finale Ei enthält folglich auch keinen. Sehr selten gibt es das Ei im Ei, wenn ein fertiges Ei zurückwandert und erneut mit Eiweiß, Haut und Schale versehen wird. Abgesehen von solchen Ausrutschern ist die Eiproduktion jedoch trotz ihrer Komplexität sehr zuverlässig.

Das Haushuhn könnte uns glauben lassen, dass Vögel permanent Eier ausbilden, doch dem ist nicht so. Wildvögel kommen nur zu günstigen Zeiten in die entsprechende Stimmung, nämlich dann, wenn das Nahrungsangebot am besten ist. In Mitteleuropa entspricht dies dem Frühjahr und Frühsommer. Hühner wurden jedoch Jahrtausende lang domestiziert und legen das ganze Jahr über Eier. In der industriellen Haltung wird allerdings auch die Beleuchtung so abgestimmt, dass den Legehennen Frühsommer vorgegaukelt wird, um die Eierproduktion anzukurbeln. Außerdem wird das Gelege einer solchen Legehenne niemals vollständig, da die Eier vom Menschen entfernt werden. Normalerweise beginnt die Henne erst bei vollständigem Gelege mit der Brut. Fehlen noch Eier, werden weitere gelegt. Bei den heute eingesetzten Züchtungen ist der Drang zum Brüten allerdings ohnehin stark zurückgegangen, sodass das Eierentfernen nicht mehr allein verantwortlich ist für das stete Nachlegen der Hühner.

Bunte Skulpturen

Trotz des extrem ähnlichen Eieraufbaus bei allen Vogelarten gibt es doch einige äußerliche Unterschiede zwischen den Eiern in Bezug auf Größe, Form und Farbe. Dass kleine Vögel kleine Eier legen und große Vögel große Eier, überrascht dabei voraussichtlich niemanden. Setzt man jedoch Eigewicht und Vogelgewicht in Relation, stellt man fest, dass kleinere Vögel relativ zu ihrem Eigengewicht die größeren Eier legen. Der absolute Rekordhalter hierbei ist der Kiwi, dessen Eier bis zu 30 Prozent des Körpergewichts des Weibchens er-

Ein Beispiel für die Farbenvielfalt in Vogelnestern – ein Wanderdrosselgelege im Nest.

reichen. Wäre dies beim Menschen der Fall, brächte eine 60 Kilogramm schwere Frau ein 18 Kilogramm schweres Kind zur Welt.

Eine wichtige Rolle im Zusammenspiel des Eis mit dessen Umwelt spielt die Eiform. In Bezug auf das Verhältnis von Oberfläche zu Volumen erweist sich die Kugelform als Ideal, was den Materialverbrauch angeht. Sie gewährleistet das größtmögliche Volumen bei möglichst geringer Oberfläche. Auch der auf das Ei wirkende Druck ist bei der Kugelform am gleichmäßigsten verteilt, was die Stabilität erhöht. In der Tat legen viele Vögel Eier, die der Kugelform relativ nahekommen, so etwa die Papageien, Eulen und diverse Singvögel. Wer (fast) kugelförmige Eier legt, der baut jedoch auch tiefe Nester oder gehört zu den Höhlenbrütern, sodass ein Wegrollen der Eier nicht möglich ist. Vögel, die jedoch flache Nester bauen oder an etwas herausfordernden Orten brüten, können sich das nicht erlauben. Die Trottellummen beispielsweise brüten in Felswänden an Klippen. Runde Eier wären dort schnell ein trauriger Fleck am Boden. Deshalb legen Trottellummen kegelförmige Eier, die an einem Ende sehr spitz zulaufen. Kommt ein solches Ei ins Rollen, dreht es nur einen sehr kleinen Kreis und liegt wieder sicher. Die Kegelform erweist sich außerdem als platzsparend. Liegen vier kegelförmige Eier mit den Spitzen zueinander zusammen, nehmen sie weniger Fläche ein, als es runde Eier täten – ein Vorteil, den sich unter anderem Brachvögel zunutze machen, um möglichst viele Eier bebrüten zu können. Man sieht, dass es im Zusammenspiel mit den Anforderungen der Umwelt viele verschiedene Eiformen gibt. Vogeleierkundige, die Oologen, unterscheiden sogar zwölf Eiformen (zum Beispiel elliptisch, kugelrund, walzig oder kegelförmig).

Ein dritter Punkt zur Unterscheidung von Eiern ist die Farbe. Vögel sind die Einzigen im Tierreich, die ihre Eier „bemalen". Wenngleich nur zwei Farbstoffe beteiligt sind, vermögen sie es dennoch, die ganze Farbpalette zu nutzen. Haben Eier eine Grundfärbung handelt es sich um das blau-grüne Pigment Biliverdin, welches direkt beim Bau der Eierschale mit eingebaut wird. Wanderdrosseln legen beispielsweise vollständig blaue Eier.

Manche Vogelarten versehen ihre Eier zusätzlich mit Mustern aus dem rötlich-braunen Pigment Protoporphyrin, welches von speziellen Drüsen in der Eileiterwand abgegeben wird. Je nachdem wie sich das Ei gerade auf seiner Wanderung beim Reifungsprozess bewegt, entsteht ein Punkt, ein gerader Strich oder ein Schnörkel. So legen Amseln Eier mit blau-grüner Grundfärbung und bräunlichem Punktemuster.

Wieder andere Vogelarten wie das Huhn, Papageien, Eulen und Co. begnügen sich mit weißen Eiern. Die Frage nach der Ursache für diese vermeintlich ästhetischen Präferenzen ist schnell in der Lebens- bzw. Nistweise der jeweiligen Vogelart gefunden. Höhlenbrüter wie Papageien müssen ihre Eier nicht großartig tarnen, um sie vor Fressfeinden zu schützen. Ist jedoch ein gut zugängliches Nest gebaut oder wird sogar ohne Nest gebrütet, gilt es, das Gelege möglichst gut zu tarnen, damit es keinem hungrigen „Passanten" auffällt.

Neben Fressfeinden bedrohen auch Brutparasiten oft den ungeschlüpften Nachwuchs, darunter der berüchtigte Kuckuck. Wenn sich der Kuckuck ein Nest ausgesucht hat, dessen Besitzer ihre Eier gut von anderen unterscheiden können, so muss er sein Kuckucksei möglichst ähnlich färben. Anderenfalls wird es ohne große Bedenken von den ungewollten Adoptiveltern aus dem Nest befördert. Daraus ergibt sich ein Anpassungsdruck, der zu verschiedenen Spezialisten unter den Kuckucken geführt hat, die sich im Aussehen ihrer Eier jeweils hervorragend an das der Eier der Wirtsart angepasst haben.

Ein anderer Grund für die Eierfärbung findet sich bei Koloniebrütern wie den Trottellummen. Wenn dicht an dicht gebrütet wird, wird es zur Herausforderung, das eigene Ei wiederzufinden. Daher variieren die Eier in ihrer Färbung hier sehr stark, sodass jedes Ei möglichst individuell gefärbt und so zu erkennen ist.

Einer Studie aus Oxford zufolge dient die Eierfärbung außerdem der Stabilität des Eis. Die Studienergebnisse legen nahe, dass Kalziummangel durch vermehrte Farbstoffeinlagerungen in die Eierschale begleitet wird, die die Elastizität und somit Stabilität der sonst zu brüchigen Eier erhöhen.

Vom Brüten, Werden und Schlüpfen

Ist ein Ei erst einmal gelegt, gibt es Vogelarten, die sofort mit der Brut beginnen und solche, die damit warten, bis das Gelege vollständig ist. Bei der ersten Gruppe schlüpfen die Küken daher mit zeitlichem Abstand, die der zweiten Gruppe eher gleichzeitig.

Doch betrachten wir zunächst die Brut und die Entwicklungsvorgänge im Ei. In einem befruchteten Ei entwickelt sich der Embryo nur bei ausreichend hoher Temperatur, welche durch die Körperwärme des Altvogels beim Brüten gegeben wird. Da das Federkleid eines Vogels jedoch eine hervorragende Wärmeisolierung darstellt, hat die Evolution bei den meisten Vogelarten einen geschickten Weg hervorgebracht, diese zu umgehen: den Brutfleck. Brutflecken sind kleingefiederfreie Stellen am Unterbauch des brütenden Elternteils, an denen die Haut besonders gut durchblutet und somit warm ist. Der brütende Vogel fungiert quasi als große Heizdecke. Bei den meisten Vogelarten fallen die Federn am Brutfleck hormonell gesteuert aus, wobei die Hormonausschüttung durch den Beginn der

Nestbauaktivität bzw. durch die Stimulation durch den Partner angestoßen wird. Enten und Gänse hingegen rupfen sich aktiv ihre Feder am Brutfleck aus und polstern damit sogar ihre Nester aus.

Die Frage wer brütet wird in der Klasse der Vögel nicht einheitlich beantwortet. Mal brütet nur das Weibchen (zum Beispiel bei Entenvögeln), mal das Männchen (wie bei den in Australien und Neuguinea beheimateten Kasuaren), bei wieder anderen gibt es diverse Mischformen der Brut vom Wechsel in Tages- und Nachtschichten (wie bei der nordamerikanischen Carolinataube) bis hin zu kooperativer Brutpflege oder gar „wilden Kommunen" (zum Beispiel bei der Heckenbraunelle).

Bei der Brut kommt auch der Vorteil der rundlichen Eiform zum Tragen. Wie jeder Vogelzüchter weiß, müssen Eier beim Bebrüten regelmäßig gedreht werden, damit möglichst viele gesunde Küken schlüpfen. Brütende Vögel drehen ihre Eier ganz instinktiv, was bei rundlichen Formen relativ einfach zu bewerkstelligen ist. Der Sinn des Drehens liegt darin begründet, dass durch das regelmäßige Rotieren das Ei gleichmäßig erwärmt wird und die Eihäute nicht verkleben, was eine gesunde Entwicklung des Embryos ermöglicht.

Die Eihäute – oder extraembryonale Membranen – werden vom Embryo ausgebildet, befinden sich aber außerhalb von ihm. Sie heißen Amnion, Dottersack, Allantois und Chorion. Als Amnion wird die innere Embryohülle bezeichnet. Sie umschließt die flüssigkeitsgefüllte Amnionhöhle, in der der Embryo schwimmt, und schützt ihn somit vor dem Austrocknen und vor Schäden durch Erschütterungen wie eine Art Stoßdämpfer. Die zweite Membran, der Dottersack, umwächst den Dotter. Der Dottersack ist mit einem feinen, dichten Blutgefäßnetz durchzogen, welches die nach und nach dem Dotter entzogenen Nährstoffe zum Embryo befördert.

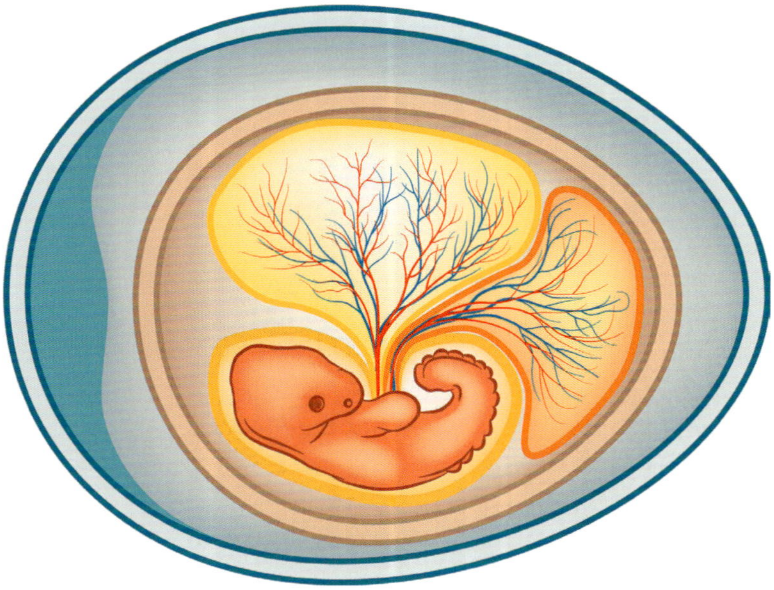

Ein Vogelembryo im Ei. Der Embryo ist durch das Amnion (dunkles Gelb) in der Amnionhöhle geschützt. Der mit Blutgefäßen durchzogene Dottersack (gelb) ist über dem Embryo eingezeichnet. Die Allantois (orange) und das Chorion (rosa) fungieren als Atmungsorgan.

Die ebenfalls stark von Blutgefäßen durchzogene Allantois übernimmt zwei Funktionen. Zum einen fungiert sie als Speicherort für bestimmte Stoffwechselendprodukte (maßgeblich Harnsäure) wie eine Art Müllsack. Zum anderen und vor allem dient sie zusammen mit dem Chorion, der äußeren Embryonalhülle, der Atmung des Embryos. Solange der heranwachsende Embryo nicht in der Lage ist, per Lunge zu atmen, stellen diese beiden Membranen also das Atmungsorgan. Der Gasaustausch verläuft an den Membranen über Diffusion. Das bedeutet, dass die Zufallsbewegungen der Gasteilchen aufgrund ihrer Ungleichverteilung (zum Beispiel viel Sauerstoff außen, wenig innen) einen Nettotransport der Teilchen in den Bereich verursachen, der weniger Teilchen enthält. So verlässt das Kohlenstoffdioxid das Eiinnere nach und nach, während Sauerstoff hineingelangt.

Im letzten Fünftel der Brutzeit wird die Atmung schließlich auf Lungenatmung umgestellt. Kurz zuvor hat sich der Embryo so gedreht, dass sein Kopf auf der stumpfen Seite des Eis zum Liegen kommt. An diesem Ende befindet sich auch die Luftkammer, die sich wegen des Wasserverlusts durch das Brüten bzw. durch die Wärme auf bis zu einem Viertel des Eiinnenraumes ausgedehnt hat.

Dem Embryo wächst in der Folge der Eizahn am Oberschnabel (eher selten am Unterschnabel wie bei Spechten) aus Kalk heran, der zunächst zum Durchstoßen der Membranen dient. Außerdem treiben die Lungen die Flüssigkeit heraus und die Chorio-Allantois gibt ihr Blut an den Embryokörper zurück. Durch das Durchstoßen der Membranen

wird schließlich erstmals Luft erreicht, der heranwachsende Vogel nimmt seinen ersten Atemzug.

Ist diese Umstellung komplett, beginnt das Schlüpfen. Ein Schlüpfmuskel zwischen Hinterkopf und Wirbelsäule sorgt für das Anheben des Kopfes, wodurch der Eizahn gegen die Eierschale gepresst wird. Diese ist im Entwicklungsverlauf geschwächt worden. Der Grund dafür liegt in einer Art Recyclingprozess, bei dem durch das Atmungskohlendioxid Kalk aus der Schale gelöst und zum Knochenaufbau des Embryos genutzt wurde. Die nun dünnere Schale kann so beim Kontakt mit dem Eizahn leichter angebrochen werden. Beim Schlüpfvorgang dreht sich der Jungvogel außerdem um seine eigene Achse, sodass eine Eikappe kreisförmig angeknackst wird. Das weitere Schlüpfen wird für das Küken sogar noch anstrengender, da es nun in einem wahren Befreiungsakt mit heftigen Bewegungen und starkem Treten mit den Beinen die Eierschale aufbrechen muss.

Bei manchen Vogelarten wie dem Wellensittich hilft der Altvogel dem Küken bei seinem erschöpfenden Kampf und bearbeitet die Eierschale vorsichtig mit dem Schnabel. Der Schlüpfvorgang kann je nach Vogelart insgesamt wenige Stunden bis hin zu mehreren Tagen dauern, wobei das Küken immer wieder Entspannungspausen einlegen muss. Schließlich gibt auch die beste Verpackung den Geist auf, das Küken ist befreit und kann sein Leben beginnen.

Dieses Hühnerküken hat sich bald aus seinem Ei befreit.

Baukünstlerin Köcherfliegenlarve – Architektur im Schlepptau

CHRISTIAN
OFFER

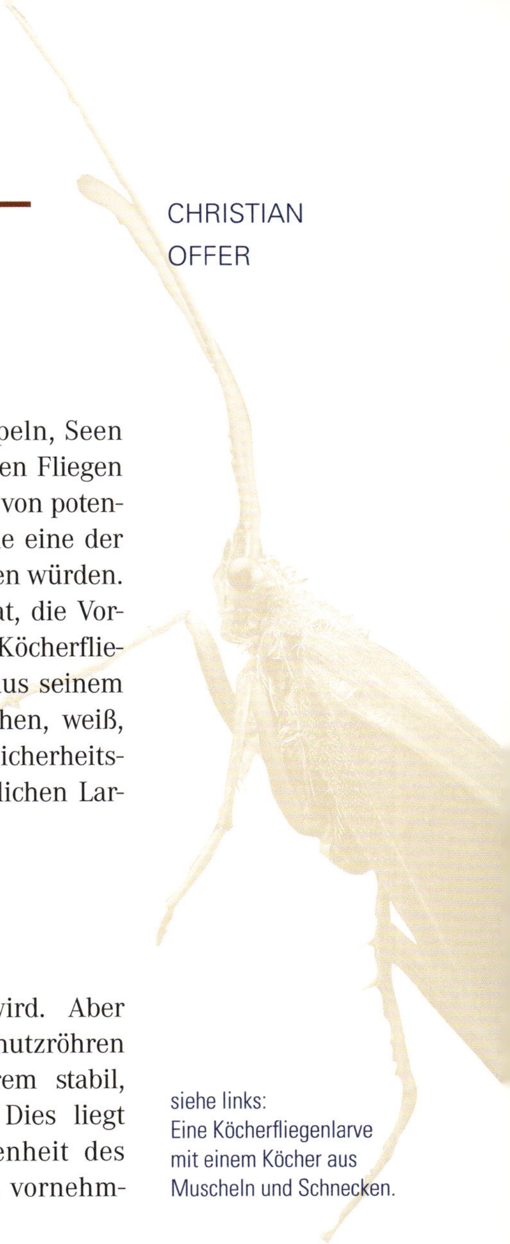

Wenn es in der Natur eine Verpackung gibt, die ihren Namen verdient, so ist es sicherlich der Köcher der Köcherfliegenlarve. Auch wenn die Kenntnis dieser Behausung nicht unbedingt zum Allgemeinwissen gehört, so ist die kreative und gleichzeitig überaus zweckdienliche Konstruktion des Köchers eine der meist erwähnten architektonischen Leistungen eines Tieres.

Für die Köcherfliegenlarve selbst geht es beim Bau ihres Köchers um nichts anderes als das blanke Überleben in einem lebensfeindlichen Habitat. Denn in den Tümpeln, Seen und Flüssen, in die die erwachsenen Fliegen ihre Eier legen, wimmelt es nur so von potenziellen Fressfeinden, die sich gerne eine der nährstoffreichen Larven einverleiben würden. Wer allerdings einmal versucht hat, die Vorderbeine oder das Köpfchen einer Köcherfliegenlarve zu greifen, um das Tier aus seinem kunstvoll gestalteten Haus zu ziehen, weiß, dass die Tiere sich einen Hochsicherheitstrakt für den Schutz des empfindlichen Larvenkörpers errichtet haben.

Tarnung und Stabilität

Die Sicherheitsmaßnahmen der Köcherfliegenlarve fangen schon damit an, dass ihr Köcher auf dem Grund eines Sees oder eines Baches für die räuberisch lebenden Tiere kaum zu erkennen ist, da er aus dem Material der Umgebung wie Steinchen oder Wasserpflanzenstücken hergestellt wird. Aber damit längst nicht genug; die Schutzröhren der Köcherfliegenlarve sind extrem stabil, bruchfest und verwindungssteif. Dies liegt in erster Linie an der Beschaffenheit des gewählten Baumaterials: Es sind vornehm-

siehe links:
Eine Köcherfliegenlarve mit einem Köcher aus Muscheln und Schnecken.

Die Schutzhäuser der Köcherfliegenlarven sind architektonische Kleinode der Unterwasserwelt.

Ob Steinchen, kleinste Holzstücke oder Wasserpflanzenteile – für ihren Köcher verbaut die Köcherfliegenlarve fast alles, was ihr am Grund des Gewässers begegnet.

lich Steinchen oder kurze, stabile Pflanzenfaserstücke, die zum Einsatz kommen. Ein weiterer wichtiger Faktor ist die Bauweise selbst: Die Larven produzieren eine Spinnseide, die dem Faden eines Spinnennetzes in Zusammensetzung und Eigenschaften sehr ähnlich ist und die gleiche Zusammensetzung aufweist wie die Kokonseide der Schmetterlinge. Die Spinnseide hält die Elemente des Köchers sehr fest zusammen, ohne ihn brüchig zu machen. Ganz im Gegenteil: Der Köcher wird durch die Spinnfäden elastisch, sodass er selbst bei starker mechanischer Beanspruchung (zum Beispiel durch den beherzten Biss eines Fisches) wieder in seine ursprüngliche Form zurückschnellt.

Viele Arten – verschiedene Köcher

Köcherfliegen kommen weltweit mit über 13 000 Arten vor. Von ihnen leben aber nur etwa 400 in Mitteleuropa. Die Tiere sind entwicklungsgeschichtlich alt – es gab sie bereits vor über 115 Millionen Jahren.

Die erwachsenen Tiere (Imagos) haben eine Flügelspannweite von bis zu 6,5 Zentimetern. Die Flügel der Köcherfliegen sind mehr oder weniger stark behaart, was sie von den Schmetterlingen mit ihren Schuppen unterscheidet. Die Larven haben starke Mandibeln, mit denen sie fest zubeißen können und dies auch tun. Die Köcher tragenden Arten haben am Hinterleib einen oder mehrere Höcker, mit denen sie den Köcher festhalten. Fransige Kiemen, die aus dem Hinterleib heraus-

Die Bauweise der Köcher ist Art-spezifisch; hier ein aus Schilfblatt-Teilen akkurat zusammen gesetzter „Schieferdach"-Köcher.

ragen, unterstützen die Atmung bei vielen Arten.

Wie Libellen durchlaufen die Larven der Köcherfliegen mehrere Stadien, da sie sich bis zur Verpuppung fünf Mal häuten. Die Köcher der ersten Larvenstadien sind nur bis zirka einen Zentimeter kurz und bestehen aus relativ wild zusammengesetzten Pflanzenteilen. In den letzten Larvenstadien schließlich kann der Köcher bis zu fünf Zentimeter lang werden. Er ist jetzt sehr ordentlich verklebt und aus nahezu gleich großen und gleichförmigen Teilen aufgebaut.

Die Köcher der verschiedenen Gattungen haben eine unterschiedliche Architektur, aber immer werden Spinnfäden verwendet, um die Materialstückchen zusammenzufügen. Die Köcherfliegenlarven können alle Arten von Pflanzen und auch viele mineralische Teile für den Köcherbau verwenden. Die Form des Köchers ist für einige Familien und Arten hoch spezifisch. „So bauen beispielsweise die Glossosomatidae hoch gewölbte, kurze ‚Steinhäufchen' (wie ein Schildkrötenpanzer), die Beraeidae schmale, glatte gebogene Sandköcher, die Goeridae kurze gerade Köcher aus gröberen Steinchen, manche Lepidostomatidae vierkantige Köcher aus zurechtgeschnittenen Blattstückchen. Der Köcher von *Thremma* ist mützenförmig, der von *Helicopsyche* gewunden wie ein Schneckenhaus. Die Larven der *Psychomyiidae* bauen auf der Oberfläche von Steinen tunnelförmige, manchmal verzweigte Wohnröhren" (www.hydro-kosmos.de). Die Köcher der Gattung *Phryganea* bestehen immer aus gleich langen Pflanzenteilen, die spiralförmig angeordnet werden.

Wachsen die Larven, fügen sie am Vorderende des Köchers neues Material an. Viele Arten beißen das Hinterende beim Wachsen regelmäßig ab. Die Larven verpuppen sich im Köcher. Mit ihren Mandibeln schneiden die Puppen den Kokon vor dem Schlupf auf. Nach etwa drei bis vier Wochen schwimmt die Puppe zur Wasseroberfläche, und die Imago schlüpft am Ufer, an Steinen oder Pflanzen fest gekrallt.

Die meisten Köcherfliegenlarven sind Bewohner der Fließgewässer, wo sie zu den wichtigsten und artenreichsten Bewohnern gehören. In Gebirgsbächen kommen oft bereits auf kurzen Strecken über 50 Arten vor. Köcherfliegenlarven fressen kleine Reste von Pflanzen und Tieren oder schaben den Algenbelag von Steinen ab. Einige Arten leben räuberisch.

Köcherfliegenlarven sind Anzeiger von guter Wasserqualität, die sie zum Leben brauchen.

Köcherfliegenlarven haben eine enorme Kraft in den Beinen und Beißwerkzeugen, so dass sie selbst Köcher transportieren können, die ein Vielfaches ihres Körpers wiegen.

Frisch geschlüpfte Köcherfliege.

Exuvien – die faszinierende Hülle des Spinnenkörpers

ANJA SCHWEIA-BUTTERO

Als Arachne, junges Mädchen und begabte Weberin aus dem kleinasiatischen Lydien, die Göttin Athene zu einem Wettstreit in der Webekunst aufforderte und diesen gewann, verwandelte die gekränkte Göttin das Mädchen in eine Webspinne. Dieses Geschehen entstammt der griechischen Mythologie und ist bis heute namensgebend für die Tierklasse der Spinnentiere, deren wissenschaftlicher Name Arachnida (griech. = Spinne) ist.

Die vier Beinpaare einer Spinne sind gegliedert, deswegen zählen Spinnen zum Tierstamm der Arthropoda (Gliederfüßer), dem größten Tierstamm, den die Natur hervorbrachte. Spinnen besitzen keine Fühler. Stattdessen ist das erste Gliedmaßenpaar als Cheliceren (Kieferklauen) ausgebildet und dient dem Nahrungserwerb. Spinnentiere werden daher systematisch den Kieferklauenträgern (Chelicerata) zugeordnet, zu denen auch Pfeilschwanzkrebse, Weberknechte, Skorpione und Milben sowie die echten Spinnen gehören. Echte Spinnen, oder auch Webspinnen stellen Spinnenfaden her und nutzen diesen, um vielfältige Netze und Gespinste anzulegen, die als Wohngespinste und zum Fangen von Beute genutzt werden, denn Insekten stellen die Hauptnahrungsquelle der Spinnentiere dar. Ist die Beute gefangen, wird durch die Cheliceren Gift in den Körper injiziert, das die Beute lähmt. Die Beute wird außerhalb des Körpers verdaut und als Nahrungsbrei aufgenommen.

Die Klasse der Arachnida umfasst weltweit 80 000 Arten, welche von den Tropen, den gemäßigten Zonen bis hin zu arktischen Gebieten nahezu alle Lebensräume erschlossen haben. Die Wasserspinne (*Argyroneta aquatica*) hat selbst den Lebensraum des Süßwassers erobert. Diese Spinne nimmt die benötigte Atemluft in einem dicht gesponnenen Netz mit in die Tiefe des Gewässers und kann so in einer Art Taucherglocke leben, denn mit ihren Atmungsorganen, den Buchlungen, sind Spinnen nicht in der Lage auch unter Wasser zu leben. Viele tropischen Arten sind noch nicht beschrieben. In Deutschland existieren in etwa 1000 Spinnenarten.

Fossile Nachweise von Vorläufern der Spinnentiere existieren aus der Zeit des Erdaltertums. Es handelte sich dabei um die bereits ausgestorbenen Seeskorpione (griech. Eurypterida = Breitflosser). Sie erreichten Ausmaße von zwei Meter Länge und gelten als die ursprünglichsten Kieferklauenträger (Chelicerata) und gleichermaßen auch als größte Arthropoda, die je existierten. Vor etwa 380 Millionen Jahren traten weitere Spinnentiere auf, die im Laufe der Evolution eine beachtliche Formenvielfalt erreichten.

Komplette Häutung

Die Verpackung des Spinnenkörpers ist ein festes Außenskelett (Exoskelett), das aus einem Chitin-Protein-Komplex besteht, der von der darunterliegenden Haut (Epidermis) gebildet und abgeschieden wird. Der Spinnenkörper ist zweigliedrig. Vorderleib (Prosoma) und Hinterleib (Opistosoma) sind meist verwachsen. Neben den Cheliceren besitzen Spinnen vier Laufbeinpaare, die am Vorderkörper lokalisiert sind, auch sie bestehen aus Chitin. Das Opistosoma ist im Gegensatz zum Prosoma weichhäutig und dehnbarer als das Prosoma. An Gelenkstellen der Beine ist das Skelett als Gelenkhaut weichhäutig und ermöglicht so die Bewegung. Die Funktion des Exoskelettes ist der mechanische und chemische Schutz des Tieres. Weiterhin ist es Ansatzstelle für kräftige Muskulatur.

siehe links:
Augen der Goldaugenspringspinne (*Philaeus chrysops*).

Exuvie einer Vogelspinne.

Im Laufe der Entwicklung der Spinne ist jede Vergrößerung des Körpers mit einer Häutung verbunden, da das Exoskelett aufgrund seiner Festigkeit nicht wachsen kann. Die abgestreifte Haut wird Exuvie genannt.

Spinnen schlüpfen aus Eiern, die von den Weibchen in einen Kokon gelegt und an einem geschützten Ort, zum Beispiel in einem Strauch gelagert werden. Nur wenige Spinnenarten betreiben Brutpflege. Bereits im Kokon finden mehrere Häutungen der Jungspinnen statt. Auch nach dem Verlassen des Kokons häutet sich die Jungspinne im Abstand von wenigen Wochen regelmäßig, bis sie ausgewachsen ist. Der Vorgang der Häutung erfolgt bei Radnetzspinnen häufig in Rückenlage im Netz hängend oder auch freihängend an einem Faden und ist innerhalb von 30 bis 60 Minuten abgeschlossen. Vogelspinnen hingegen benötigen zu ihrer Häutung viele Stunden. Mit der Häutung steigt der Blutdruck der Tiere stark an. Der Häutungsprozess wird hormonell reguliert.

Eurypterus remipes ein Riesenskorpion, der zu Zeiten des Silurs lebte.

Während der Häutung platzt die alte Haut entlang von Häutungsnähten auf. Diese befinden sich an beiden Seiten des Vorderkörpers über dem Ansatz der Beinpaare. Auch der hintere Teil des Körpers wird gehäutet. Nachdem die alte Körperhaut aufgesprungen ist, klappt eine Hautplatte des Prosomas nach oben, durch den sich die gesamte Spinne herauswindet und durch diese Öffnung gewissermaßen aus ihrer alten Haut aussteigt. Unter der Haut ist von der Epidermis bereits eine neue Außenhaut (Cuticula) gebildet worden. Sie ist noch nicht ausgehärtet (sklerotisiert), pigmentiert und liegt in Falten. Die Spinne schluckt nun Luft, um die neue Cuticula zu entfalten. Der eigentliche Sklerotisierungs- und Pigmentierungsprozess ist eingeleitet und verläuft über mehrere Stunden. In dieser Zeit bewegt die Spinne häufig die Beine, um die komplette Aushärtung des Körpers zu vermeiden und die Gelenkstellen beweglich zu halten.

Übrig bleibt nach der Häutung eine Exuvie, welche exakt der Form des Spinnenkörpers entspricht. Den Häutungsvorgang zu beobachten, ist großartig, denn es gibt Phasen der Häutung, in denen kaum zu unterscheiden ist, welche Körperteile zur Exuvie und welche zur Spinne gehören. Deswegen entsteht der Eindruck, als habe das Tier viel mehr Beine als acht.

Da sich am Exoskelett die vielfältigen Sinnesorgane des Tieres befinden, werden auch sie komplett gehäutet, so zum Beispiel die Augen.

Der Habitus der Gartenkreuzspinne (*Araneus diadematus*) zeigt die charakteristischen Merkmale der Spinnentiere.

Von Augen und anderen Sinnesorganen

Da Spinnen meist nachtaktiv sind, müssen die Sinnesorgane besonderen Anforderungen gerecht werden. Obwohl Spinnen insgesamt acht Augen haben, ist ihr optischer Sinn nur wenig entwickelt, denn die Tiere nehmen mit den Lichtsinneszellen der Augen nur Unterschiede zwischen hell und dunkel wahr. Ihre Augen sind weniger differenziert als die Augen von Insekten, die über Komplexaugen verfügen.

Der optische Sinn hat gerade für Radnetzspinnen keine Bedeutung, denn sie spüren durch Bewegung der Spinnfäden, ob Beute ins Netz gegangen ist. Die Augen einiger Springspinnen sind höher entwickelt, sie sind aktive Jäger und verwenden keine Fangnetze. Attrappenversuche belegen, dass die Tiere in der Lage sind, Umrisse, Formen und vielleicht sogar Farben ihrer Beute wahrzunehmen.

Ebenfalls an der Exuvie lassen sich die Mechanorezeptoren der Spinnen, in Form von Tasthaaren, ausmachen. Sie sind der Häutung inbegriffen und werden stets von der Epidermis vor der Häutung erneuert. Die Tasthaare dienen der Wahrnehmung von Schwingungen und Erschütterungen der Umgebung, in der sich die Spinne gerade befindet. Gerade für die nächtliche Jagd ist diese Art der Sinneswahrnehmung unerlässlich.

Besonders viele dieser Tasthaare befinden sich an der Unterseite der Spinnenbeine sowie an den Tastern der Spinne. An der Unterseite der Beingelenke befinden sich zusätzlich Trichobothrien, eine besondere Ausprägung von Mechanorezeptoren. Es handelt sich dabei um Sinnesgruben, die in ihrem Inneren besonders lange Tasthaare enthalten und von einer dünnen Membran verschlossen sind. Diese Becherhaare sind für die Feinortung zuständig. An dieser Stelle wird deutlich, welches komplexe Wunderwerk sich hier im Laufe der Evolution entwickelt, denn auch die Trichobotrien werden durch jede Häutung erneuert.

Neben Mechanorezeptoren verfügen Spinnen über Chemorezeptoren, Sinneszellen, mit denen die Spinne chemische Reize wahrnimmt. Chemische Signale sind für die Tiere vor allem bei der Nahrungs- und Partnerwahl sowie bei der Kommunikation zwischen Artgenossen von Bedeutung. Diese Geruchsorgane befinden sich an den Endgliedern des Spinnenbeins, den Tarsen, und werden daher auch als Tarsalorgane bezeichnet.

Vorbild für technische Baustoffe und Konstruktionen

Ergonomisch im Laufe der Evolution entwickelt, stellt das Außenskelett der Arachnida eine geniale Form der Natur dar, auf die bereits Ingenieure der Bionik aufmerksam geworden sind. Sie suchen in der Architektur und Struktur des Spinnenkörpers nach Vorbildern für technische Baustoffe und Konstruktionen.

Eine aktuelle Studie belegt, wie die Beschaffenheit der Mundwerkzeuge (Cheliceren) einer Spinne hohe Beißkraft mit gleichzeitig geringem Eigengewicht vereinigt, denn sogar harte Insektenpanzer können Spinnen mit ihren scharfen Cheliceren durchschlagen. Entscheidend ist die Kombination von optimaler Form und komplexer Mikrostruktur der Cheliceren, genauer gesagt ist die Anordnung der Chitinfasern in den Schichten der Chelicerenwände entscheidend für ihre Stabilität. Schichten aus parallelen Fasern stehen in der folgenden Schicht gedrehte Fasern entgegen. Die parallel liegenden Fasern schützen die Mundwerkzeuge vor dem Abbrechen und Verbiegen. Die gedrehten Fasern hingegen sorgen für Elastizität. Die unterschiedliche Anordnung der Fasern dient Bionikern als vielversprechendes Vorbild für die Entwicklung neuartiger Materialien, die ebenfalls wenig Gewicht aufweisen und dabei maximale Stabilität vorweisen können.

Nicht nur wegen ihrer stabilen Cheliceren und der faszinierenden Mikrostruktur, die hinter dieser Stabilität steckt, sind Spinnen für die Bionik bedeutsam, sondern auch aufgrund ihres Spinnenfadens. Spinnenseide beeindruckt durch ihre außergewöhnliche

Auch Insekten wie diese Frühe Adonisjungfer häuten sich komplett und hinterlassen Exuvien.

Belastbarkeit – und zwar bezüglich der Stabilität – kombiniert mit gleichzeitiger Dehnbarkeit. Im Vergleich zu bereits bekannten Materialien erzielt Spinnenseide maximale Belastungswerte. Auch die Architektur der Spinnennetze dient als Vorbild der Architektur, als Beispiel sei das Dach des Münchner Olympia Stadions genannt.

Weiterhin tüfteln Bioniker an Stoffen, die, auch wenn sie lange im Wasser gelagert werden, nicht nass werden und auf diese Weise den Reibungswiderstand beim Schwimmen verringern. Im Alltag ist diese Eigenschaft zum Beispiel für Beschichtungen an Schiffsrümpfen und bei der Konstruktion von Bademodenstoffen interessant. Schiffe können mit entsprechender Außenhaut ausgestattet reibungsloser durchs Wasser gleiten. Der Energieverbrauch kann reduziert, Fahrzeit eingespart werden.

Als Vorbild für solche Stoffe dient eine im Wasser lebende Spinnenart aus Südamerika. Im Gegensatz zu der heimischen Wasserspinne kann diese Art im Wasser tauchen, auf dem Wasser laufen und sich im Wasser fortbewegen. Dabei bleibt ihr Körper vollkommen trocken. Untersuchungen deckten auf, dass die Spinne viele feine wasserabweisende Härchen an ihrem Körper trägt, die in verzweigten Strukturen angeordnet sind. Mithilfe dieser Haare wird eine Luftschicht entlang des Spinnenkörpers gehalten. Diese Luftschicht senkt beim Schwimmen den Reibungswiderstand des Körpers unter Wasser, was dazu führt, dass zur Bewegung des Tieres weniger Kraft erforderlich ist. Weiterhin löst die Bewegung unter Wasser weniger Strömungen aus, die von Beutetieren wahrgenommen werden könnten.

Die Dachkonstruktion des Münchner Olympia Stadions nach Vorbild der Spinnenarchitektur.

Die Blattcuticula – Außenhaut mit Lotuseffekt

ANNA VALERIE KÖCKE

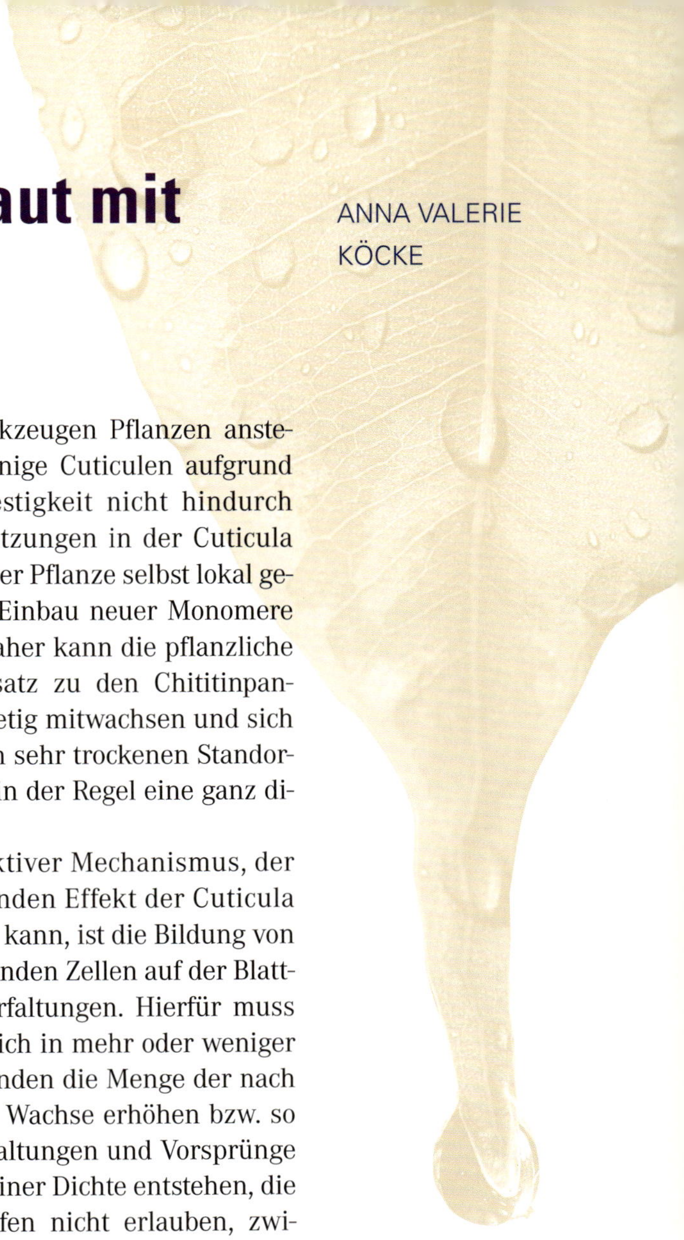

Der Himmel ist dunkel, es regnet. Unter dem Wolkenbruch trommeln unzählige Wassertropfen leise auf das Blätterdach der Baumkronen. Eine ganze Weile nach dem Regen tropft es noch immer. Auf den Blattoberflächen sammelt sich die Feuchtigkeit und perlt in perfekten Tropfen ab. Im Regenwald sind die Niederschlagsmengen sogar so groß, dass fast alle Pflanzen an ihren Blättern spezielle Abtropfspitzen haben. Die Feuchtigkeit sammelt sich in der Mittelrippe des Blattes und rollt zur Spitze hin ab. Warum kann das Wasser die Blattoberfläche kaum benetzen?

Hierfür gibt es zwei Gründe, die zum einen die Struktur der Oberfläche betreffen, auf die der Tropfen herabfällt, und zum anderen den Wassertropfen selbst. Die Moleküle des Wassers sind am Wasserstoffatom positiv und am Sauerstoff negativ geladen, wodurch die Anziehungskräfte im Tropfen nach innen wirken. Ihr darauf basierendes physikalisches Bestreben die Oberfläche möglichst klein zu halten, erklärt die Kugelform der Tropfen. Je nachdem, ob die Oberfläche nun wasserabweisend (hydrophob) oder wasserliebend (hydrophil) ist, wirken unterschiedliche Adhäsionskräfte auf den Wassertropfen (Adhäsionskräfte = Anhaftungskräfte auf der Oberfläche). Hydrophobe Strukturen sind chemisch ungeladen, wodurch die Adhäsionskraft auf den Tropfen gering und die Kontaktfläche zur Oberfläche klein bleibt.

In den Zellen der Blatthaut (Epidermis) werden lösliche Wachse synthetisiert (zumeist in Form langkettiger monomerer Kohlenwasserstoffe), die nach außen abgegeben und miteinander vernetzt werden. Sie schaffen eine hydrophobe äußere Blattschicht, die man als Cuticula bezeichnet. Als lückenloser Film unterschiedlicher Dicke schützt sie die Zellaußenwände vor zu starker Sonneneinstrahlung, kleineren mechanischen Schäden und Verdunstung. Es gibt viele kleine Insekten, die mit ihren Mundwerkzeugen Pflanzen anstechen, aber durch einige Cuticulen aufgrund ihrer Dicke und Festigkeit nicht hindurch kommen. Die Vernetzungen in der Cuticula können jedoch von der Pflanze selbst lokal gelöst und durch den Einbau neuer Monomere erweitert werden. Daher kann die pflanzliche Cuticula im Gegensatz zu den Chititinpanzern der Insekten stetig mitwachsen und sich selbst reparieren. An sehr trockenen Standorten haben Pflanzen in der Regel eine ganz dicke Cuticula.

Ein überaus effektiver Mechanismus, der den wasserabweisenden Effekt der Cuticula drastisch verstärken kann, ist die Bildung von Papillae (hervortretenden Zellen auf der Blatthaut) oder Cuticularfaltungen. Hierfür muss die Epidermis lediglich in mehr oder weniger regelmäßigen Abständen die Menge der nach außen abgegebenen Wachse erhöhen bzw. so uneben sein, dass Faltungen und Vorsprünge auf der Cuticula in einer Dichte entstehen, die es dem Wassertropfen nicht erlauben, zwischen die Faltungen zu dringen. Durch den auf diese Art und Weise stark minimierten Kontakt zwischen Wassertropfen und Blattoberfläche entstehen unbenetzbare Oberflächen (z. B. beim Kohlrabi, *Brassica oleracea* oder bei der großen Kapuzinerkresse, *Tropaeolum majus*). Da den abperlenden Wassertropfen Staub und Pilzsporen anhaften, kommt der Cuticula auch eine selbstreinigende Funktion zu.

Die Struktur und Eigenschaften der sogenannten superhydrophoben Oberflächen wurden in den 1970er-Jahren vom deutschen Botaniker Wilhelm Barthlott entdeckt und als Lotuseffekt bekannt, da seine wissenschaftlichen Arbeiten auf Erkenntnissen über die Blattoberfläche der Lotuspflanze (*Nelumbo*) beruhen. Die Erkenntnis über den unterschiedlichen Aufbau superhydrophober Oberflächen hat man Jahre später dazu genutzt,

siehe links:
Trichterförmige Blattmitte einer Lotuspflanze mit einem Wassertropfen, der die Oberfläche nicht benetzen kann.

selbstreinigende Fassadenfarben herzustellen. Das Patent hierauf hat die Sto AG in Stühlingen, Hersteller des Produktes „Lotusan". Weitere Anwendungen dieses Prinzips finden sich an Schiffsrümpfen und Badeanzügen zur Reduktion der Reibungsenergie im Wasser. Interessanterweise ist die Entdeckung des „Lotuseffektes" ein Nebenprodukt aus der Grundlagenforschung. Eigentlich hatten die Wissenschaftler um Wilhelm Barthlott daran geforscht, ob die unterschiedlichen Formen der Cuticulen dazu verwendet werden können, biologische Arten voneinander zu unterscheiden. Durch die Ergebnisse aus diesen Untersuchungen und dem Hinterfragen des entsprechenden Nutzens einer superhydrophoben Oberfläche entstand ein neues Forschungsvorhaben. Dies ist ein grandioses Beispiel dafür, wie wichtig Beiträge aus der Grundlagenforschung sein können und wie diese schließlich Voraussetzungen für die angewandte Forschung schaffen.

Schützend, aber durchlässig

Als schützende Hülle umschließt die Cuticula die Oberflächen der äußeren oberirdischen Pflanzenorgane nicht ganz, sondern ist an zahlreichen winzigen Poren unterbrochen. Die winzigen Öffnungen heißen Spaltöffnungen (Stomata). Sie sind für den Gasaustausch der Pflanze mit ihrer Umgebung unabdingbar. Warum? Atmen Pflanzen etwa genau wie Tiere? Nehmen sie über die Poren Stoffe auf oder geben sie Stoffe ab?

Tagsüber werden Kohlendioxidmoleküle aus der Luft aktiv in die Zellen der Blätter hineingeschleust, wo sie mithilfe der Energie aus dem Sonnenlicht und Wasser in Zucker umgewandelt werden. Diesen Prozess bezeichnet man als Fotosynthese. Genau wie fast alle anderen Organismen auf unserem Planeten brauchen Pflanzen Zucker als Energielieferanten für ihren Stoffwechsel. Im Prinzip wird hierfür der Wasserstoff von den Wassermolekülen abgespalten, an die Kohlenstoffgerüste montiert und zum Zuckermolekül zusammengebaut. Bei der Abspaltung des Wasserstoffs aus dem Wassermolekül bleibt Sauerstoff als Nebenprodukt „übrig" und wird daher von den pflanzlichen Zellen an die Umgebung abgegeben. Da die Fotosynthese nur im Sonnenlicht stattfinden kann, wird vor allem tagsüber Sauerstoff produziert, wohingegen in der Nacht durch die Zellatmung eher Kohlendioxid entsteht. Bei der Zellatmung findet der umgekehrte Prozess statt: Indem Zucker und Sauerstoff zu Wasser und Kohlendioxid abgebaut werden, steht dem Organismus Energie für sämtliche Stoffwechselprozesse zur Verfügung. Faszinierend hierbei ist, dass für den Aufbau von Zucker die Energie der Sonne verwendet wird und beim Abbau des Zuckers dieselbe Energie für andere Prozesse genutzt werden kann. Zucker sind daher Energiespeicher bzw. sind es vielmehr die langkettigen Zucker (Stärke), die von pflanzlichen Organismen als Reservestoffe gebildet werden.

Aber kommen wir zurück zu der wichtigen Rolle, die der Gasaustausch hierbei hat: Sauerstoff und Kohlendioxid gelangen über die Spaltöffnungen in die Pflanze hinein und aus ihr heraus. Hinzu kommt, da es im Inneren der Pflanze feuchter ist als in ihrer Umgebung, dass mit dem Gasaustausch auch im-

Schmutzpartikel perlen auf der Oberfläche mit einem Wassertropfen ab.

Faltungen, Vorsprünge und Haare erhöhen den wasserabweisenden Effekt auf der Cuticula.

mer Wasserdampf mit abgegeben wird. Dies verursacht in den Gefäßen der Pflanze einen kräftigen Sog (den sogenannten Transpirationssog), der stark genug ist, um mit Wasser aus den Wurzeln selbst die obersten Blättchen eines hohen Baumes zu versorgen. Der Gasaustausch ist daher nicht nur für die Aufnahme und Abgabe von Kohlendioxid und Sauerstoff wichtig, sondern auch, um den Transpirationssog aufrechtzuerhalten. Gleichzeitig kann die Abgabe von Wasserdampf nicht unkontrolliert erfolgen. Zum Beispiel ist es bei hoher Sonneneinstrahlung und dadurch bedingter starker Verdunstung mitunter besser, die Spaltöffnungen zu schließen (etwa zur Mittagszeit) und so einer Austrocknung vorzubeugen. Die Funktion der Spaltöffnungen ist daher für den gesamten Stoffwechsel der Pflanzen von großer Bedeutung.

Spaltöffnungen bestehen aus zwei Schließzellen, die aussehen wie ein kleiner Mund, der auf- und zugehen kann. Die Spaltöffnung führt innerhalb des Blattes in einen kleinen Hof, den Interzellularraum, in dem sich Wasserdampf und Gase sammeln und Kontakt zu mehreren Zelloberflächen im Inneren haben. Um die Schließzellen herum befinden sich die Nebenzellen, die manchmal eine andere Form haben als die übrigen Epidermiszellen. Zusammen bilden Schließ- und Nebenzellen den Spaltöffnungsapparat, der in seiner Gesamtheit bei verschiedenen Pflanzen unterschiedlich aussehen kann. Wenn die Nebenzellen prall gefüllt sind, also genügend wässrige Zell-

Elektronenmikroskopische Aufnahmen der Blattoberfläche von *Auerodendron:* Der lippenförmige Aufbau der Spaltöffnungen und die Unebenheit der Oberfläche sind klar zu erkennen.

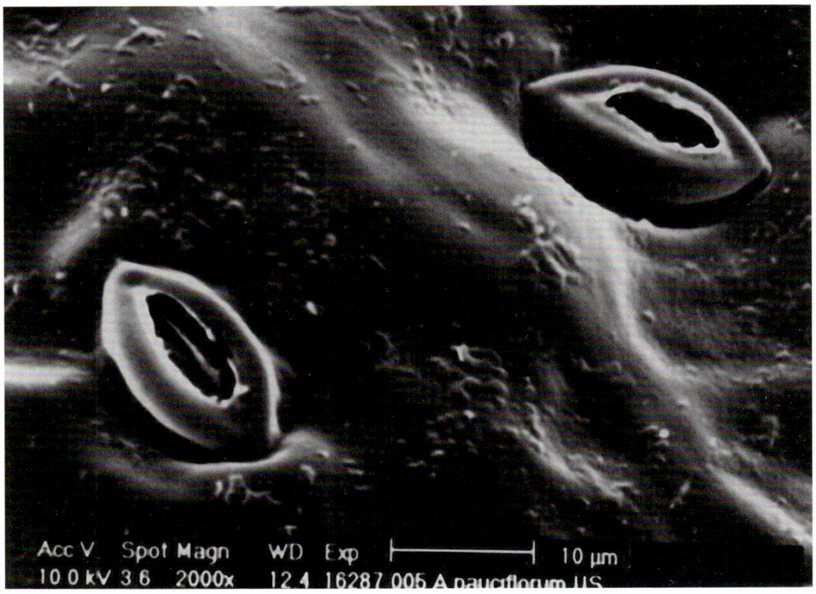

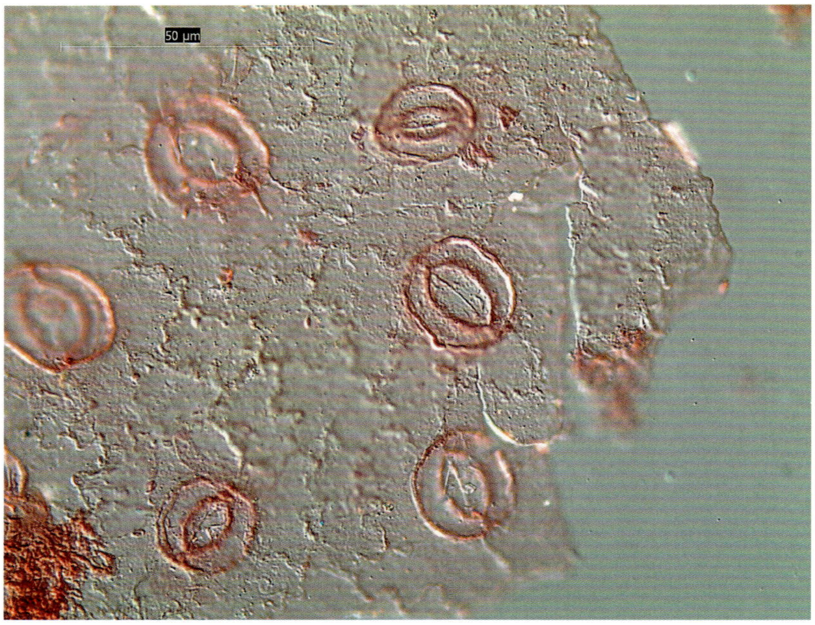

Aufbereitete Cuticula eines nur fragmentarisch erhaltenen Fossils. Die Form der Spaltöffnungen und die ondulierten Zellwände identifizieren dieses fossile Fragment als Blattteil einer Platane (*Platanus*), das in einer 32 Millionen Jahre alten Gesteinsschicht in Baden-Württemberg gefunden wurde.

flüssigkeit zur Verfügung steht, dann üben sie einen Druck auf die Rückseite der Zellwände der Schließzellen aus. Dieser Druck bewirkt, dass sich die Schließzellen nach ihrer Rückenseite hin krümmen und so der Spalt geöffnet wird. Erschlafft der Druck durch die Reduktion von Flüssigkeit in der Zelle, dann schließen sich die Spaltöffnungen. Darüber hinaus gibt es noch eine Reihe von komplexeren Vorgängen in der Zelle, bei denen zur Steuerung des Schließzellmechanismus negativ oder positiv geladene Teilchen (Ionen) ganz aktiv in die Schließzelle hinein- oder heraustransportiert werden. Doch hier soll dieser Punkt nicht im Detail besprochen werden, sonst entfernen wir uns zu weit vom eigentlichen Thema.

Viel wichtiger erscheint es, an dieser Stelle darauf einzugehen, welche Bedeutung die Fotosynthese und der damit gekoppelte Gasaustausch für das Leben auf der Erde haben. Durch die Fotosyntheseleistung der ersten pflanzlichen- bzw. pflanzenähnlichen Mikroorganismen begann die Anreicherung der Atmosphäre mit Sauerstoff (vor über 3 Milliarden Jahren). Zuvor gab es ihn in der Erdatmosphäre nicht. Erst durch die Veränderung der Zusammensetzung der Luft entwickelten sich auf unserem Planeten die Organismen, die auf den Sauerstoff zur Atmung und Energiegewinnung durch die Spaltung von Zucker angewiesen sind. Die Entstehung der Fotosynthese ist daher für das gesamte Leben auf unserem Planeten absolut fundamental.

Fenster in vergangene Welten

Woher wissen wir eigentlich, wie die Welt vor langer Zeit ausgesehen hat? Woher wissen wir, welche Lebewesen es vor 100 000, 1 Million oder auch vor vielen Millionen Jahren gegeben hat? Die Antwort lautet: Wir wissen es nicht. Zumindest nicht genau. Bruchstückhaft erschließt sich uns vergangenes Leben über Fossilfunde, die Aufschluss geben über einen Organismus, den es zu einer bestimmten Zeit an einem bestimmten Ort gegeben hat. Auch die Beschaffenheit der Gesteine zeigt, ob es sich um ehemalige Meeresböden, Sümpfe, Seen, Flussufer oder eine Wüste handelte, ob es Jahreszeiten gab oder ob das Klima eher gleichmäßig war. Fossilfunde verschiedener Organismen, die an einer bestimmten Fundstelle zusammen vorkommen, ergeben schon ein etwas besseres Bild über das frühere Biotop. Doch meistens besteht ein Fossilfund lediglich aus einem Fragment eines ehemals ganzen Organismus, zum Beispiel einem Zahn, einem oder mehreren Knochen, bei Pflanzen dem Fragment eines Blattes oder einem fossilen Stück Holz. Selten finden sich ganze fossile Tiere, schön erhaltene Blätter; noch seltener finden sich Blätter an Zweigen mit Blüten oder Früchten. Je nachdem, welche Informationen wir aus den Fossilfunden erhalten, ist es möglich, uns ein mehr oder weniger korrektes Bild über den dazugehörigen Organismus zu machen. Das kann mitunter zu falschen Annahmen und Fehlbestimmungen führen.

Als Fossil wird jedwedes Zeugnis über vergangenes Leben bezeichnet. Dies kann ein Abdruck sein, eine Versteinerung, karbonisiertes Material oder im weitesten Sinn auch eine Mumie. Die Rekonstruktion fossiler DNA, womit bei lebenden Organismen Verwandtschaftsverhältnisse geklärt werden können, spielt bislang leider bei der Erforschung von ausgestorbenen Tieren und Pflanzen eine eher untergeordnete Rolle. Zwar ist die DNA (Desoxyribonukleinsäure) ein sehr resistenter organischer Stoff, der über mehrere Tausend Jahre erhalten bleiben kann, aber auch das ist erdgeschichtlich eine sehr kurze Zeitspanne. Die bislang älteste bekannte DNA-Struktur stammt von 200 000 bis 400 000 Jahre alten Braunbären. Aus eigener Erfahrung weiß die Autorin, dass selbst die DNA-Isolation von einem nur 100 Jahre alten getrockneten Blattstück sehr schwierig ist und es sehr darauf ankommt, wie sich die DNA konserviert hat. Wenn man bedenkt, dass vor über 250 Millionen Jahren die ersten Dinosaurier auftauchten, die vor 60 Millionen Jahren wieder ausstarben, dann erscheinen ein paar Tausend Jahre sehr kurz.

Es gibt jedoch eine organische Struktur, die resistenter ist als DNA und sogar mehrere Millionen Jahre überdauern kann: Das ist die Cuticula. Bei manchen Blattfossilien, die entweder nur fragmentarisch erhalten sind, oder aber großmorphologisch keinen Anhaltspunkt auf die Familie oder Gattung der Pflanze liefern, kann die Cuticula, unter dem Mikroskop betrachtet, durchaus weiteren Aufschluss über die Identität der fossilen Pflanze geben. Allerdings muss hierfür die Cuticula des Fossils in mehreren aufwendigen Schritten vom Gestein und dem karbonisierten Material gelöst werden. Die Cuticulen werden im Anschluss gefärbt, um sie besser unter dem Mikroskop untersuchen zu können. Da die pflanzliche Cuticula eine Wachsschicht darstellt, die den Zellwänden aufgelagert ist, bleiben Form und Struktur der Zellen in der Wachsschicht wie ein Stempelabdruck erhalten.

Dies sei an einigen Beispielen kurz erklärt: Manche Zellen sind rund, andere eckig, wiederum andere haben ondulierte Zellwände. Insbesondere der Spaltöffnungsapparat kann bei diversen Gattungen ganz unterschiedlich aufgebaut sein; zum Beispiel können die Nebenzellen die Schließzellen ringförmig umgeben oder andere spezielle Formen aufweisen. Bei behaarten Blättern sind sogar die Haarbasen (Trichombasen) mit einem erkennbaren Abdruck in der Cuticula zu erkennen; auch diese können einzellig, mehrzellig, zahlreich oder selten sein und somit bestimmte frühere Eigenschaften des fossilen Blattes aufzeigen. Auch die Form und Anordnung der Blattadern kann ein wichtiges zusätzliches Merkmal zur Bestimmung des Blattfragmentes sein. Darüber hinaus kann die Anzahl der Stomata Aufschluss über den Kohlendioxidgehalt der Luft geben und somit dazu beitragen, frühere Temperaturen zu ermitteln. Mithilfe der Analyse fossiler Cuticulen können Forscher demzufolge die Vielfalt einer Ansammlung von Blättern an einer Fossilfundstelle viel besser untersuchen und außerdem einen Eindruck davon gewinnen, um welche Art von Flora es sich handelte (etwa Tropenwald oder Trockenwald). Darüber hinaus liefern mehrere paläobotanische Fossilfundstellen aus ähnlichen Schichten (also ähnlichen Alters) Anhaltspunkte für das überregionale Klima zu bestimmten Zeiten der Erdgeschichte.

Was in der Evolutionsgeschichte als schlaues Verpackungsmaterial für pflanzliches Gewebe entstand, ist aus paläobotanischer Sicht ein wertvolles Mittel, um in die Vergangenheit zu blicken. Auch wenn es nur ein kurzer Blick durch ein Zeitfenster ist, das einen winzig kleinen Ausschnitt der früheren Erde zeigt, faszinierend sind diese Erkenntnisse allemal. Nur durch die Rekonstruktion vergangener Floren und Klimata erschließt sich uns wie die heutige Vielfalt der Natur entstanden ist.

Die Elefantenhaut – sensible Dickhäuter

CHRISTIAN OFFER

„Wie ein Elefant im Porzellanladen“ – so beschreibt man gerne eine Person, die sich unvorsichtig und ungeschickt fortbewegt und dabei Dinge zu Bruch gehen lässt. Dabei sollte es eigentlich das größte Lob sein, das man einem Menschen geben kann, der sich auf empfindlichem Terrain bewegt. Denn Elefanten gehören entgegen der landläufigen Meinung zu den vorsichtigsten und feinfühligsten Säugetieren der Erde.

Wer Elefanten in freier Wildbahn beobachtet, wird verblüfft sein, dass die Vegetation nach dem Durchmarsch einer kompletten Elefantenherde nahezu unversehrt erscheint. Elefanten haben „Fingerspitzengefühl“: Sie treten auf kein kleines Tier, und beim Laufen zertrampeln sie nichts. Ein Elefant würde in einem (seiner Größe angepassten) Porzellanladen kein einziges Stück zerschlagen.

Ökologisch gesehen macht das vorsichtige Verhalten der Elefanten durchaus Sinn: Durch ihren enormen Mengenbedarf an pflanzlicher Nahrung laufen sie permanent Gefahr, ihren eigenen Lebensraum zu zerstören, ihre eigenen Ressourcen auszubeuten. Damit genau dies nicht passiert, versuchen sich die Dickhäuter überall dort schonend zu bewegen, wo sie nicht fressen. Bei der Nahrungssuche selbst setzen sie dennoch bewusst ihre Kraft ein und stoßen auch schon einmal einen kleinen Baum um, um an dessen Blätter und Früchte zu gelangen. Vielleicht hat das zuletzt genannte Verhalten den einfühlsamen Zeitgenossen ihr schiefes, ruppiges Image eingebracht.

Bekannt ist, wie liebevoll und sanft Elefantenkühe ihre Kinder umsorgen oder Familienmitglieder mit ihrem Rüssel zärtlich begrüßen. Auch wird bei der Beschreibung des Sozialverhaltens von Elefanten immer wieder angeführt, dass sie Waisenkinder in ihre Familienverbände aufnehmen und aufziehen oder dass sie um einen verstorbenen Angehörigen lange trauern. Forscher vermuten, dass Elefanten sogar die Gefühle von Artgenossen einschätzen können.

Es ist naheliegend, dass sich dieses Feingefühl der Elefanten auch im Äußeren widerspiegelt. Und das ist tatsächlich der Fall: Der Hauptgrund hierfür liegt in der „Verpackung“ des Elefanten – seiner runzeligen Haut, die nur augenscheinlich hart, rau und unempfindlich ist. In Wahrheit ist sie sehr sensibel: Mit ihrer Haut kann ein Elefant feinste Dinge ertasten – nicht nur mit dem Rüssel und an dünnen Körperpartien, sondern überall. So kann schon eine kleine Fliege den großen Dickhäuter reichlich Nerven kosten.

Die Elefantenhaut als geniales Konstrukt

Mit über zehn Quadratmetern ist die Haut das größte Organ des Elefanten. Die Elefantenhaut ist mit der Rinde eines alten Eichenbaumes vergleichbar. Vor allem bei Afrikanischen Elefanten befinden sich in der Lederhaut tiefe Furchen. Man könnte vermuten, dass diese Riefen Risse in der Haut älterer Tiere seien. Aber auch in der Haut von Jungtieren findet man diese Falten und Rinnen. Diese dienen gleich mehreren Zwecken; zum einen natürlich der Atmung, denn innerhalb der Furchen ist die Haut sehr dünn, sodass der Sauerstoffaustausch dort leichter erfolgen kann. Entscheidend für die Physiologie des Elefantenkörpers ist aber auch, dass die Rinnen zum anderen die Hautoberfläche vergrößern und dadurch die Wasserverdunstung erhöhen. Diese sorgt für die notwendige Abkühlung im

siehe links:
Beim Wasserbad zieht das Wasser tief in die Hautfurchen hinein und kühlt den Elefantenkörper noch Stunden später.

Den Luftkühler in den Wind halten – schwitzen können Elefanten nicht, aber mit den durchäderten Ohren ihr Blut kühlen.

Sanfte Riesen: Der behutsame Elefant trägt sein polterndes Image zu Unrecht.

heißen Lebensraum der Elefanten. Und das funktioniert auf interessante Weise: Während des häufigen Wasserbades zieht das Wasser in die Hautfurchen hinein. Aus diesen kann es aber anschließend nur langsam verdunsten, weil die Haut innerhalb der Riefen nicht von der Sonne beschienen wird. So wird die gesamte Verdunstung zeitlich gestreckt, und

der Elefantenkörper wird auch lange nach dem Bad noch gekühlt.

Und schließlich sind die Hautfurchen von Haaren durchzogen, die direkt mit feinsten Nervenverästelungen verbunden sind. Letztlich sind es vor allem diese Tasthaare, die für die Feinsinnigkeit der Elefanten verantwortlich sind. In der Folge können Elefanten ihre nächste Umgebung mindestens so gut ertasten wie wir Menschen mit unseren Händen.

So unsensibel Elefantenhaut auch erscheint – durch feinste Tasthaare in den tiefen Falten nehmen die Dickhäuter jede Fliege wahr.

Stemm-, Schutz, Tastfunktion – und vieles mehr

Selbstverständlich erfüllt aber auch die Dicke der Elefantenhaut einen Zweck: Sie schützt vor Angreifern wie Löwen oder Nebenbuhlern, und sie ermöglicht es den Tieren, Bäume zur Nahrungsaufnahme umzustoßen. An den mechanisch stark beanspruchten Körperregionen wie dem Rüsselansatz, den Beinen und dem Rücken kann die Haut deshalb tatsächlich bis zu drei Zentimeter dick sein. Dort, wo Elefanten vom Menschen als Arbeitstiere eingesetzt werden, zahlen sich die Vorteile einer dicken Haut ganz besonders aus – in den Urwäldern stemmen die Elefanten Baumstämme von bis zu vier Tonnen Gewicht einen schlammigen Hang hinauf. Ohne eine extrem dicke, zähe und widerstandsfähige Haut wäre das nicht möglich.

So dünn wie Papier ist die Elefantenhaut hingegen an der Hinterseite der Ohren, um die Augen herum und unter den Achseln – überall dort also, wo die mechanische Belastung am geringsten ist. In diesen Bereichen scheint offensichtlich Feinsinnigkeit wichtiger als Schutz zu sein.

Arbeitselefant für selektive Waldwirtschaft in den Wäldern Südostasiens. Am Rüsselansatz ist die Elefantenhaut besonders dick und widerstandsfähig.

Empfindlichstes und erstaunlichstes Organ des Elefanten: der Rüssel, der beim Afrikanischen Elefanten mit zweitem „Greiffinger" ausgestattet ist.

Nicht zuletzt bekleidet die Haut des Elefanten einige hoch spezialisierte Körperteile, die im Folgenden näher beleuchtet werden.

Sensationelles Organ: der Rüssel

Durch seine mehr als 60 000 Muskelstränge kann der Rüssel des Elefanten in alle Richtungen bewegt und auch aufgerollt werden. Entsprechend viele Einsatzmöglichkeiten hat ein Elefant für seinen Rüssel. Als Verschmelzung zwischen Oberlippe und Nase können die Tiere mit ihrem Rüssel atmen, riechen und Töne erzeugen. Auch zum Trinken nehmen sie den Rüssel zu Hilfe, indem sie bis zu sechs Liter Wasser in ihn hinaufziehen und anschließend den Inhalt in den Mund laufen lassen. Der Rüssel kann sowohl grobmotorische (zum Beispiel beim Stemmen von Futterbäumen) als auch feinmotorische Bewegungen (zum Beispiel beim Greifen) ausführen. Hier kommt das Feingefühl der Dickhäuter voll zum Tragen: Mit ihrer Rüsselhand können Elefanten verschiedenste Nahrungsquellen ertasten, riechen und auswählen – oder auch dickfaserige Futterpflanzen abreißen. Im Wege liegende Steine von bis zu 350 Kilogramm kann der Elefant mit seiner Rüsselhand heben.

Die Haut eines älteren Elefanten zeugt von Tausenden Umwelterfahrungen. Sie ist unabänderlich individuell wiedererkennbar wie ein menschlicher Fingerabdruck und birgt Geheimnisse, die nun erst nach und nach gelüftet werden.

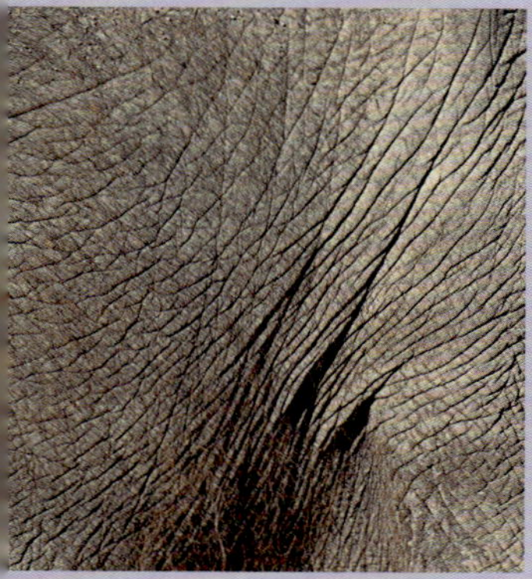

Neue Wärmeregulation bei Elefanten entdeckt

Bei Umgebungstemperaturen über 30 °C ist die Wärmeabgabe über die großen dünnen Ohren der Elefanten nicht mehr ausreichend. Nähert sich die Lufttemperatur der Körpertemperatur, haben die Ohren sogar die entgegengesetzte Wirkung: Sie heizen den Körper zusätzlich auf. Wie aber regulieren die Dickhäuter dann noch ihre Temperatur? Forscher aus den USA fanden kürzlich Erstaunliches heraus: Elefanten verändern bei großer Hitze die Eigenschaften der Haut und kühlen ihren Körper lang anhaltend mit der Hilfe von Wasser.

Wie funktioniert das? Wenn das Thermometer über 30 °C und dann weiter steigt, verdunstet stark zunehmend mehr Wasser durch die Haut und verursacht einen Kühleffekt. Der Schlüssel zur Veränderung der Hauteigenschaften liegt in den tiefen Falten der Lederhaut, vor allem derjenigen des Afrikanischen Elefanten. Je heißer es wird, desto mehr faltet sich die Haut zusammen, die Falten werden tiefer und können mehr Wasser über einen längeren Zeitraum speichern. Der Kühleffekt wird so verlängert und die Kühlung des großen Elefantenkörpers maximiert. Auch konnten die Forscher beweisen, dass die Wasserdurchlässigkeit der Elefantenhaut im Lauf der Trockenperiode zunimmt, sodass sich die Verdunstungsrate und die Effizienz der Kühlung weiter erhöhen.

Mit den Ergebnissen dieser Forschungsstudie wird Wissenschaftlern nun auch endlich klar, warum die Wanderwege von Elefantenherden stets in nächster Nähe zu Wasserlöchern oder Flüssen entlangführen.

In wissenschaftlichen Tests wurde festgestellt, dass Elefanten mit ihrer Rüsselhand Rillen auf einer glatten Oberfläche bis zu einem Abstand von 0,25 Millimetern wahrnehmen können. Auch wurden Elefanten dabei beobachtet, wie sie Werkzeug herstellten und verwendeten. Dabei setzten sie ihren Rüssel so geschickt ein wie ein Menschenaffe seine Hände. Auch Gegenstände werfen kann ein Elefant mit seinem Rüssel; in der Natur kommt ihm diese Fähigkeit zugute, wenn er seinen Körper mit Sand oder Staub bewirft, zum Schutz vor Parasiten und Sonnenbrand. Die Nasengänge im Rüssel nehmen nur zehn Prozent des Querschnitts ein – der Rest besteht aus Bindegewebe, Sehnen, Muskeln, Nerven und Haut; in der Mitte seiner Länge hat ein Elefantenrüssel einen Durchmesser von durchschnittlich 24 Zentimetern.

Nicht zuletzt dient der Rüssel mit seinen feinsten Sinneswahrnehmungen der Kommunikation der Tiere untereinander, etwa dem Betasten, Riechen, Streicheln oder Umschlingen, und ist somit ein Organ, das den Elefanten zu einem sozialen Wesen macht.

Die präzise Verwendung des Rüssels ist eine große Herausforderung für das Gehirn der Elefanten und bedarf langer Übung, um die Feinmotorik zu optimieren. So lernen junge Elefanten im Schnitt etwa vier lange Jahre lang von der Mutter, wie man den Rüssel am geschicktesten einsetzt.

Perfekter Luftkühler: die Ohren

Die riesigen Ohren der Elefanten dienen nicht nur der Verständigung, sondern auch der Abkühlung. Da der Elefant keine Schweißdrüsen besitzt und wegen seines großen Körpers eine nur kleine relative Körperoberfläche zur Verdunstung hat, sind die großen, dünnen Ohren als Kühlelement überlebenswichtig. Durch das Schlackern mit den gut durchbluteten Ohren wird das Blut im Wind gekühlt. Steigen die Temperaturen stark an, treten die sonst ins Innere der Ohren zurückgezogenen Blutgefäße an der Innenseite weit hervor. Während des Wedelns wirken die Ohren zudem als Fächer für die Halsregion.

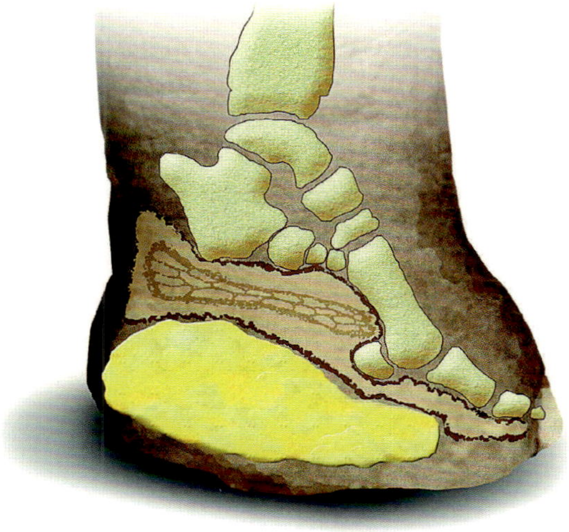

Bau des Elefanten-Fußes: Deutlich ist zu erkennen, dass der Elefant auf den Zehenspitzen geht und dass ein großes Bindegewebspolster den schweren Körper des Elefanten beim Gehen abfedert.

Sanfter Puffer: der Elefantenfuß

Seinen behutsamen Gang verdankt der Elefant vor allem dem Bau seiner Füße: Der Dickhäuter läuft nämlich erstaunlicherweise auf den Zehenspitzen. Tritt er auf dem Boden auf, spreizen sich die Zehen, und das hinter den Zehenspitzen liegende dicke Polster aus Haut und einem hoch spezialisierten Bindegewebe wird stark zusammengedrückt. Der Fuß verbreitert sich. Durch diesen Vorgang wird nicht nur die Last des Körpergewichts für die Gliedmaßen abgepuffert, sondern es wird auch der Druck pro Fläche stark vermindert, den die Füße auf den Untergrund ausüben. So kommt es, dass der Fußabdruck eines Elefanten weniger tief ist als der eines Menschen – und das bei durchschnittlich dem 25-Fachen des Gewichts.

In unwegsamem Gelände kommt dem Elefanten eine andere Eigenschaft seiner Füße zugute: Die Fußsohle funktioniert durch ihre tief gefurchte Aufteilung in Parzellen wie ein Schuhprofil. So kann der Elefant zum Beispiel einen feuchten, schlammigen Hang hinauf steigen, ohne auszurutschen.

Die Haut der Elefanten ist genauso erstaunlich wie die sanften Riesen selbst. Sie zeugt von Millionen Jahren evolutiver Spezialisierung und Verfeinerung an einem außergewöhnlichen Säugetier – dem sensiblen Dickhäuter.

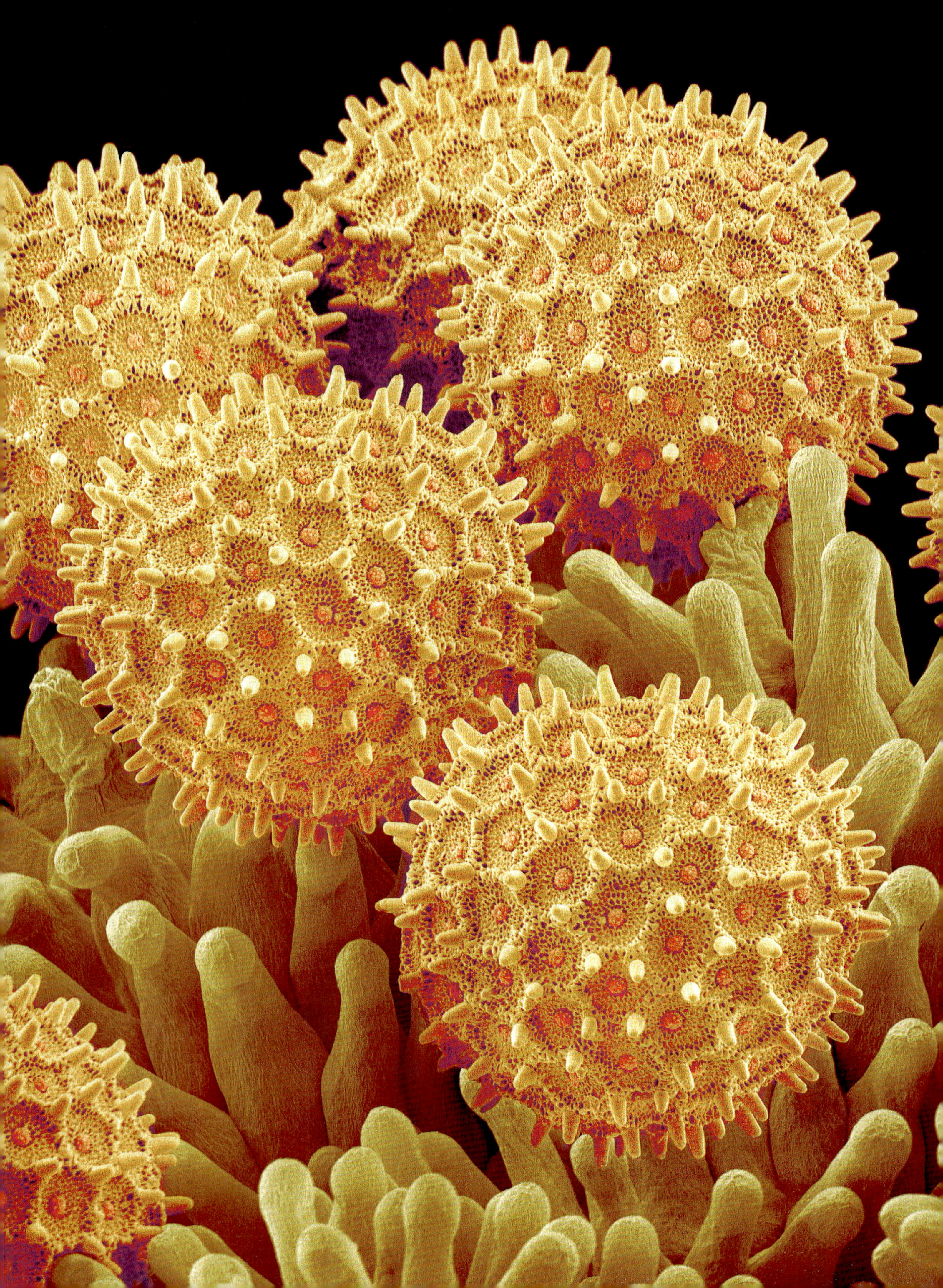

Pollen – kaum zu knacken

DR. ASTRID STOBBE

„Wenn die Pollen tollen“, dann verfluchen viele Menschen die mit bloßem Auge nahezu unsichtbaren Körnchen. Die Größe der Pollenkörner schwankt zwischen 10 und 200 Mikrometer. „Hatschi!“ und heftige Allergien sind daher zumeist auch das Erste, was mit dem Wort Pollen in Verbindung gebracht wird. Eigentlich jedoch besteht die Aufgabe dieser bizarr geformten Teilchen darin, das männliche Erbgut (Spermazellen) der Pflanzen zu transportieren und zu schützen. Pollenkörner befruchten die Pflanzen, sodass Samen und Früchte entstehen können. Sie sind also dafür verantwortlich, dass Pflanzen sich vermehren. Kein Wunder also, dass die Natur sich für den sicheren Transport der Spermazellen im Inneren der Pollenkörner viel hat einfallen lassen: eine höchst widerstandsfähige und komplizierte Pollenwand, die selbst Kochen in hochkonzentrierten Säuren und die Behandlung mit starken Laugen verlustfrei übersteht. Auch der Weg durch einen Verdauungstrakt oder ein Feuer kann ihnen zumeist nichts anhaben.

Unter normalen Umständen aber gelingt Mikroorganismen das, was im Labor mit Säuren und Laugen nur schwer möglich ist: Sie bauen nämlich die Pollenwand bereits innerhalb einer Vegetationsperiode vollständig ab. In der Luft setzen ihnen Sauerstoff und UV-Licht zu. Ein Glück, denn ansonsten würden sich die Billionen jährlich produzierter Pollenkörner schnell als meterhohe Schichten auftürmen und schließlich alles unter sich begraben. Allein die Fichtenwälder Schwedens produzieren pro Blühperiode 75 000 Tonnen Pollenkörner (Faegri und Iversen 1989). Werden Pollenkörner aber in ein für Mikroorganismen lebensfeindliches Milieu eingeschlossen, wie in Wasser, Eis oder torfige Ablagerungen, so erhält sich die Pollenwand sogar Tausende von Jahren bis gar Jahrmillionen, wie zum Beispiel in der Braunkohle. Die ältesten in Gesteinsschichten nachgewiesenen Pollenkörner stammen von Blütenpflanzen, die mehr als 200 Millionen Jahre alt sind (Hochuli und Feist-Burkhardt 2013). Ihr lebender Inhalt, das Protoplasma mit den Spermazellen, ist natürlich längst abgestorben.

Was die Verpackung des männlichen Erbguts so widerstandsfähig macht

Die Pollenwand ist aus Proteinen aufgebaut und besitzt mehrere Schichten: Die äußere Pollenwand, im Fachjargon Exine genannt, enthält das resistenteste Material, das es in der organischen Welt gibt: Sporopollenin, dessen exakte chemische Zusammensetzung bis heute noch nicht vollständig geklärt ist. Die Auflagerung von Sporopollenin auf die Pollenwand macht diese zu einer der widerstandsfähigsten Hüllen der Natur. Die innere Pollenwand, auch Intine genannt, besteht aus Zellulose und Pektinen. Häufig ist noch sogenannter Pollenkitt aufgelagert, eine ölige Substanz aus Lipiden und Carotinoiden, die bewirkt, dass die Pollenkörner klebrig sind und an potenziellen Bestäubern anhaften. Bemerkenswert an der Pollenwand sind aber vor allem ihre einmaligen Oberflächenstrukturen, die jedes Pollenkorn zu einem einzigartigen Kunstwerk machen.

siehe links:
Farbige rasterelektronenmikroskopische (REM) Aufnahme von Pollenkörnern der Winde (*Ipomoea* sp.). Die Körner haben Stacheln auf der Außenwand (Exine), die helfen, sich an die bestäubenden Insekten zu haften. Die charakteristische Oberfläche und unterschiedliche Öffnungen ermöglichen die Bestimmung der einzelnen Pollenkörner und ihre Zuordnung zu den entsprechenden Pflanzenarten. Jedes Pollenkorn enthält die männlichen Keimzellen, die zur Befruchtung dienen.

Biologische Meisterkonstruktion einer Verpackung

Unter dem Mikroskop wird die Vielfalt der Pollenkörner sichtbar, vor allem unter dem Elektronenmikroskop, wo die imposanten Formen und Muster in ihrer ganzen Schönheit erkenn-

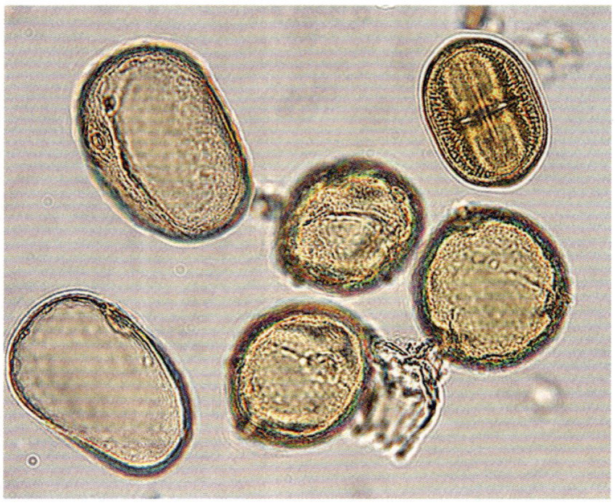

Pollenkörner unter dem Lichtmikroskop. Jede Pflanzenfamilie produziert mehr oder weniger eigenständige Pollenformen. Die großen eiförmigen Pollenkörner stammen vom Roggen, die runden mit Poren und Schlitzen von der Buche. Das bizarre Gebilde in der rechten Ecke ist ein Pollenkorn der Kornblume.

bar sind. Je nach Familie weisen die Pollenkörner Schlitze, sogenannte Colpi, oder Poren, sogenannte Pori, auf. Teilweise kommen beide Öffnungsformen auch kombiniert vor, wie etwa bei der Kornblume oder der Buche. Die Nadelbäume besitzen Luftsäcke (siehe unten).

Landet ein Pollenkorn auf der Narbe einer arteigenen Blüte, wächst durch eine der Öffnungen der Pollenschlauch, in dem die Spermazellen zur Eizelle transportiert werden – es kommt zur Befruchtung. Das Aussehen eines Pollenkorns ist wesentlich von seiner Übertragungsform bestimmt. Pollenkörner der windbestäubten Arten, vor allem der Gräser oder der meisten unserer einheimischen Bäume, besitzen zumeist eine glatte Oberfläche, sind oft relativ leicht und klein. Die in der Evolution älteren Nacktsamer, wie die Nadelbäume, produzieren Pollenkörner, die mit sogenannten Luftsäcken (Sacci) versehen sind, um so das Flugvermögen zu steigern. Pollenkörner der Kiefer etwa erreichen bei guten Bedingungen die Stratosphäre und können rund um die Erde fliegen, bevor sie dann Tausende von Kilometern entfernt mit Glück auf einer artgleichen Blüte landen und diese befruchten. Selbst in der Sahara oder auf Spitzbergen finden sich stets Kiefernpollen aus der ganzen Welt. Bei der Windbestäubung (Anemogamie) reicht vielfach ein Windstoß, um Millionen von Pollenkörnern in die Atmosphäre zu bringen. Diese Art der ungerichteten Pollenverbreitung kann sich nur leisten, wer an seinem natürlichen Standort in großer Individuendichte vorkommt, wie das natürlicherweise unsere einheimischen Bäume tun. Sie müssen aber auch eine möglichst große Menge an Pollenkörnern „in den Wind schicken“, um die Wahrscheinlichkeit zu erhöhen, dass diese auf eine weibliche Blüte der gleichen Art gelangen. Spitzenreiter sind dabei die Nadelbäume, aber selbst ein einziges Kätzchen eines Haselstrauches produziert 200 Millionen Pollenkörner. Diese Art der Bestäubung kostet viel Energie. Wesentlich energiesparender und für Pflanzen vor allem dann unerlässlich, wenn sie nicht in großen Massenbeständen vorkommen, ist eine gezielte Bestäubung durch Tiere.

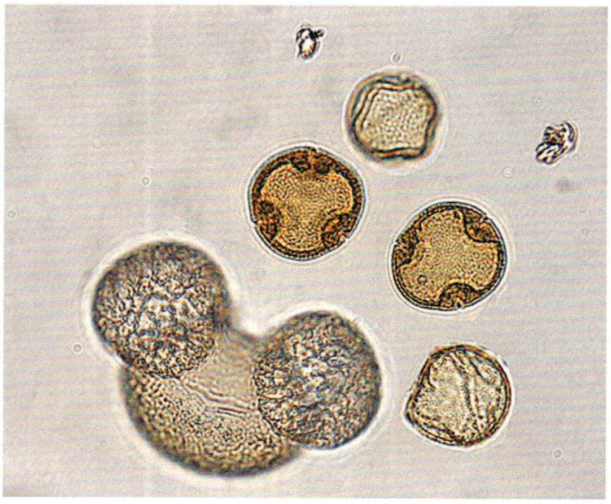

Im Vordergrund ein Pollenkorn einer Kiefer. Deutlich sind die beiden an Micky-Maus-Ohren erinnernden Luftsäcke zu erkennen. Die eher unscheinbaren Pollenkörner mit Schlitzen stammen von einer Eiche, die mit den drei auffälligen Verdickungen von einer Linde.

Pflanzen, die sich zur Bestäubung Insekten, Vögel oder Säugetiere nutzbar machen, besitzen teilweise komplizierte Strukturen auf ihren Pollenkörnern, wie Stacheln, Netze, Fäden oder Pollenkitt. Sie helfen, dass die Pollenkörner am Überträger haften bleiben und somit auf eine andere Blüte transportiert werden. Unter den tierischen Bestäubern kommt dabei der Honigbiene – gerade bei den Kulturpflanzen – eine große Bedeutung zu, was nicht verwunderlich ist, denn Bienen und Pflanzen hatten mehr als 100 Millionen Jahre Zeit, sich perfekt aneinander anzupassen. Man spricht hier von „Koevolution“. Die Honigbienen besitzen einen dichten Pelz, an dem bei jedem Blütenbesuch Pollen haften bleibt. Besucht die Biene die nächste Blüte, bleibt Pollen an der klebrigen Narbe hängen und die Befruchtung kann erfolgen. Oftmals sind die Blüten, die von Bienen aufgesucht werden, blau oder gelb und teilweise mit zusätzlichen ultravioletten Mar-

Wie eine dichte Rauchwolke fliegt der Blütenstaub bei sonnigem Wetter aus den Blüten einer Kiefer.

kierungen versehen, die den Insekten den Weg zum Blütenstaub weisen. Eine rote Blütenfarbe spielt eher bei der Bestäubung durch Vögel eine wichtige Rolle, Aasgeruch bei Fliegen.

Forensiker, Imker, Klimaforscher, Biologen, Archäologen, Mediziner …

… sie alle nutzen die Eigenschaft der widerstandsfähigen Wand der Pollenkörner und ihre von Art zu Art ganz individuelle Gestaltung für ihre Untersuchungen. Bereits in den 1950er-Jahren wurde ein Kriminalfall durch die Bestimmung von Pollenkörnern gelöst, denn ganz seltene Pollen fanden sich an den Schuhsohlen des Täters und verrieten damit seinen Aufenthaltsort. Aber auch bei den Imkern und der Frage nach der Sortenreinheit des Honigs kommt die Bestimmung von Pollenkörnern ins Spiel (Moore und Webb 1991).

Wichtig aber ist die Identifizierung der Pollenkörner auch für die Erforschung von Klima und Vegetation in der Vergangenheit. Die resistente Wand der Pollenkörner ermöglicht es, sie auch noch nach Jahrtausenden zu identifizieren und bestimmten Pflanzen zuzuordnen. Daraus können Spezialisten das Klima und die Vegetation in der Vergangenheit erforschen. Während der letzten 2,5 Millionen Jahre erlebte die Erde einen häufigen Wechsel zwischen Kalt- oder Eiszeiten (Glaziale) und den zwischengeschalteten Warmzeiten. Am Ende hatte sich die Vegetation in den meisten Gebieten der Erde vollständig verändert. Wie sie aussah und wie der Mensch begann, seine Umwelt zu nutzen und zu verändern, das verrät uns die Zusammensetzung fossiler Pollenkörner in torfigen Ablagerungen oder Seesedimenten. Deutschland zum Beispiel wäre ohne das Zutun des Menschen bis auf wenige Extremstandorte von dichtem Wald bewachsen. Aber bereits vor rund 7500 Jahren, mit dem Auftreten der ersten Ackerbauern und Viehzüchter der Linear-Bandkeramik in unserem Gebiet wurden Wälder auf fruchtbaren Lössböden gerodet und Siedlungen und Felder angelegt. Der erste Schritt zur Entstehung unserer heutigen Kulturlandschaft war getan. In den folgenden Jahrtausenden, so zeigt uns die Zusammensetzung der fossilen Pollenkörner, wurden die Freiflächen immer größer, neue Nutzpflanzen angebaut und Wiesen und Weiden geschaffen.

Beim Besuch der Bienen auf einer Blüte bleiben immer auch Pollenkörner am Pelz hängen. Sie bleiben auf der nächsten Blüte an der Narbe kleben und befruchten diese.

Chitinpanzer der Insekten – biegsame Hartschale

CHRISTIAN
OFFER

Franz Kafkas berühmter Roman „Die Verwandlung“ bleibt jeder Leserin und jedem Leser in gruseliger Erinnerung. Einen großen Anteil an diesem Schaudereffekt hat die grauenhafte Vorstellung, man könne sich als ein Käfer, der auf dem Rücken liegt, nicht mehr selbstständig aufrichten und sei somit zum qualvollen Tode verdammt. Ein anderer Teil des kafkaesken Horrors entstammt unserer blühenden Fantasie, wenn wir uns einen Käfer in der Vergrößerung vorstellen, der sich mit den Widerhaken und scharfen Kanten seiner gepanzerten Beine unserer weichen Haut nähert. Auch die Beißwerkzeuge (Mandibeln) der Käfer lieferten schon so manche Vorlage für Monstergeschichten. Dabei dient der gefährlich wirkende Panzer der Insekten vor allem einem Zweck: dem Schutz der Weichteile im Inneren.

Wer hat es nicht schon einmal erlebt: Man macht nichts ahnend mit dem Fahrrad am Waldrand oder in der Feldflur eine Spritztour, und „Peng!“, plötzlich knallt einem irgendetwas mitten ins Gesicht. Man steigt in die Eisen, reibt sich die Einschlagstelle, schaut sich um und entdeckt einen dicken Käfer, der davonkrabbelt, als wäre nichts gewesen.

Wäre der Käfer ein Mensch mit seinen außen liegenden weichen Teilen und seinem Innenskelett (Endoskelett), so wäre er jetzt nur noch Matsch. Da die Insekten aber ein sogenanntes Exoskelett (also ein Außenskelett) haben, bleiben sie wie in einem Panzer geschützt. Das Bindematerial des Insektenpanzers, das Chitin, hat eine frappierende Ähnlichkeit mit den Zellhäuten der grünen Pflanzen, der Zellulose: Das Chitin unterscheidet sich nur in einer chemischen Seitengruppe in seinem Molekül von der Zellulose. Die Natur erfand ihre verschiedenen Stabilisatoren von Lebewesen also keineswegs mehrmals auf unterschiedlichen Wegen, sondern verbesserte Ihre Struktur kontinuierlich. Chitin ist flexibel, dehnbar, extrem reißfest, beständig und löst sich unter Umwelteinflüssen nicht auf.

Die harte Hülle der Insekten besteht aber nicht nur aus Chitin; zwischen die Chitinmoleküle ist ein Strukturprotein geschaltet: das Sklerotin. Letzteres verleiht den Insektenpanzern die hohe Festigkeit. Chitin wiederum ist in der Gliederfüßerverpackung für die Biegsamkeit verantwortlich. Auch für Sklerotin gibt es eine Höherentwicklung in der Natur, und zwar das Horn oder Keratin. Auch Horn bzw. Keratin (unsere Haare) sind Strukturproteine, die den Zellen zwischengeschaltet sind. Gebildet wird der Insektenpanzer von der darunterliegenden Haut, der Epidermis. In den Panzer sind die Sinnesorgane der Insekten eingebaut.

siehe links:
Ein Blatthornkäfer (Skarabäus) von der Art *Oxysternon conspicillatum*. Von der Familie der Blatthornkäfer existieren weltweit etwa 20 000 Arten; nur ungefähr 200 von ihnen kommen in Mitteleuropa vor.

Chitin

Chitin ist nach der Zellulose das zweithäufigste Biopolymer. Polymere sind Verbindungen mit extrem langkettigen Molekülen, die eine hohe Festigkeit und Dehnbarkeit aufweisen. Der größte Teil des Chitins ist bei den Kleinkrebsen des Zooplanktons zu finden, gefolgt von den Insekten und den größeren Krebstieren. Und es kommt nicht von ungefähr, dass auch die Zellwand von Pilzen aus Chitin besteht. Immerhin existiert die Substanz bereits seit über 500 Millionen Jahren und hat sich im Laufe der Evolution in verschiedensten Lebensformen bewährt.

Kein Insektenschutzschild gleicht dem anderen; bei manchen Insekten ist der Panzer glatt, bei anderen schuppig oder dornig. Die verschiedenen Farben der Tausenden von Insektenarten kommen durch die Einlagerung von Farbmolekülen (Pigmenten) in die Chitinstrukturen zustande oder werden durch die Lichtbrechung an speziellen Oberflächenstrukturen hervorgerufen.

Den Panzer zur Atmung nach innen stülpen

Dass Insekten über keine Lunge verfügen, sondern über Tracheen (feinste Luftröhrenverästelungen) atmen, ist vielen bekannt. Dass die Tracheen jedoch nichts anderes sind als eine Fortsetzung des Chitinpanzers ins Innere des Körpers hinein, dass sie also sozusagen aus einer Einstülpung des Panzers entstehen, gehört aber kaum zum Allgemeinwissen. Damit stellt die Realität die wissenschaftlichen Kategorien auf den Kopf; denn da die Tracheen fest mit dem Insektenpanzer verbunden sind, wird aus dem Außenskelett gleichzeitig ein Innenskelett. Die Tracheen im Inneren dienen der Gesamtstabilität der Tiere und verhindern, dass der Körper kollabiert, wenn die Insekten mit hoher Geschwindigkeit gegen ein Hindernis fliegen oder aus großer Höhe auf die Erde fallen, bevor sich die Flügel öffnen (vor allem bei Käfern).

Der Große Puppenräuber (*Calosoma sycophanta*) ist ein Käfer aus der Familie der Laufkäfer. Er ist meist blauschwarz gefärbt und hat goldgrün und leicht rötlich gefärbte, längsgerillte Deckflügel.

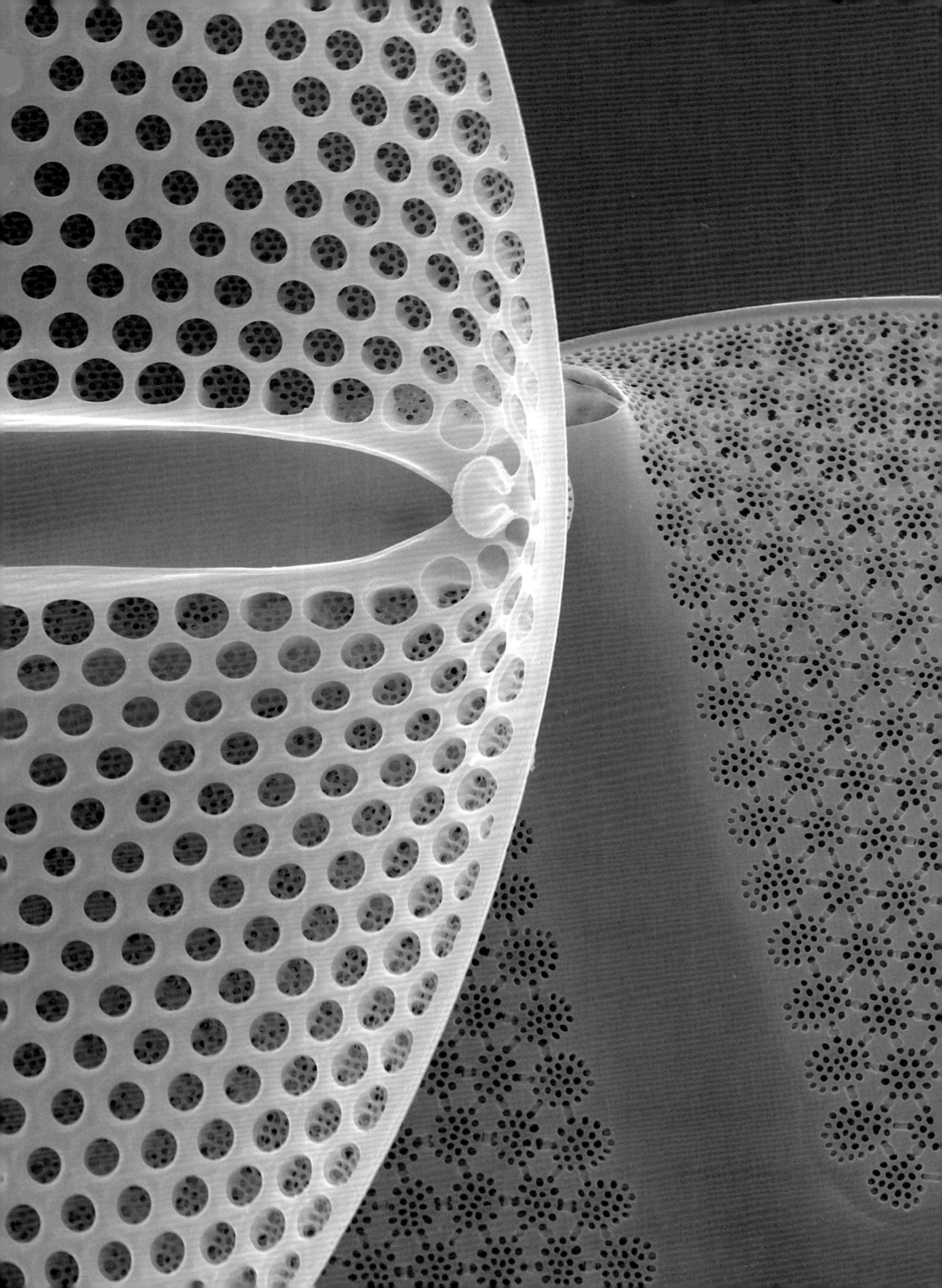

Diatomeen – die schönsten Glasschachteln der Welt

DR. GUDRUN KRÄBS

Welcher Glasbläser könnte eine solche ästhetisch schöne und facettenreiche Schale herstellen – ausgewogen in ihrer Symmetrie, mit Strahlen, die in knaufförmigen Lippenfortsätzen enden? Dazwischen sind Flächen mit Poren, die wiederum von feineren Poren durchbrochen werden, sowohl von der Innen- als auch von der Außenseite kunstvoll schön. Das sind die Diatomeen (Kieselalgen) wie *Asteromphalus*, eine zentrische Diatomee, hauchzart, bis auf die Chloroplasten durchsichtig, oder *Chaetoceros*, die filigran schwebende Ketten bildet aus zentrischen Diatomeen, deren Schalenhälften wie fein verzierte Kronen aussehen, oder *Fragilariopsis*, auch eine kettenbildende, allerdings pennate Diatomee, mit schiffchenförmigen Schalen, die ein einfaches und doch bestechendes Muster aus Rippen und Poren haben.

Kunstformen der Natur

Diatomeen sind fotoautotrophe Einzeller mit einer sehr hohen morphologischen Diversität aus zylindrischen, dreieckigen, schiffchenförmigen, nadelförmigen oder anders gestalteten Zellen mit einer reichen Ornamentierung der Schale. Sie sind Kosmopoliten – weltweit verbreitet und sowohl im Süßwasser als auch in marinen Ökosystemen zu finden. Dabei schweben sie entweder in der freien Wassersäule (Plankton) oder besiedeln den Boden (Benthos). Sie sind sehr wichtige Primärproduzenten. In den Nahrungsnetzen und der globalen Biochemie (zum Beispiel im Silikat- und Kohlenstoffzyklus) spielen sie eine bedeutsame Rolle. Und sie sind in eine Schachtel verpackt.

Warum aber verpackt die Natur? Und warum auf diese ästhetisch schöne, facettenreiche und faszinierende Art und Weise? Vereinfacht gesagt haben Diatomeen dasselbe Problem, wie es auch jeder Projektmanager hat: Wie kann mit dem zur Verfügung stehenden Budget und unter den gegebenen Umständen das Ziel so effizient wie möglich erreicht werden? Wie können also Diatomeen mit der ihnen zur Verfügung stehenden Energie und den Ressourcen unter den gegebenen Umwelteinflüssen ihr Überleben sichern? Welche Fähigkeiten muss also ein Einzeller erlangen, dessen evolutionäre Entwicklung ihn auf die Optimierungslinie der defensiven Verteidigung gesetzt hat? Diatomeen haben ein Exoskelett, also ein Außenskelett. Damit besitzen sie eine stabile Außenhülle, die die gesamten Belastungen aufnimmt und so das Zellinnere mit allen Organellen in dem von starren Strukturen freien und damit nutzbaren Raum schützt.

Das Exoskelett der Diatomeen ist aufgebaut wie eine Schachtel, wobei die einfachen Formen ähnlich gestaltet sind wie eine Camembertschachtel. Wie diese besteht die Zellhülle (Frustel) der Diatomeen aus zwei unterschiedlich großen Hälften, die schachtelförmig aufeinandergesetzt sind. Den Deckel bildet dabei die größere Schale (Epitheca) und den Boden die kleinere (Hypotheca). Die seitlichen, sich überlappenden Bereiche der Schalen werden als Gürtelbänder bezeichnet und die in Aufsicht erkennbaren Flächen als Valven. Wie bei dem Aufdruck einer Camembertschachtel sind die Valven oft durch verschiedene Strukturelemente reich ornamentiert, während die Gürtelbänder eher glatt sind oder eine gleichmäßige Porenanordnung aufweisen. Aufgrund dieses Aufbaus wurden die Diatomeen im 19. Jahrhundert auch als „Schachtellinge" bezeichnet.

siehe links: Rasterelektronenmikroskopische Aufnahme von *Asteromphalus*, einer zentrischen Diatomee aus dem antarktischen Plankton.

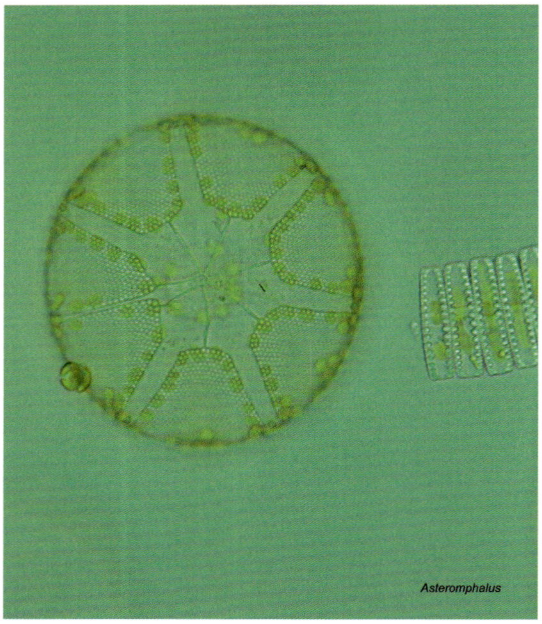

a

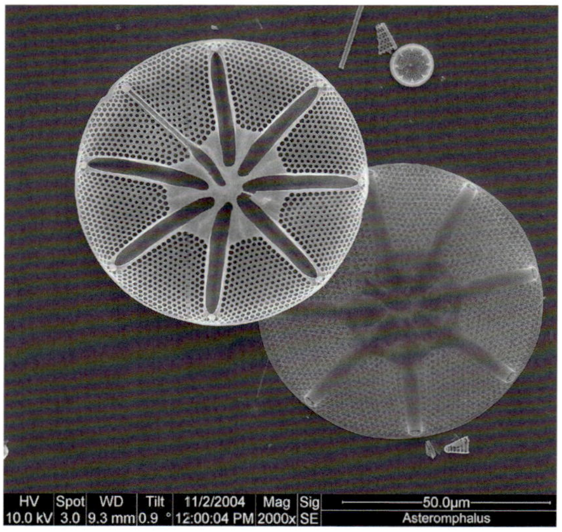

b

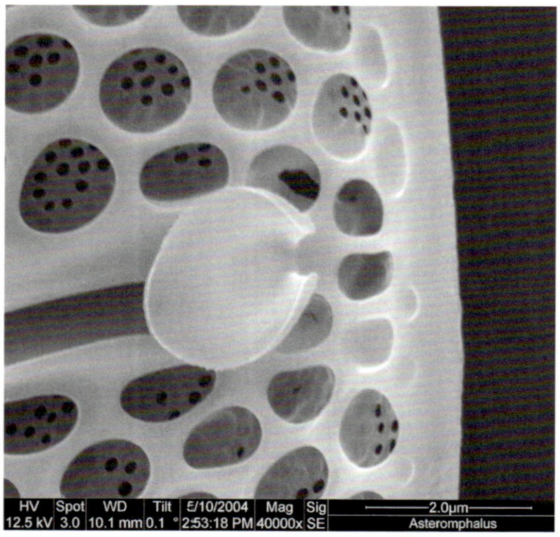

c

Asteromphalus, eine zentrische Diatomee aus dem antarktischen Plankton; a) lichtmikroskopische Aufnahme, b) bis c) rasterelektronenmikroskopische Aufnahmen.

Leben in der Schachtel

Frei nach dem Botaniker Raoul Heinrich Francé (1874–943), der sich auch mit Biotechnik befasste, kann man fragen: „Wie überlebt man, wenn man gezwungen ist, in einer Schachtel zu leben?“ Grundsätzlich gilt: Ohne Energie kein Leben und bei fotoautotrophen Organismen, wie den Diatomeen, ohne Licht keine Fotosynthese, damit keine Energie und somit kein Leben. Also, wohl dem fotoautotrophen Einzeller, der eine transparente Schachtel besitzt. Durch eine Laune der Evolution besteht die Schachtel der Diatomeen aus einem glasartigen Material, dem Silikat (Salz der Kieselsäure). Diatomeen können die gelöste Kieselsäure aus der Umwelt aufnehmen und daraus ihre ästhetisch eindrucksvollen Schalen synthetisieren.

Wie aber kommt die Kieselsäure in die Diatomeenzelle? Wie kommen generell Ressourcen aus der Umwelt in die Zelle und Abfallstoffe und andere Stoffwechselprodukte aus der Zelle heraus? Durch Poren. Durch die Kombination von verschiedensten geometrischen Strukturen im Mikro- und Nanometerbereich entsteht ein System aus Poren verschiedener Größe, wobei die kleinsten Poren von der Schalenaußenseite aus auch mit dem Rasterelektronenmikroskop kaum noch zu erkennen sind. Es entsteht ein Netz aus feinsten Poren, durch die die Silikathülle die semipermeablen (halbdurchlässigen) Eigenschaften einer Membran bekommt. Selektiv werden Stoffe, die gebraucht werden, nach innen transportiert und Stoffe, die nach draußen sollen oder schädlich sind, werden nach außen abgegeben; zusätzlich werden unerwünschte Stoffe ausgegrenzt.

Die Silikathülle

Es lohnt sich, einen genaueren Blick auf die Silikathülle zu werfen. In das in amorpher Form vorliegende Silikat (SiO_2 * n H_2O, was minerologisch Opal entspricht) werden verschiedene Proteine eingelagert. Dadurch erhält die Silikathülle eine größere Festigkeit als kristallines Quarz (SiO_2, Bergkristall).

Funktionell ist die Silikathülle mit der Zellwand von Pflanzenzellen vergleichbar. Auch die Diatomeenzelle besitzt einen Turgor, also einen Flüssigkeitsinnendruck, der gegen die Wand gerichtet ist. Eine spannende technische Meisterleistung, denn die Silikathülle der Diatomeen besteht aus zwei schachtelförmig zusammengefügten, aber gegeneinander verschiebbaren Schalen. Was also verhindert das Auseinanderfallen der Silikatschalen? Hauptsächlich wird dies durch das Cytoskelett erreicht, welches die beiden Schalenhälften zusammenhält. Zusätzlich wirken die Gürtelbänder und die dort befindlichen organischen Substanzen als Kitt. Eine Art Zweikomponentenkleber, der nur wirksam ist, wenn die Zellmembran durch den Turgor an die Silikatschale gepresst wird.

Auch aus physiologischer Sicht ist die Silikatschale interessant. Bedingt durch ihren molekularen Aufbau ist die Oberfläche der Schalenaußenseite negativ geladen. Dadurch besitzt die Silikathülle ein „Silikatschalenpotenzial“, was elektrochemisch einem Membranpotenzial entspricht. In einem komplexen Zusammenspiel mit der Zellmembran, welche innen an der Schale anliegt, wird die Osmoregulation der Diatomeenzelle zum Teil geregelt. Zusätzlich werden durch die negativen Ladungen Anionen abgestoßen, die somit nur über größere Poren, dort allerdings mit einer hohen Geschwindigkeit, aufgenommen werden können. Es wird vermutet, dass dadurch die Aufnahme von Nitrat und Phosphat besonders effizient ist und Diatomeen deshalb einen beträchtlichen Vorteil bei der Aufnahme wichtiger Ionen gegenüber anderen Ionenkonkurrenten haben.

Optimierte Leichtbauweise

Energie und Ressourcen sind somit für die Diatomeen beschaffbar. Dennoch hat die Silikatschale, die mit Bergkristall verglichen wird, einen großen Nachteil. Silikat als Baumaterial ist schwer. Seine Dichte beträgt zwischen 2,0 und 3,9 Gramm pro Kubikzentimeter. Wie können sich also benthische Diatomeen fort-

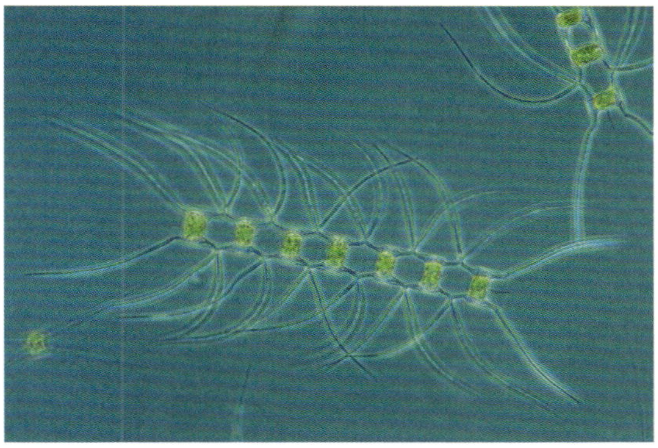
a

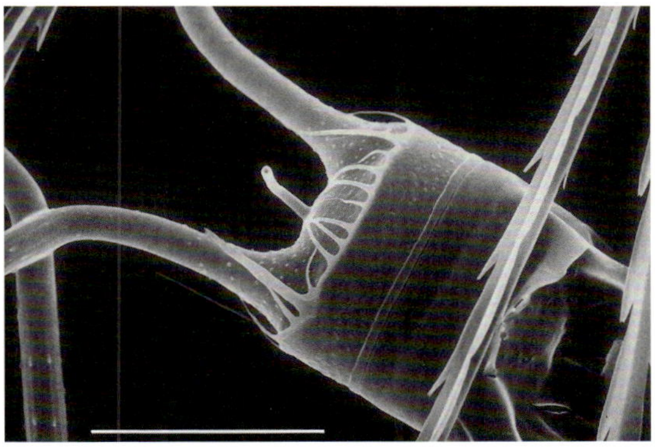
b

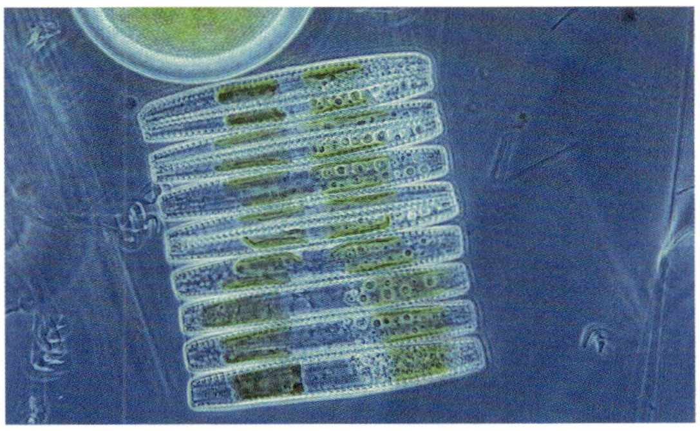
c

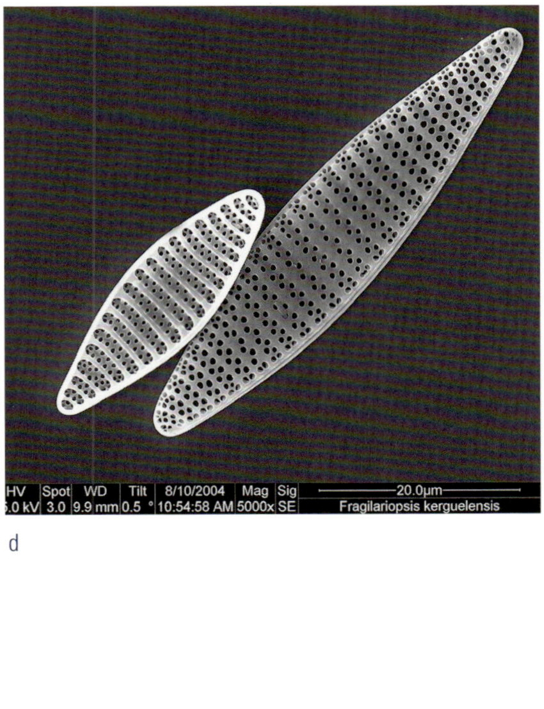

d

Chaetoceros: a) Lichtmikroskopische und b) Rasterelektronen mikroskopische Aufnahme und c) Lichtmikroskopische und d) Rasterelektronenmikroskopische Aufnahme von *Fragilariopsis*. Beide Diatomeen stammen aus dem antarktischen Plankton.

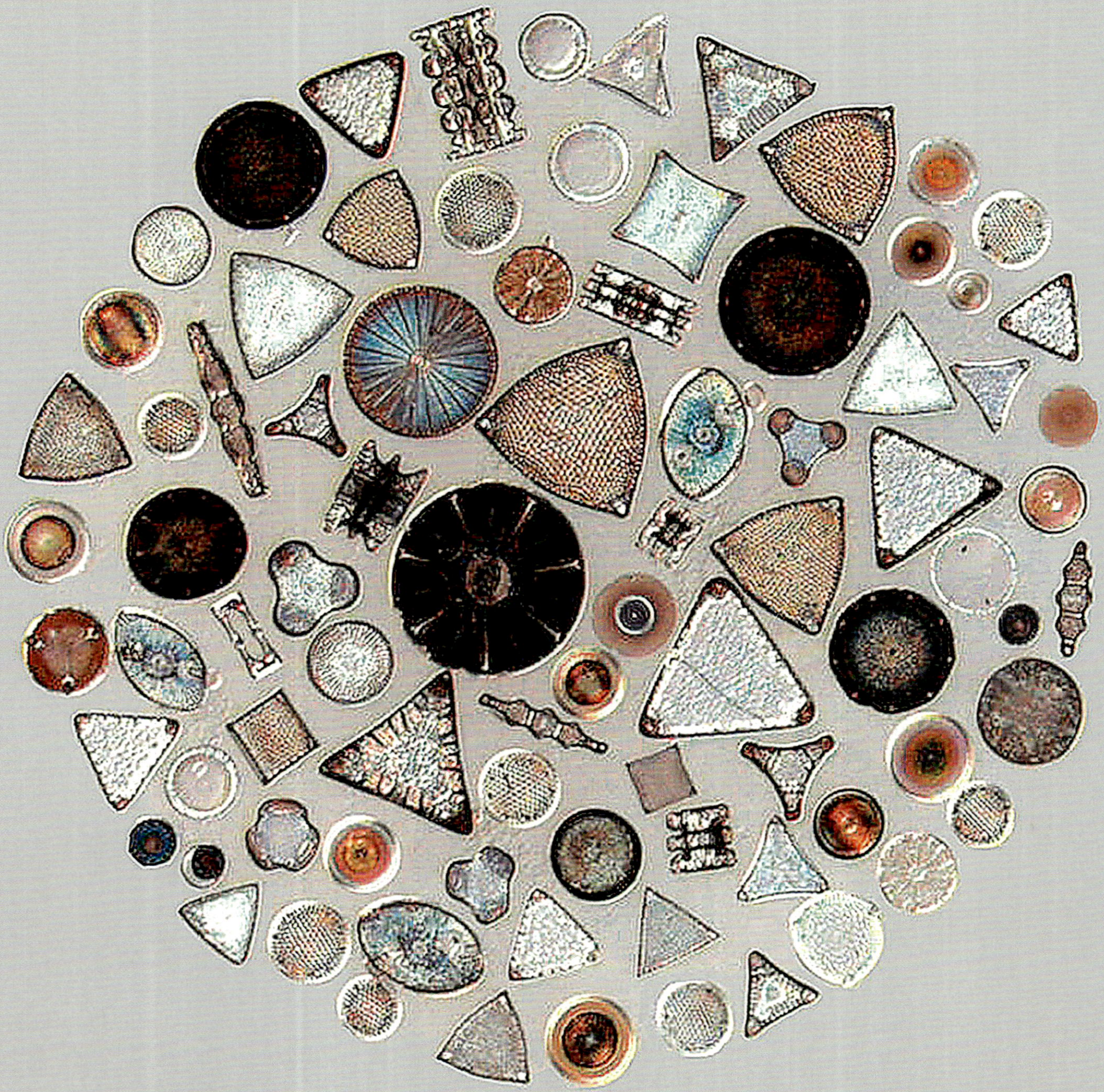

bewegen und wie schaffen es die planktischen Vertreter, in der lichtdurchdrungenen Schicht des Wassers schweben zu bleiben? Durch moderne, in annähernd 200 Millionen Jahren optimierte Leichtbauweise. Jede einzelne Diatomeenart ist optimal an die multifaktoriellen Anforderungen ihrer Umwelt angepasst – mal in Form von einfach gestalteten Schalen und mal als architektonisches Kunstwerk, mal flach wie eine Scheibe oder mit Schwebefortsätzen, um möglichst lange zu schweben, und mal schiffchenförmig, um – bei benthischen Diatomeen – auf einer gallertartigen Substanz über den Boden zu kriechen.

Diese Leichtbautechnik ist auch aus einem anderen Grund notwendig. Silikat ist selten und Materialersparnis somit unumgänglich, um hohe Wachstumsraten aufrechtzuerhalten. Denn ohne Silikat kann keine Zellteilung stattfinden und damit auch kein Wachstum, was wiederum für das Überleben der Diatomeen essenziell ist.

Es ist daher nicht verwunderlich, dass Diatomeen im Laufe der Evolution auch hier eine ressourcensparende Lösung gefunden haben. Wachstum erfolgt über mitotische Zellteilung, wobei die beiden Schalenhälften der ursprünglichen Zelle durch jeweils eine kleinere Hypovalve komplementiert werden. Die Tochterzelle entsteht somit im Inneren der Mutterzelle, was ein wenig an Babuschkas erinnert. Allerdings sitzen die Tochterzellen nicht, wie bei den Babuschkas, im Inneren der Mutterzelle und müssen durch Öffnen derselben herausgenommen werden. Dadurch, dass zu jeder Schalenhälfte eine neue Hypovalve gebildet wird, wird die Mutterzelle an der Gürtelbänderregion auseinandergedrückt. Am Ende der mitotischen Zellteilung schwimmen oder liegen, bei kettenbildenden Diatomeen, zwei Zellen nebeneinander. Bei dieser Art der Zellteilung wird kein Material verschwendet. Allerdings wird die Tochterzelle, bei der die ehemalige Hypotheca jetzt die Epitheca bildet, kontinuierlich kleiner. Sobald eine kritische, artspezifische Zellgröße erreicht ist, können sich Diatomeen auch sexuell vermehren und damit zur ursprünglichen Zellgröße zurückkehren.

Stabilität trotz Sparsamkeit

Material wird also gespart, wo immer es geht. Die Leichtigkeit der Schalen darf allerdings nicht auf Kosten der Festigkeit erlangt werden. Immerhin ist die Schale das defensive Verteidigungssystem gegen jede Belastung von außen – scheinbar ein Paradox. Wie gelingt es, bei minimalem Materialverbrauch maximale Festigkeit zu erhalten? Schon 1920 hat Francé geschrieben, dass Diatomeen „aus ihren Schalen nur ein Skelett der unumgänglich notwendigen Druckpunkte und ihren Verspannungen gemacht und alle irgendwie entbehrlichen Füllungen und Wandteile weggelassen [haben]“. Es ist aber nicht einfach nur ein Skelett, es ist ein hoch komplexes und symmetrisches Netz, in dem Wabenstrukuren, Balken- und Rippenkonstruktionen, Bögen, Flächentragwerke und Kantenversteifungen zu hoch funktionalen, ästhetischen und geometrischen Leichtbauprinzipien kombiniert werden. Die so entstandenen Formen verteilen Spannungen gleichmäßig über die gesamte Struktur und können somit einem Gewicht von mehr als 800 Tonnen pro Quadratmeter standhalten. Christian Hamm, der Entwickler von ELiSE (Evolutionary Light Structure Engineering), hat folgenden Vergleich gebraucht: Eine Diatomee von der Größe eines Kanaldeckels ist demzufolge in der Lage, das Gewicht von 150 Mittelklassewagen zu tragen, ohne dass das glasartige Exoskelett zerbricht.

Wozu aber braucht eine Diatomee eine derartige Festigkeit? Wie anfangs gesagt optimiert der Selektionsdruck in der Natur einen Organismus immer auf die Summe seiner notwendigen Eigenschaften. Die Strategie beruht darauf, die vorhandene Energie möglichst effizient für Verteidigung und

siehe links:
Fossile marine Diatomeen aus dem Oamuru-Deposit in Neuseeland und arrangiert von A. Elger 1925.

Flucht einerseits sowie der Fortpflanzung andererseits zu verwenden, um damit das Überleben der Art zu gewährleisten. Dabei kommt es zwischen Beute und Fressfeinden zu einer Koevolution, in gewisser Weise also zu einem Wettrüsten.

Diatomeen im Crashtest

Friedrichs und Kollegen haben sich den Status quo eines solchen Wettrüstens zwischen drei in der Nordsee vorkommenden Diatomeenarten und ihren natürlichen Fressfeinden den Copepoden (Ruderfußkrebsen) angesehen. Dabei wurde die Belastbarkeit der Schalen von *Thalassiosira punctigera, Coscinodiscus wailesii* und *Actinoptychus senarius* im Crashtest getestet sowie Wachstumsraten und Fraßraten miteinander verglichen.

Alle drei Diatomeen haben die klassische Form einer Camembertschachtel. Die Zellen von *T. punctigera* und *C. wailesii* sind einfach gestaltet, während die Valven von *A. senarius* eine stark strukturierte und gewellte Oberflächenstruktur aufweisen. In Aufsicht erinnert die Valve von *A. senarius* an das Symbol

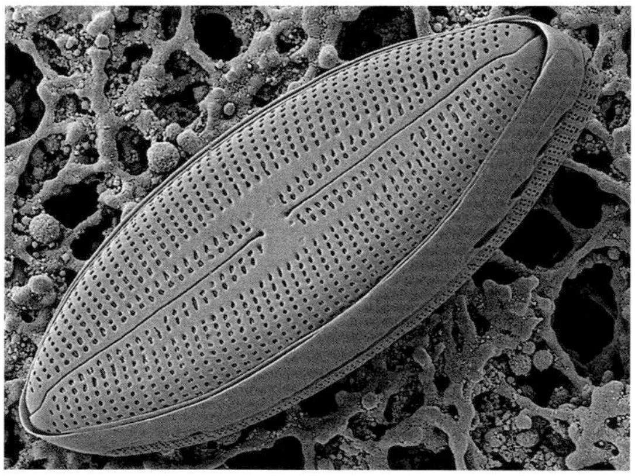

a

b

a) *Mastogloia* aus dem Mittelmeer und b) *Didimosphenia* aus einer Süßwasserprobe.

für Radioaktivität, wobei die Bereiche in denen die Schale nach oben gewellt ist, den Flügeln des Symbols entsprechen. Die Zellen von *T. punctigera* sind ungefähr 60 Mikrometer und die von *C. wailesii* ungefähr 110 Mikrometer im Durchmesser. Von *A. senarius* wurden sowohl Zellen von etwa 55 Mikrometer als auch von etwa 115 Mikrometer Durchmesser untersucht.

Die Copepoden waren zwischen 650 und 1570 Mikrometer groß. Um an Ihr Futter, wie zum Beispiel Diatomeen, zu kommen, besitzen einige Copepodenarten Mundwerkzeuge, die mit Silikat überzogen sind und wie Presslufthämmer vibrieren.

Aus evolutionärer Sicht heißt es also anschaulich gesagt „Dose gegen Dosenöffner". *T. punctigera*, mit seiner einfachen und dünnen Silikatschale setzt auf schnelles Wachstum und eine hohe Zelldichte, um die Verluste durch das Gefressenwerden auszugleichen. *C. wailesii* besitzt ebenfalls eine einfache und dünne Schale ist aber wesentlich größer. Auf der einen Seite geht die Zellgröße von *C. wailesii* zulasten der Wachstumsrate, die aufgrund dessen eher langsam ist, auf der anderen Seite sind die Zellen gerade aufgrund ihrer Größe stabiler und damit als Beute eher unattraktiv. *A. senarius* hat ebenfalls eine langsame Wachstumsrate, hat aber durch die wellenförmig gestaltete Valve eine sehr massive und komplexe Schalengeometrie, wodurch eine hohe mechanische Resilienz erreicht wird.

Aus Sicht der Copepoden stellt sich somit eher die Frage, ob viele kleine *T.-punctigera-* oder wenige große *C.-wailesii-*Zellen energetisch als Beute zu bevorzugen sind; während *A.-senarius-*Zellen wahrscheinlich verschmäht werden.

Dies ist nur eines von vielen Beispielen wie sich die natürliche Selektion auf die Schalenmorphologie der Diatomeen ausgewirkt hat. Mit ungefähr 100 000 Arten, die weltweit und in den unterschiedlichsten Habitaten vorkommen, hat die Natur eine Vielzahl morphologisch variantenreicher Leichtbauweisen den Bionikern als Vorlage zur Verfügung gestellt – Vorlagen, die denselben physikalischen Gesetzmäßigkeiten unterliegen wie technische Systeme und dazu noch skalierbar sind. Sie können also maßstabsgerecht vergrößert werden, ohne dass die spezifische Festigkeit verloren geht. Diese ästhetisch ausgewogenen, permeablen und sehr stabilen Leichtbauten können vergleichsweise einfach in technische Bereiche übertragen werden.

In seinem Buch die „Pflanze als Erfinder" von 1920 schrieb R. H. Francé „Es ging uns mit der gesamten Biotechnik ein wenig so, wie jenen spielenden Kindern in Südafrika, die glitzernde Steine fanden, sie viele Tage auf den Straßen als Kiesel herumwarfen, bis eines Tages der erste Mann kam und die Kiesel als Diamanten von Kimberley erkannte und aufhob." Ein sehr passender und anschaulicher Vergleich in Bezug auf die ästhetisch schönen und faszinierenden gläsernen Schachteln der Diatomeen, die auf Deutsch ja Kieselalgen heißen.

Kokosnuss – ideale Verpackung für den Langstreckentransport

DR. HILKE STEINECKE

siehe links:
Kokospalme mit reichlich Fruchtansatz.

Die Kokospalme (*Cocos nucifera*, Arecaceae) kommt weltweit an tropischen Küsten vor. Wo ihre ursprüngliche Heimat ist, lässt sich kaum noch rekonstruieren. Möglicherweise stammt sie aus dem pazifischen Raum. Ihre weite Verbreitung verdankt sie ihren Früchten, die über 4000 Kilometer weit mit Meeresströmungen verdriftet werden können. Selbst nach einem 100-tägigen Aufenthalt im Salzwasser sind Kokosnüsse noch keimfähig. Sogar an den Küsten Norwegens wurden sie schon angeschwemmt. Allerdings ist es im hohen Norden viel zu kalt, sodass die Kokosnüsse hier nicht keimen können und sich kein palmengesäumter Strand entwickeln wird. An einsamen Küsten angeschwemmte Kokosnüsse haben Schiffbrüchigen oft das Überleben ermöglicht. Dass Kokospalmen so erfolgreich sind und weltweit an tropischen Stränden vorkommen, verdanken sie der genialen Verpackung ihrer Samen und dem besonderen Bau ihrer Fruchtwand.

Kokospalme und Kokosnuss

Kokospalmen werden bis 30 Meter hoch, wobei ihr schlanker Stamm meist etwas gebogen ist. Den Blattschopf bilden bis zu etwa 30 rund vier bis sechs Meter lange Fiederblätter. Darunter werden die Blüten in großen rispigen Blütenständen gebildet, die von einem verholzenden Hüllblatt (Spatha) umgeben sind. An der Basis des Blütenstandes bilden sich wenige weibliche Blüten, darüber stehen zahlreiche männliche. Aus den weiblichen Blüten gehen die Kokosfrüchte hervor, die ein gutes Jahr zum Heranwachsen und Ausreifen benötigen. Eine Kokospalme kann gleichzeitig etwa 100 reife Früchte tragen. Unzureichend geschützte Früchte würden (ähnlich wie beim Apfel) beim Herunterfallen aus über zehn Meter Höhe auf die Erde verletzt werden, aufplatzen und dann schnell zu faulen beginnen. Die Kokosfrucht aber übersteht aufgrund ihrer elastischen und faserigen, den Aufprall abfedernden Hülle einen Sturz aus großer Höhe, ohne dabei Schaden zu nehmen. Ein weiterer Trick besteht darin, dass die Früchte oft gar nicht erst auf den Boden fallen, sondern gleich im Wasser landen, wenn am Strand wachsende Palmen weit genug über das Wasser gekrümmt sind.

Der Same

Die Kokosfrucht ist eine Steinfrucht und ähnlich wie eine Kirsche oder Mandel aufgebaut. Das, was wir als braune Kokosnuss kaufen, ist der Steinkern. In seinem Innern befindet sich der Same mit einem winzigen Embryo und reichlich Nährgewebe (Endosperm). In unreifen Früchten ist das den kleinen Embryo schützend umgebende Nährgewebe noch flüssig. Es ist als das zunächst klare, später trübe Kokoswasser bekannt, von dem bis zu ein Liter in unreifen Kokosfrüchten enthalten ist. Während der Fruchtreife bilden sich im Nährgewebe Zellwände, sodass es fest wird. Es liegt später als weiße Schicht der Schale dicht an. Fälschlicherweise wird es oft als Fruchtfleisch bezeichnet, obwohl es als Nährgewebe Teil des Samens und nicht der Fruchtwand oder des Fruchtfleisches ist. Frisches Nährgewebe enthält etwa 36 Prozent Fett und bis 50 Prozent Wasser. Somit ist der Embryo für eine lange Reise durch den Ozean gut ausgerüstet und hat reichlich Proviant im Gepäck. Die dünne Samenschale ist das braune Häutchen, das innen der verholzten Wand der Kokosnuss anliegt.

Kokos-Palme an einem Stand in Brasilien, der Stamm ist in typischer Weise gekrümmt. Vermutlich auch, weil bei hohem Wasserstand der Sand unter den Wurzeln weggespült wird.

Die Fruchtwand

Die harte Wand der Kokosnuss gehört also nicht zum Samen, sondern ist die innerste Schicht der Fruchtwand (Endokarp). Sie verpackt den Samen und schützt ihn vor dem Austrocknen. Aber irgendwann muss der kleine, zarte Keimling schließlich die feste Hülle aufbrechen können, was bei einer durchgehend kompakten Wand kaum möglich wäre. Deshalb sind auf der Kokosnuss Sollbruchstellen in Form dreier runder Keimporen angelegt, die an zwei Augen und den Mund eines Gesichtes erinnern (in tropischen Ländern werden Kokosnüsse deshalb häufig kunsthandwerklich zu geschnitzten Gesichtern verarbeitet). Nur unter der größten Keimpore hat sich ein Embryo entwickelt. Ihr Verschluss ist weich und kann ohne großen Kraftaufwand bei der Keimung durchstoßen werden. Dies machen wir uns zunutze, wenn wir das Kokoswasser aus

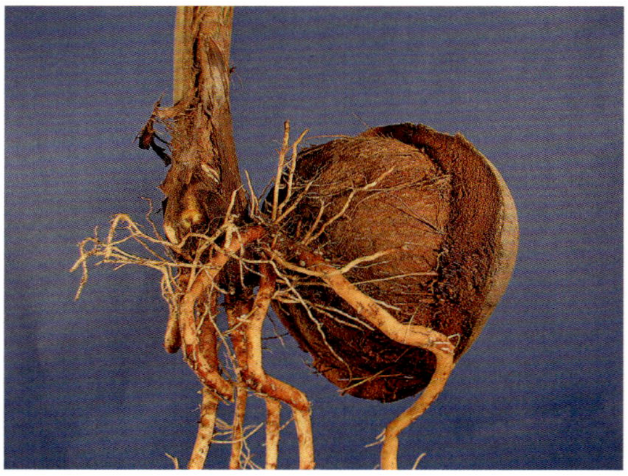

links:
Gekeimte Kokosnuss mit ersten Wurzeln.

rechts:
Nach dem Keimen bleibt die Frucht noch eine Weile an der Jungpflanze erhalten.

einer frischen Kokosnuss trinken wollen und die größte Pore mit einem Nagel oder sogar einfach mit dem Strohhalm durchstechen. Die beiden anderen Poren sind verholzt und lassen sich nur schwer öffnen.

Während bei uns aus Platz- und Gewichtsgründen meist nur Steinkerne gehandelt werden, kommen auf tropischen Märkten die kompletten Kokosfrüchte in den Handel. Der Steinkern ist bei intakten Früchten von einer mehreren Zentimeter dicken und faserigen, lufthaltigen Mittelschicht (Mesokarp) umgeben. Zwischen den Fasern ist Luft eingeschlossen. Die Faserschicht verleiht der Frucht Auftrieb und gute Schwimmfähigkeit. Außerdem schützt die Elastizität die Frucht beim Fall aus großer Höhe und verhindert, dass der Steinkern zerbricht und das Kokoswasser ausläuft. Nach außen folgt ein grünes bis oranges, dünnes lederiges Exokarp. Es ist wasserabweisend und schützt die Frucht vor dem Eindringen von Salzwasser, Pilzen oder Bakterien und verhindert somit das Verderben bei zu langem Aufenthalt im Wasser.

Insgesamt beugt die feuchte Fruchtwand zumindest eine gewisse Zeit lang einer unerwünschten Überhitzung des Fruchtinneren und des Keimlings vor, wenn die Frucht in der prallen Sonne oder im heißen Sand liegt. Denn durch die allmähliche Verdunstung des Wassers aus der Schale kommt es zu einer leichten Abkühlung, ähnlich wie bei uns beim Schwitzen.

Schichtung der Kokosfrucht (von innen nach außen): weißes Nährgewebe, braune, dünne Samenschale, dunkelbraunes und verholztes Endokarp, faseriges Mesokarp, äußeres dünnes Exokarp.

Verpackungen aus Kokos und Vorbild für die Technik

Die verschiedenen Schichten der Kokosfrucht verpacken nicht nur den Samen sehr gut. Sie werden auch vom Menschen geschätzt, um daraus verschiedene Verpackungen herzustellen. Aus der harten Steinschale werden zum Beispiel Essgeschirr, Aufbewahrungsgefäße oder Taschen angefertigt, die Fasern aus der mittleren Fruchtwandschicht ergeben Taue, Matten, Pflanzgefäße oder auch Füllmaterial zur Verpackung zerbrechlicher Gegenstände. Diese schützend elastische, natürliche Verpackung der Kokosnuss war Vorbild für technische Konstruktionen wie Motorrad- und Fahrradhelme oder auch kugelsichere Westen.

Ein aus einer Kokosnuss geschnitzter Kopf. Steinkern und Faserschicht sind gut erkennbar.

Der Schildkrötenpanzer – nur Haut und Knochen

SEBASTIAN LOTZKAT

Eine Schildkröte ist eine Schildkröte. Jeder erkennt sie sofort, denn Schildkröten haben etwas, das sie schon auf den ersten Blick unverwechselbar von allen anderen Tieren unterscheidet: ihren Panzer. Der ist unter den tierischen Verpackungen einzigartig und macht die Schildkröten zu dem, was sie sind – unter anderem unverwüstlich: Schildkröten gehören zu den ältesten noch lebenden Gruppen der Wirbeltiere. Seit mindestens 220 Millionen Jahren stapfen und schwimmen sie auf unserem Planeten umher. Woher wir das wissen? Ganz einfach, so alt ist nun einmal das älteste Fossil mit einem Schildkrötenpanzer. Auch heute leben Schildkröten noch auf weiten Teilen der Erde, in rund 340 Arten mit Panzerlängen zwischen zwölf Zentimetern und zwei Metern. Das sind Gründe genug, dieses altbewährte, ganz besondere Verpackungsmodell etwas näher kennenzulernen.

Komplexer Aufbau

Ein Schildkrötenpanzer besteht grundsätzlich aus drei Bauelementen. Am größten und auffälligsten ist der Rückenpanzer (Carapax), der den Körper oben und seitlich bedeckt. Sein Gegenstück, der Bauchpanzer (Plastron), ist in der Regel viel kleiner und nur von unten gut zu sehen. Rücken- und Bauchpanzer sind auf jeder Seite zwischen Vorder- und Hinterbein durch eine mehr oder weniger schmale Brücke (Pons; streng genommen ein Teil des Plastrons) verbunden.

Gleichzeitig ist der Panzer rundherum aus zwei Lagen aufgebaut. Die äußere Schicht besteht aus Hornschilden, die ähnlich wie die Schuppen von Schlangen und Echsen von der Oberhaut (Epidermis) durch Verhornung gebildet werden, also wie unsere Fingernägel vor allem aus Keratin bestehen. Sie sind das was wir sehen, wenn wir eine Schildkröte anschauen. Sie enthalten die Pigmente, die dem Panzer seine Farbe geben, und zeigen oft mehr oder weniger deutliche Wachstumslinien ähnlich den Jahresringen eines Baumes.

Die innere Schicht besteht aus rund 60 Knochenplatten. Über die Entstehung dieser Knochenplatten sind sich Wissenschaftler noch nicht einig: Während manche glauben, sie seien quasi verbreiterte und miteinander verschmolzene Rippen, sind andere überzeugt dass es sich bei ihnen um von der Unterhaut (Dermis) gebildete Verknöcherungen (sogenannte Osteodermen, wie man sie auch bei Krokodilen findet) handelt, die mit den Rippen zusammenwachsen. Fest steht jedenfalls, dass die Knochenplatten des Rückenpanzers fest mit der Wirbelsäule und den Rippen verwachsen sind. Der Schildkrötenpanzer ist also gleichzeitig Haut und Skelett der Schildkröte – und sie kann nicht aus ihm herausschlüpfen.

Sowohl die Knochenplatten als auch die Hornschilde sind stets nach dem gleichen Muster angeordnet: Der Carapax besteht aus drei Längsreihen großer und einem äußeren Kranz kleiner Platten bzw. Schilde, das Plastron prinzipiell aus zwei Längsreihen. Die Form und Größe der einzelnen Schilde und Platten ist allerdings bei jeder Schildkrötenart anders und hilft dem Fachmann bei der Artbestimmung.

siehe links:
Uraltes Erfolgsmodell: Diese Wasserschildkröte aus Nordamerika (Original im Senckenbergmuseum Frankfurt) lebte vor etwa 50 Millionen Jahren – da war das Bauprinzip Schildkrötenpanzer schon mehr als dreimal so alt. Beim Blick auf die Unterseite ragen die verdickten Rippen rund um die Knochenplatten des Bauchpanzers hervor.

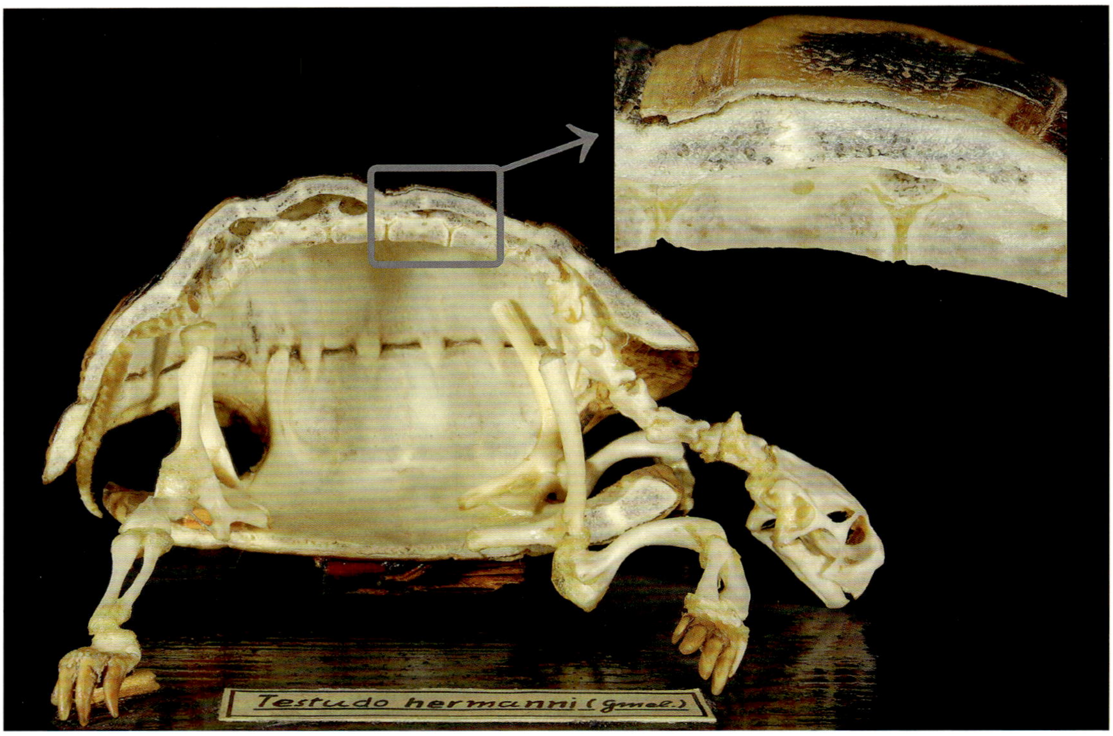

So hängt das zusammen: Der Längsschnitt durch eine Griechische Landschildkröte offenbart die Verwachsung der Wirbelsäule und der Rippen mit dem Rückenpanzer (Hüft- und Schultergürtel sind in diesem historischen Schaustück nicht vollständig erhalten). Im Detailausschnitt zeigt sich der Aufbau des Panzers aus einer Knochen- und einer Hornschicht.

Panzer einer Maurischen Landschildkröte: Die hier zum Teil abgenommenen Hornschilde (Ränder hell hervorgehoben) überlappen die verwachsenen Ränder (dunkel hervorgehoben) der Knochenplatten. Das erhöht nach dem Legostein-Prinzip die Stabilität der ganzen Konstruktion.

Schutz- und Wärmemantel

Den einmaligen Aufbau, die lange Lebensdauer und die mögliche Schönheit in allen Ehren – aber seien wir doch mal ehrlich: Insgesamt ist es schon ein recht schweres und sperriges Gepäck, das jede Schildkröte zeitlebens mit sich herumschleppt. Wäre dieses harte Ding nicht überaus nützlich, würde sie es wohl kaum tun. Oder andersherum gedacht und mit den Worten der Evolutionsbiologie ausgedrückt: Wenn ein solch auffälliges und unhandliches Merkmal sich mehr als 200 Millionen Jahre lang bewährt, ja sogar das Aussterben der Dinosaurier übersteht, dann muss es für etwas gut sein. Tatsächlich erfüllt der Schildkrötenpanzer verschiedene wichtige Funktionen.

In allererster Linie dient er natürlich zum Schutz des Tieres gegen Feinde. Während bei frisch geschlüpften Schildkröten der zarte Panzer leicht zu knacken ist, sind erwachsene Schildkröten weitestgehend sicher – ausgenommen vielleicht vor wahrhaft gewaltigen Räubern wie großen Krokodilen. Arme, Beine, Schwanz und Kopf werden bei Gefahr zwischen Bauch- und Rückenpanzer eingezogen. Je nachdem wie der Hals dabei gebogen wird, unterscheidet man zwischen Halsbergerschildkröten (Cryptodira), die den Hals s-förmig nach unten krümmen und den Kopf einziehen, und Halswenderschildkröten (Pleurodira), die den Hals seitlich biegen und den Kopf dabei in den Panzer stecken. Manche Schildkröten haben zusätzlich noch ein oder zwei bewegliche Scharniere in ihren Bauch-

Klappschildkröten können sowohl die vordere (links) als auch die hintere Öffnung ihres dickwandigen Panzers mit zwei durch Scharniere beweglichen Klappen im Plastron fest verschließen. Ohne Brecheisen bekommt das niemand auf.

panzer eingebaut, mit denen sie bei eingezogenen Gliedmaßen eine oder beide Öffnungen komplett verschließen können.

Darüber hinaus nutzen viele Schildkröten ihren Panzer, um sich aufzuwärmen, denn als wechselwarme Reptilien brauchen sie Wärme von außen, um auf Touren zu kommen. Das kann man in vielen Parks an Wasserschildkröten beobachten, die beim Sonnen ihren Rückenpanzer möglichst breit zur

Zeig mir deinen Panzer und ich sag dir, wo du wohnst: Diese junge Köhlerschildkröte aus Venezuela zeigt den für Landschildkröten typischen hoch aufgewölbten Panzer. Der ermöglicht es ihr, sich per „Schildkrötenrolle" aus ungünstiger Rückenlage zu befreien.

Andere Lebensräume, andere Sitten: Um im Wasser besser voranzukommen hat diese Schmuckschildkröte einen flachen Panzer.

Sonne ausrichten. Bei den meisten Arten enthalten die Knochenplatten der inneren Panzerschicht außerdem einen großen Teil des Knochenmarkes, in dem das Blut gebildet wird. Sie nehmen diese Funktion unter anderem den Arm- und Beinknochen ab, die sich somit voll auf ihre Stabilität konzentrieren können. Und das ist auch gut so, denn schließlich müssen sie die Schildkröte samt Panzer tragen.

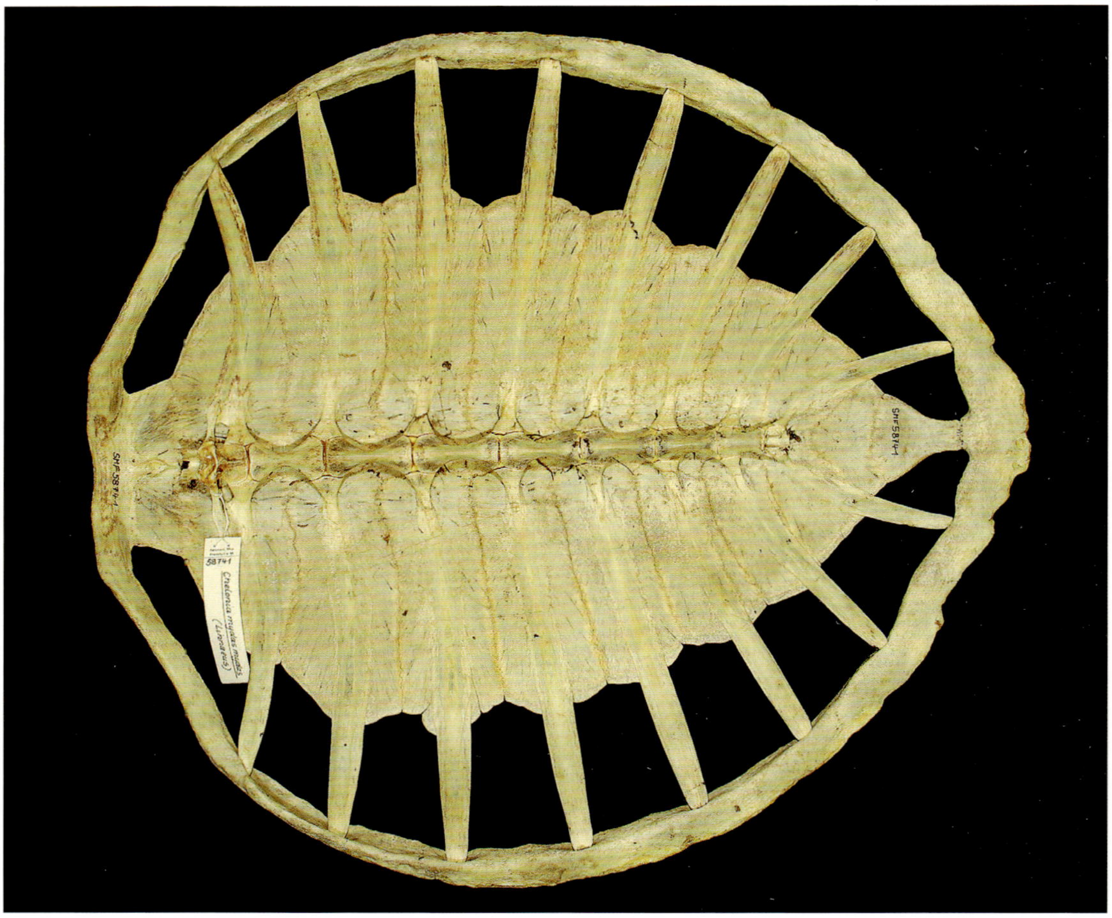

Pimp my Panzer, Dude! Bei der Suppenschildkröte finden sich nur in der Mitte und am Rand des Rückenpanzers (hier von innen betrachtet) durchgehende Knochenplatten. Diese Einsparung an Knochen spart auch Gewicht und ist bei schwimmenden Schildkröten üblich. Die Rippen und die (hier abgenommene) dicke Hornschicht sorgen für unverminderte Stabilität.

An den Lebensraum angepasst

So wichtig die genannten Funktionen auch sind – in erster Linie muss die Form des Panzers optimal auf die Lebensweise seines Trägers abgestimmt sein, um diesen möglichst wenig zu behindern. So haben die Männchen vieler Arten eine Einwölbung im hinteren Bereich des Bauchpanzers, ohne die sie sich bei der Paarung nicht nahe genug an das Weibchen anschmiegen könnten. Überhaupt haben unterschiedliche Panzerformen es den Schildkröten erst ermöglicht, so verschiedene Lebensräume wie Wüsten und Wälder, Sümpfe, Seen, Flüsse oder Ozeane zu bewohnen und sich darin bestmöglich fortzubewegen. Nur auf die Bäume und in die Luft hat es bisher noch keine Schildkröte geschafft – dafür ist der Panzer dann doch zu schwer und klobig.

Generell gilt: Landschildkröten haben einen hochgewölbten, von vorne betrachtet halbrunden Panzer. Diese Form hilft ihnen, wenn sie einmal umgekippt sind, durch Herumrollen wieder auf die Beine zu kommen. Im Gegensatz dazu ist der Panzer bei den meisten Wasserschildkröten flach und stromlinienförmig, um ihnen eine stabile Lage und die Fortbewegung im Wasser zu erleichtern. Meeresschildkröten können mit ihrem schnittigen Panzer immerhin Geschwindigkeiten zwischen 10 und 35 Stundenkilometern erreichen. (Zum Vergleich: Auch mit künstlicher Haifischhaut bleiben menschliche Rekordschwimmer deutlich unter dem ersten Wert.) Anders als ihre landlebenden Verwandten kommen sie nicht mehr auf die Beine, wenn sie einmal auf dem Rücken liegen – aber das sollte ihnen im Wasser ja auch eigentlich nicht passieren.

Natürlich gibt es auch Ausnahmen von dieser Regel: Wasserlebende Schlammschildkröten, die sich ihren Lebensraum mit großen Krokodilen teilen, haben einen hochgewölbten Panzer ähnlich dem der Landschildkröten (allerdings laufen sie auch mehr auf dem Gewässergrund, als dass sie frei herumschwimmen). Und die Afrikanische Spalten- oder Pfannkuchenschildkröte lebt zwar an Land, hat aber einen extrem flachen Panzer. Dieser erlaubt es ihr, sich bei Gefahr oder zum Ruhen in enge Felsspalten zurückzuziehen.

Die südamerikanische Fransenschildkröte oder Mata-Mata hat ihren sonst flachen Rückenpanzer zu hohen Höckern ausgezogen. Diese unübliche Form dient wohl vor allem der Tarnung am Gewässerboden, könnte aber auch vor den Bissen hungriger Kaimane schützen.

Neben der Form des Panzers kann auch seine Beschaffenheit den Erfordernissen von Lebensraum und Lebensweise angepasst werden: Viele Wasserschildkröten haben zumindest einen Teil der Knochenplatten des Rückenpanzers verkleinert oder gar abgeschafft und dadurch mehr Auftrieb. Manche, wie die Leder- und Weichschildkröten, haben auch die Hornschilde ihres Rückenpanzers bis zur Unkenntlichkeit verkleinert, sodass dieser von einer ledrigen Haut bedeckt ist.

Letztlich ändern all diese Panzer-Tuning-Tricks nichts daran, dass mit einem solch unflexiblen Gehäuse aus Haut und Knochen eine eher bedächtige Lebensweise verbunden ist. Ein Dasein als Rennpferd oder Investmentbanker kommt keinesfalls infrage. Was ja nicht unbedingt schlimm sein muss – vielleicht liegt in ihrer sprichwörtlichen Langsamkeit auch der Schlüssel zur Langlebigkeit der Schildkröten. Einige können immerhin über 150 (vielleicht sogar über 200) Jahre alt werden. Ein anderer Grund für so langes Überleben ist jedenfalls der Schutz durch eine im Tierreich einmalige, extrem stabile Rüstung. Die bleibt meist auch nach dem Tod ihres Trägers noch lange Zeit erhalten.

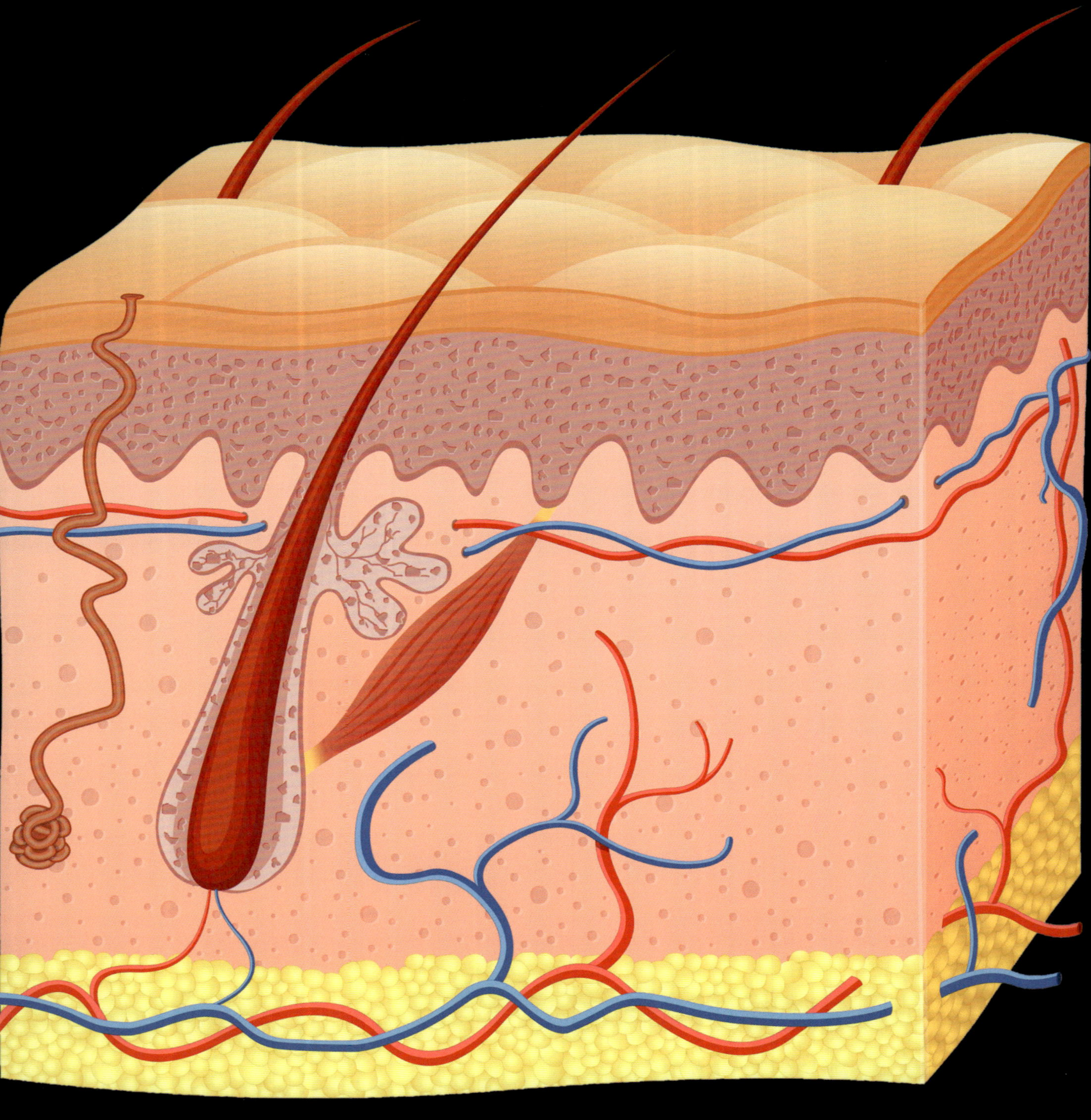

Die menschliche Haut – Mantel und Mittlerin

DR. CARINA SCHERBAUM-HEBERER

Manchmal ist uns nicht wohl in ihr, ein anderes Mal möchten wir vor Wut aus ihr herausfahren und oft verrät sie als Spiegel der Seele unseren Gemütszustand: die Haut. Als größtes Organ des menschlichen Körpers umfasst sie eine Fläche von bis zu zwei Quadratmetern und kann zwischen vier und zehn Kilogramm auf die Waage bringen. Sie trägt damit mehr zum Gesamtgewicht des Menschen bei als etwa seine Knochen, die mit durchschnittlich acht Kilogramm zu Buche schlagen.

Schützend umhüllt sie unseren Körper und grenzt ihn gegen die Außenwelt ab. Sie hilft, den Wasserhaushalt zu regulieren und spielt eine wichtige Rolle als Temperaturregler. So setzt sie bei Hitze wirkungsvolle Kühlung in Gang und sorgt bei Kälte für Erwärmung. Auch gegen Sonneneinstrahlung hat sie einen genialen Schutzschild parat, und als Außenstelle des Immunsystems macht sie manchen Krankheitserregern den Garaus. Dieses Abschirmen geht einher mit einem ständigen Austausch: Mithilfe eines Millionenheeres von winzigen Messfühlern steht die Haut in Kontakt mit der Umwelt, kann sie buchstäblich erfassen und über verzweigte Pfade Reaktionen bewirken, sei es das Zurückweichen vor dem heißen Bügeleisen oder vor dem kalten Wasserstrahl. Unsere Körperverpackung ist also Körpergrenze und Kommunikationssystem zugleich. Die Grenzfunktion führte dazu, dass in vergangenen Jahrhunderten die Begriffe „Haut" und „Mensch" synonym verwendet wurden. Noch heute sprechen wir manchmal von einer „armen Haut", wenn wir einen bedauernswerten Menschen meinen. Ebenso verhält es sich mit dem Begriff „ehrliche Haut" für einen aufrichtigen Zeitgenossen.

Die häufig in Märchen vorkommende Redewendung „mit Haut und Haar" bedeutet „ganz und gar, völlig" und geht auf einen mittelalterlichen Rechtsbrauch zurück, Menschen durch Rutenschläge am ganzen Körper zu strafen. Er verdeutlicht, dass die beiden Begriffe untrennbar miteinander verbunden sind, denn Haare werden von der Haut gebildet. So wird zwischen der unbehaarten Leistenhaut auf der Handinnenfläche und auf der Fußsohle sowie der behaarten Felderhaut am übrigen Körper unterschieden. Die namensgebende rhombenförmige Felderung ist mit bloßem Auge zu erkennen.

siehe links:
Hautschichten: Oberhaut mit darunterliegender Papillar-(rot)- und Netzschicht (rosa) mit Blutgefäßen (rot und blau), eingebettet darin eine knäuelförmige Schweißdrüse (ganz links) sowie daneben ein Haarfollikel samt Talgdrüse und Muskel, fettreiche Unterhaut (gelb).

Äußere Hülle – die Oberhaut

Die Haut ist einer Zwiebel ähnlich aus mehreren Schichten aufgebaut. Ganz obenauf wirkt sie auf den ersten Blick eher leblos. Der äußerste nur 0,1 Millimeter messende Schutzschild, die Oberhaut, besteht nämlich in den oberen Schichten aus verklumpten toten Zellen, den Hornplättchen. Entstanden sind diese durch Zellteilung in der etwas tiefer liegenden Keimschicht der Oberhaut, um dann im Laufe von etwa vier Wochen nach außen vorzurücken. Dabei lagern sie die aus faserigen Eiweißen aufgebaute Hornsubstanz, das Keratin (von griech. kéras = Horn), ein. Sie werden platt, sterben ab und werden schließlich abgestoßen. Die mit dem bloßen Auge nicht sichtbaren Zellen der verhornenden Schicht sind in regelmäßigen sechseckigen Stapeln angeordnet, wodurch sie von oben an Bienenwaben erinnern. Sie bilden in ihrer Gesamtheit einen Schutzwall gegen unerwünschte Eindringlinge.

Je nachdem, wie stark sie an der entsprechenden Stelle beansprucht wird, kann die Oberhaut eine bis mehrere Dutzend Lagen umfassen. So kann sie an der menschlichen Fußsohle eine Dicke von bis zu fünf Millimetern erreichen. Auch Gitarrenspieler zeigen Verhornungen an den Fingerkuppen, während sie bei Geigenspielern auch am Kinn auftreten.

Bis zu 50 000 Zellen werden an der Hautoberfläche des Menschen in jeder Minute abgestoßen. Alle 20 bis 30 Tage wird so die Oberhaut einmal komplett ausgetauscht. Im Laufe von 70 Jahren kommt eine beträchtliche Menge von rund 25 Kilogramm Hautschuppen zusammen. Und auch wenn diese Zellklümpchen winzig klein sind, so begegnen sie uns doch im Alltag ständig. Sie sind einer der Hauptbestandteile von Staub. Wir Menschen stehen uns also im Kampf gegen den Staub von Natur aus selbst im Wege. Bei Menschen mit trockener Haut lässt sich der ständige Häutungsvorgang in Form von Kopfhautschuppen oder rauen Händen leicht beobachten. Unsere äffischen Verwandten haben aus der Not der Dauerschuppung eine Tugend gemacht: Beim Lausen geht es ihnen nicht nur um die Entledigung von ungeliebten Plagegeistern, sondern vor allem um die Entfernung der anfallenden Hautschuppen.

In den untersten Schichten der Oberhaut liegen auch die Farbstofffabriken unserer Körperhülle: die Pigmentzellen. In ihnen werden bei Sonneneinstrahlung gelblich-rötliche bis braun-schwarze Farbstoffe, die Melanine (von griech. mélas = schwarz) gebildet. Auslöser für die Farbstoffproduktion sind bestimmte Teile des Sonnenlichtes, die für uns Menschen unsichtbar sind: die ultravioletten Strahlen, kurz UV-Strahlen genannt. Je nach Wellenlänge unterscheiden wir kurzwellige UV-B-Strahlen und längerwellige UV-A-Strahlen. Beide haben ihre Sonnen- und Schattenseiten: So regen UV-B-Strahlen zum einen die Melaninproduktion und die Bildung von lebenswichtigem Vitamin D an. Zusätzlich verdickt sich unter ihrem Einfluss die Hornschicht und bildet die sogenannte Lichtschwiele, die Licht reflektieren und absorbieren kann und so die unteren Hautschichten schützt. Zum anderen bergen sie eine unsichtbare Gefahr für unsere Haut, weil sie unsere Erbsubstanz und andere empfindliche Strukturen unserer Zellen

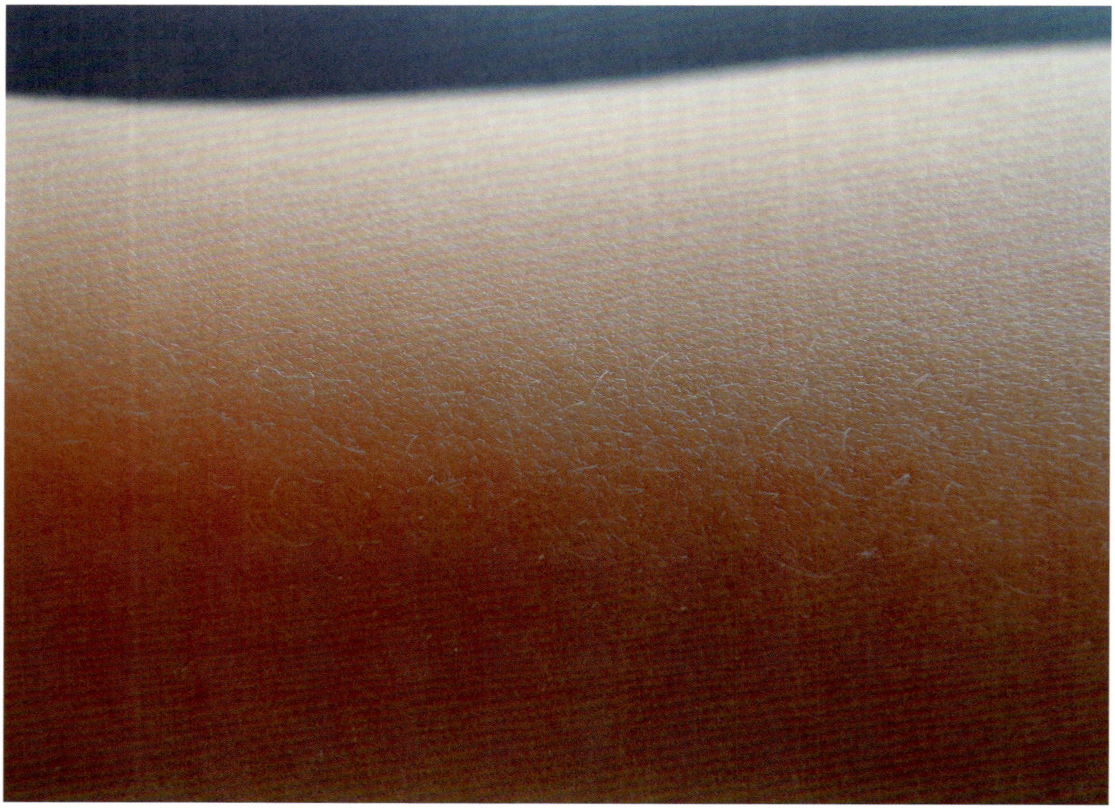

Felderhaut des Menschen.

verändern können. Sie sind die Hauptverantwortlichen für schmerzhafte Sonnenbrände und auch für Hautkrebs. UV-A-Strahlen bewirken eine Reaktion von Melanin mit Blutsauerstoff und damit die Braunfärbung der Haut. Sie lassen die Haut langfristig alt aussehen, weil sie das Bindegewebe der benachbarten Lederhaut, zerstören können. Die sich bildende Bräunung der Haut funktioniert als eine Art natürlicher Sonnenschirm, indem sie weitere Strahlung abfängt. Die Farbstoffe bleiben in verhornten Zellen erhalten und werden schließlich abgestoßen. Das kann man gut an sich selbst beobachten, wenn die Bräune nach dem Sommer oder einem Urlaub in der Sonne immer weiter abnimmt.

Auch die vielfältigen Hautfarben der Spezies Mensch sind eng mit der Sonne verknüpft. Das lichtabhängig in unserer Haut gebildete Vitamin D ist unerlässlich für eine gesunde Knochenentwicklung. Mangelzustände können zu Rachitis, auch Knochenweiche genannt, führen. In lichtarmen Regionen jenseits der afrikanischen Ursprungsgebiete der Menschheit waren daher jene unserer Ahnen im Vorteil, die eine für UV-Strahlen besser durchlässige, sprich helle Haut besaßen.

Unabhängig von der Grundfarbe der Haut kommt es vor, dass die Pigmentzellen an bestimmten Stellen stark konzentriert sind. Man bezeichnet diese als Muttermal, einer Bezeichnung, die auf der alten Vorstellung fußt, dass es sich um ein sichtbar gewordenes Vergehen der Mutter während der Schwangerschaft handle.

In der Keimschicht wird nicht nur die Haut mittels Melanin schützend abgedunkelt. Hier finden sich in der unbehaarten Haut von Fußsohlen und Handinnenflächen mit den sogenannten Merkel-Zellen auch sensible Tastrezeptoren. Als druckempfindliche Signalempfänger sammeln sie im Wortsinn Eindrücke aus unserer Umwelt und leiten sie an unser Gehirn weiter.

Auch ein effektiver Sicherheitsdienst ist in der Oberhaut stationiert: Hier sitzen die sogenannten Langerhans-Zellen, die einem Türsteher vergleichbar eingedrungene Krankheitserreger abfangen, um sie speziellen Abwehrzellen zu präsentieren. Diese prägen sich die Merkmale des ungebetenen Gastes ein und können künftig sofort gegen weitere Invasoren der gleichen Art vorgehen.

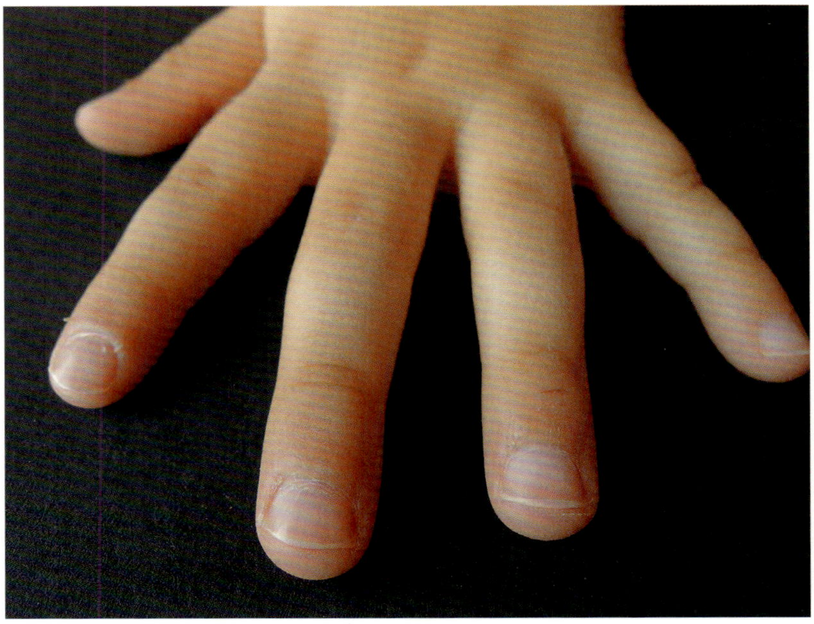

Anhangsgebilde der Oberhaut: Die Fingernägel.

Trotz der umfassenden Barrierevorrichtungen kann unsere Haut aber auch Substanzen aufnehmen, wie wir aus eigener Erfahrung wissen: sei es die Gesichtscreme, die spürbar einzieht, die Wundheilsalbe, die den Heilungsprozess beschleunigt oder die mitunter Tage lang schwarzen Hände nach einer Fahrradreparatur. Mithilfe von hormonhaltigen Pflastern lässt sich selbst Empfängnisverhütung über unsere Körperhülle sicherstellen.

Das Wissen über die Aufnahmefähigkeit der Haut ist sehr alt: So wurde 2012 bei Ausgrabungen eines römischen Tempels in London eine Cremedose aus Zinn samt Inhalt entdeckt. Die Analyse ergab eine Zusammensetzung aus Tierfett und Stärke in Verbindung mit einem weißen Pigment. Stärke wird auch in der modernen Kosmetikherstellung verwendet, da sie ein puderartiges Gefühl auf der Haut bewirkt.

Eine weitere Funktion der Oberhaut ist die Bildung von Hautanhangsgebilden: Neben Haaren sind dies die Finger- und Fußnägel, ständig wachsende Hornplatten, deren Produktionsstätte als weißer Halbmond am Grunde des Nagels durchscheint. Pro Woche können Fingernägel bis zu 1,2 Millimeter an Länge

Unsere Haut altert wie alle anderen Organe unseres Körpers auch.

zulegen. Die flachen Gebilde schützen die Endglieder von Fingern und Zehen und bilden ein wirksames Widerlager beim Tasten und Greifen. Dies kann jeder leicht nachvollziehen, der sich die Nägel schon einmal versehentlich zu stark gekürzt hat, denn viele Tätigkeiten wie Kratzen oder Schaben sind mit zu kurzen Nägeln kaum möglich. Die Hornplatten sind fest mit der darunterliegenden Zellschicht des sogenannten Nagelbettes verbunden, diese wächst mit nach vorne und verhornt schließlich, um am freien Teil des Nagels als Schutz gegen ungewollte Eindringlinge zu fungieren.

Mittendrin – die Lederhaut

Unter der Oberhaut liegt die Lederhaut, deren Name daher rührt, dass aus ihr durch Gerben Leder gewonnen wird. Sie kann je nach Lage unterschiedliche Dicken zwischen nur 0,3 Millimetern an den Augenlidern bis 2,4 Millimeter an Handinnenflächen und Fußsohlen aufweisen.

Ähnlich einer Spitzenborte ragt sie in die Oberhaut hinein, sodass die Kontaktfläche zwischen beiden Schichten enorm vergrößert wird und sie reißfest verbunden sind. Da die Spitzen dieser Borde entfernt an Warzen, lateinisch Papillae, erinnern, lag es den Anatomen nahe, sie Papillarschicht zu taufen. Die bis in die Papillen ziehenden feinen Blutgefäße versorgen die gefäßfreie Oberhaut mit Nährstoffen und sind wichtig für die Temperaturregulierung: Durch Zusammenziehen bei Kälte können sie Wärmeverluste eindämmen. Durch Erweiterung bei hohen Temperaturen kann überschüssige Wärme abgegeben werden. Wenn wir nach einem Sprint mit hochrotem Kopf in den Spiegel sehen, erblicken wir also den lebenden Beweis für die Tätigkeit der Blutgefäße unserer Lederhaut. Blutet eine Schürfwunde, so hat sie die Oberhaut durchdrungen und reicht bis in die Lederhaut hinein.

Die Papillen der Lederhaut sind auch für den individuellen Fingerabdruck von Mensch und Affe verantwortlich. Sie zeichnen sich durch die Oberhaut ab und ergeben ein einmaliges Muster an Schwüngen, Bögen und Wirbeln, die sogenannten Minutien (übersetzt Kleinigkeiten). Fingerabdrücke und ihre Bedeutung für die Verbrecherjagd sind uns aus Kriminalfilmen hinreichend bekannt. Selbst bei eineiigen Zwillingen, deren Erbgut identisch ist, lassen sich Unterschiede in den Abdrücken feststellen, denn bei der Ausprägung des Musterunikats spielen die Umweltbedingungen eine gewichtige Rolle und drücken jedem Zwilling einen individuellen Stempel auf. Überraschenderweise besitzt auch ein bekannter australischer Beutelsäuger, der Koala, solche individuellen Fingerabdrücke.

Die unbehaarte Haut an Handteller und Fußsohle des Menschen und seiner äffischen Verwandtschaft beherbergen zudem spezielle Berührungsfühler, die Meißnerschen Tastkörperchen. Ihnen ist es zu verdanken, dass unsere Fingerspitzen in der Lage sind, selbst kleinste Erhebungen mit einer Höhe von nur einem tausendstel Millimeter zu erspüren. Bei Gorilla und Schimpanse ist auch die Oberseite der Finger mit diesen besonderen Körperchen ausgestattet. Neuweltliche Affen besitzen sie in der unbehaarten Region ihres Schwanzes, den sie beim Klettern wie eine zusätzliche Hand einsetzen.

Etwas tiefer in der Lederhaut liegt die Netzschicht, deren Name wörtlich zu verstehen ist: Hier verlaufen mehrere Bündel aus den beiden faserigen Bindegewebsarchitekten Kollagen und Elastin. Die Vernetzung dieser beiden Eiweißstoffe macht die Haut stabil und elastisch, wie wir leicht selbst feststellen können, wenn wir die Haut am Handrücken mit zwei Fingern anheben und dann wieder loslassen. Ähnlich einem Fischernetz kann aber auch dieses Netz Risse bekommen, nämlich dann, wenn es zu einer extremen Dehnung kommt. So kann eine starke Gewichtszunahme, wie beispielsweise bei einer Schwangerschaft, zu Verletzungen im Fasernetz führen. Die zunächst rötlich bis lila gefärbten Dehnungsstreifen verblassen nach und nach, verschwinden aber nicht mehr vollständig.

Wenn uns Menschen manche Begebenheiten buchstäblich unter die Haut gehen, dann liegt das vor allem an der Armada von Informationsempfängern in der Lederhaut, die äußerst sensibel auf Außenreize reagieren: Hier haben sich in der behaarten Haut Merkelzellen zu sogenannten Tastscheiben zusammengetan, von denen unsere Haut bis zu 60 Millionen beherbergt. Zudem sitzen hier spezielle Fühlinstrumente, die wie auch die beschriebenen Meissnerschen Tastkörperchen an Forschergrößen erinnern: Ruffinische Wärmekörperchen und Krausesche Kältekörperchen. Des Weiteren finden sich hier freie Nervenendigungen, die auf starke mechanische Reize, aber auch Schmerzen ansprechen. Hände, Lippen und Zunge weisen die höchste Dichte an Tastsinneszellen auf und sind daher die sensibelsten Regionen unseres Körpers.

Die jeweilige Kombination aus Druck-, Dehnungs-, Temperatur- und Schmerzreizen fügt sich in unserem Gehirn zu einem Gesamtbild, sei es das aus unzähligen Eindrücken komponierte Mosaik einer heißen Tasse Tee oder das eines auf uns krabbelnden Insekts.

Diese nachweisliche Sensibilität macht angenehme Berührungen für uns Menschen extrem wichtig: Sie wirken beruhigend, lassen unser Herz langsamer schlagen, den Blutdruck sinken und messbar den Stress von uns

Tierhäute

Für die Lederindustrie ist die Struktur der Netzschicht von großer Bedeutung: Die Güte von Leder hängt davon ab, wie dicht und auf welche Weise die Fasern verflochten sind. Die Papillarschicht bedingt die Glätte der Lederoberfläche.

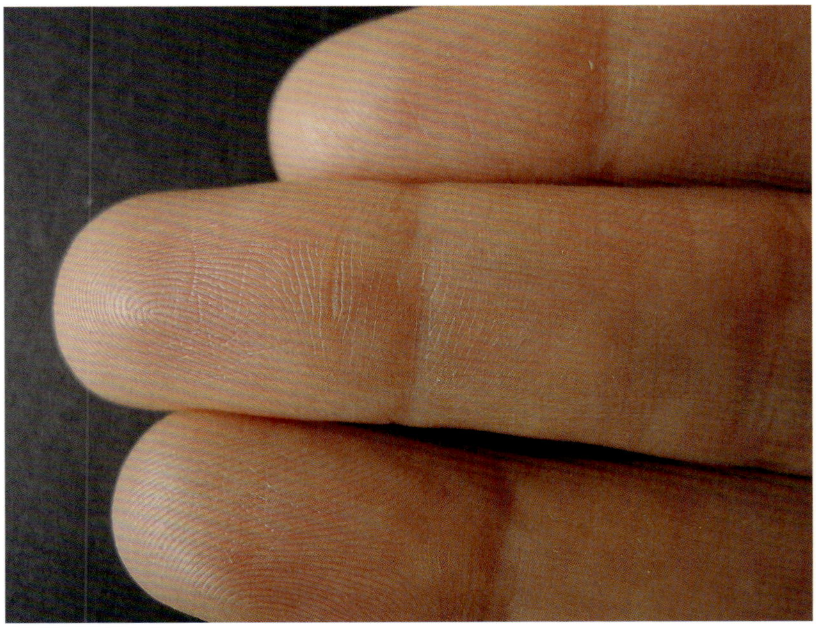

Einzigartige Hautmuster an den Fingerspitzen.

abfallen. Von großer Bedeutung ist hierbei die Ausschüttung des Bindungshormons Oxytocin, das für partnerschaftliche Treue sorgt und bei stillenden Müttern auch die Milchproduktion anregt.

Der Tastsinn ist auch der erste Sinn, über den der Mensch verfügt. Bereits mit acht Wochen reagiert ein Embryo auf Berührungsreize. Störungen dieses Sinnes können schwerwiegende Folgen haben: So zeigen Frauen mit Essstörungen eine eingeschränkte Tastsinnesfunktion. Sie können ihre eigenen Körpergrenzen nicht präzise wahrnehmen und empfinden sich daher als zu dick. Durch das Tragen extrem enganliegender Anzüge konnten hier Verbesserungen der Körperwahrnehmung und damit auch des Essverhaltens erreicht werden.

Die Lederhaut ist auch die Hautschicht, in die Tätowierungen eingebracht werden. Solche Hautfärberei betreibt der Mensch schon seit vielen Jahrtausenden. So konnten bei der weltberühmten jungsteinzeitlichen Eismumie „Ötzi" Hauttätowierungen nachgewiesen werden. Sie waren dem Mann aus dem Eis wahrscheinlich zu therapeutischen Zwecken über schmerzenden Gelenken eingeritzt worden.

Entwicklungsbiologisch birgt gerade der untere Teil der Lederhaut eine Erinnerung an unsere amphibischen Ahnen. Amphibien sind jene alte Tiergruppe, die als erste Vierbeiner vor Urzeiten den Weg an Land meisterten und uns heute in Form von Frosch, Kröte und Salamander begegnen. Die gute Durchblutung bedingte bei ihnen eine effektive Hautatmung. Bei uns verrät sie Gefühle, wenn wir vor Scham erröten oder vor Neid erblassen. Besonders gut sichtbar wird sie an unseren Lippen, wo die Papillen besonders hoch und stark durchblutet sind.

An der Grenze zwischen Leder- und Unterhaut befinden sich beim Menschen auch die insgesamt etwa 2 Millionen Schweißdrüsen mit winzigen, für das bloße Auge nicht sichtbaren Ausführöffnungen, den eigentlichen Poren. Besonders stark konzentriert sind sie an Stirn, Handteller und an den Fußsohlen, wo bis zu 400 Stück auf einem Quadratzentimeter vorkommen können.

Der von ihnen produzierte und abgegebene farblose Schweiß besteht zu 99 Prozent aus Wasser. Gleichzeitig bewirkt die Kälte, die bei der Verdunstung des Wassers entsteht, eine Kühlung des Körpers. Diese effektive Klimaan-

Gänsehaut

In der Leder- und zum Teil in der Unterhaut wurzeln unsere bis zu 6 Millionen Haare. Jedes ist von einem speziellen Muskel umgeben, der uns bei Wut, Angst und Rührung die Haare zu Berge stehen lässt.

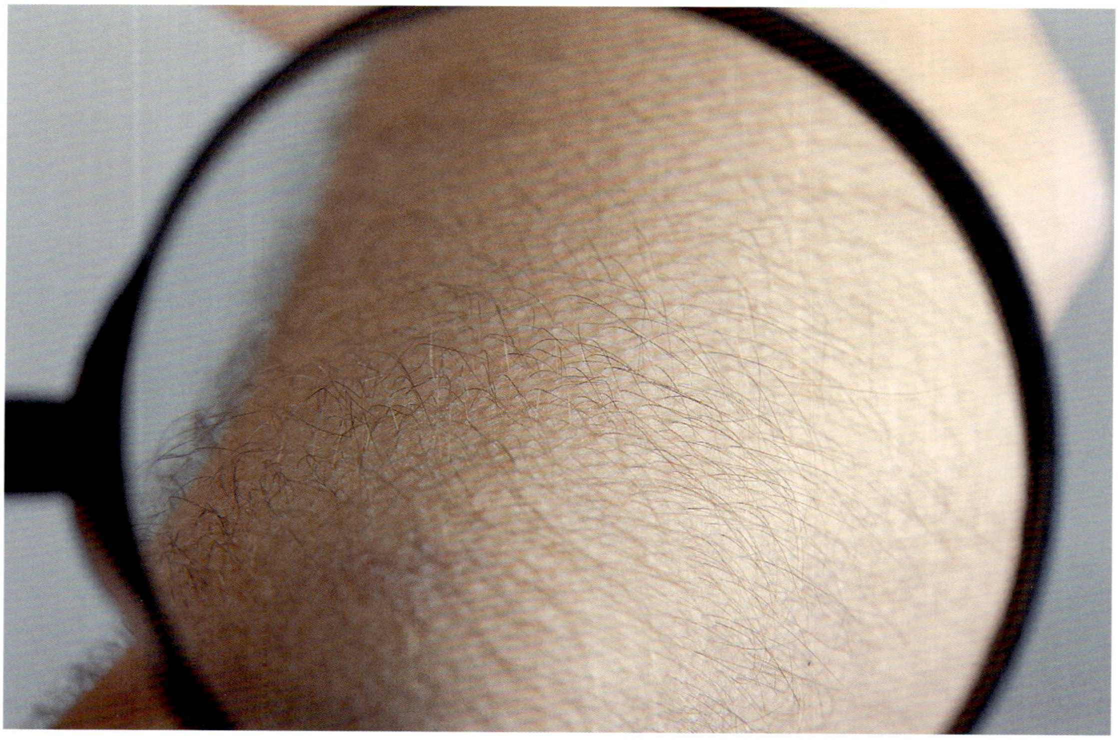

Gänsehaut auf dem Unterarm eines Mannes.

lage trug maßgeblich zum Erfolg unserer Vorfahren in der heißen afrikanischen Ursprungsregion der Menschheit bei.

Weitere Bestandteile des Schweißes sind unter anderem Salze, Harnstoff, Milchsäure sowie besondere Eiweiße mit Abwehrfunktion, die Immunglobuline und ein natürliches Antibiotikum, das Dermcidin. In ihrer Gesamtheit bildet diese Mixtur den Säureschutzmantel der Haut, der das Bakterien- und Pilzwachstum hemmt. Diese Schutzhülle wurzelt in unserem amphibischen Erbe: Ein besonders eindrucksvolles Arsenal an wehrhaften Drüsensekreten produzieren die Amphibien bis heute. Ihre feuchte, extrem durchlässige Haut würde ohne diesen Schutz Bakterien und Pilzen geradezu paradiesische Lebensbedingungen bieten. Bei den Pfeilgiftfröschen klingt bereits im Namen an, dass es sich um besonders giftige Substanzen handelt, die sogar als Pfeilgifte indigener Jäger Verwendung finden.

Während der Schweiß an den Händen kaum riecht, produzieren spezielle Schweißdrüsen, die auch als Duftdrüsen bezeichnet werden, das eher milchige, dickflüssige Sekret, welches nach Bakterienzersetzung den typischen und individuellen Schweißgeruch jedes Menschen erzeugt. Die Duftdrüsen nehmen ihre Aktivität mit dem Einsetzen der Pubertät auf und sind in den Achselhöhlen sowie im Bereich der Genitalien, des Afters und rund um die Brustwarzen lokalisiert. Wie bei unserer Säugetierverwandtschaft handelt es sich hierbei höchstwahrscheinlich um wichtige Mittler im Dienste der sozialen und sexuellen Kommunikation. Die natürlicherweise hier wachsenden Haare dienten ursprünglich der besseren Verteilung der Duftdrüsensekrete. Für unsere Vorfahren dürften diese individuellen Duftnoten eine wesentlich größere Rolle gespielt haben als für uns, die wir dem Körpergeruch täglich mit Duschgel, Deodorant und Rasierer zu Leibe rücken. Insgesamt kann ein Mensch jährlich bis zu 300 Liter Schweiß absondern.

In der Tiefe – die Unterhaut

In der tiefsten und abschließenden Schicht der Haut, der Unterhaut, wird Fett gespeichert. Da Fette schlechte Wärmeleiter sind, trägt diese Schicht wesentlich zur Isolierung des Körpers bei und lagert außerdem Brennstoff für nahrungsarme Zeiten ein. Je nach Ernährungszustand kann diese Schicht weniger als 1 Millimeter bis mehrere Zentimeter dick sein. Beachtliche Ausmaße von bis zu einem halben Meter zeigt sie beispielsweise bei den Glattwalen. Diese dicke Fettschicht war einer der Auslöser für den Walfang, denn aus ihr konnte Tran als Lampenbrennstoff gewonnen werden.

Die Haut ist in ihrer Gesamtheit ein Musterbeispiel für Regenerationsfähigkeit: Wird sie verletzt und ist nicht großflächig geschädigt, ist sie in der Lage, sich selbst zu reparieren. Je nach Tiefe der Verletzung setzen die Zellen am Rand der Wunde eine Mischung aus Wachstumsfaktoren und Signalstoffen frei, die eine Kaskade von Reparaturmaßnahmen nach sich zieht. Diese Heilungsvorgänge sind für uns in Form von Juckreiz spürbar. Je nach Tiefe der Wunde werden in der Keimschicht oder aber von den Rändern her durch Teilung neue Zellen gebildet. Kleine Wunden können so verschlossen werden, ohne bleibende Spuren zu hinterlassen. Bei größeren Wunden kann es zur Bildung von sichtbaren Narben kommen, das heißt, die Haut wird vorrangig verschlossen, enthält viel Gewebe, aber keine Haare, Nerven und kein Pigment. Die Fähigkeit des menschlichen Körpers zum schnellen, mitunter chaotisch wirkenden Wundverschluss dürfte für viele unserer Vorfahren bei Verletzungen lebensrettend gewesen sein.

Schlussendlich kann die Haut auch nach dem Ableben ihres Besitzers noch gute Dienste leisten: So existierte in Island im 17. Jahrhundert ein magischer Brauch, seine Haut als Glücksspender weiterzuvererben.

Die zwei Gesichter der pflanzlichen Zellwand – Stabilität und Flexibilität

EILEEN DWORACZEK

Kaum ein anderer Teil des pflanzlichen Körpers hat so viele gegensätzliche Eigenschaften wie die Zellwand: Sie grenzt Zellen gegeneinander ab und lässt zugleich Aussparungen, über die die Zellinhalte miteinander verbunden sind. Sie ist dehnbar und sorgt gleichzeitig für die Stabilität und Festigkeit einer Pflanze. Während sie für viele Stoffe passierbar ist, können andere diese Barriere nicht überwinden.

Die Zellwand als Verpackung der pflanzlichen Zelle

Eine pflanzliche Zelle ist in ihrem Inneren zu einem großen Teil von einer mächtigen Vakuole ausgefüllt, die vor allem als Wasserspeicher fungiert. Gemeinsam mit den anderen, deutlich kleineren Zellorganen wie dem Zellkern (eine Art Kommandozentrale), den Chloroplasten (Ort der Fotosynthese) und den winzigen Energiefabriken (Mitochondrien) liegt sie im Zytoplasma, der Grundsubstanz der Zelle. Dieses wird nach außen von einer Membran umhüllt. Als formgebendes Skelett ist die Zelle schließlich von der Zellwand umgeben, die diese mit reißfesten Strukturen aus Cellulose umschließt und somit die eigentliche Verpackung einer pflanzlichen Zelle darstellt. Innerhalb eines Gewebes sind zwei benachbarte Zellen über die sogenannte Mittellamelle miteinander verbunden bzw. gegeneinander abgegrenzt. Hier finden sich die Tüpfel, die im Vergleich mit tierischen Geweben eine Besonderheit darstellen. Sie sind Aussparungen aus der Zellwand, die ähnlich wie die Poren in einem Sieb durchlässig sind und über die die Innenräume benachbarter Zellen ihren Inhalt (wie Signale oder Nährstoffe) austauschen können. Bei Tieren gibt es ähnliche Verbindungsstellen, die jedoch deutlich kleiner sind. Folglich können nur kleinere Moleküle problemlos von einer in die nächste Zelle gelangen. Durch die Tüpfel sind fast alle Zellen eines pflanzlichen Individuums miteinander verbunden und funktionieren somit als Einheit. Außerhalb dieses Raumes befinden sich nur die Zellwand und die luftgefüllten Zellzwischenräume.

Schicht um Schicht – Aufbau der Zellwand

Während des Lebens einer Zelle verändern sich die Struktur und Zusammensetzung ihrer Wand, wobei sie verschiedene Schichtungen aufweisen kann. Junge Zellen, die sich noch im Wachstum befinden, besitzen sogenannte Primärwände. Die chemischen Hauptbestandteile sind diverse Vielfachzucker (Cellulose, Hemicellulosen und Pektine) sowie Proteine (Eiweiße). Cellulose liegt in parallel angeordneten Bündeln vor und wird am Ort des Bedarfs gebildet. Dabei geht sie komplexe Verbindungen ein, die für die Reißfestigkeit der Zellwand verantwortlich sind. In ausgewachsenen Zellen wird nach innen (zur Zelle hin) eine Sekundärwand aufgelagert, in der der Anteil an Cellulose gegenüber der Primärwand deutlich erhöht ist. Während er bei jungen Zellen bei etwa zehn Prozent liegt, nimmt die Menge an Cellulose bis auf 90 Prozent in Sekundärwänden zu. Damit wird die Wand der Funktion angepasst: Anstatt noch flexibel und umbaufähig zu sein, dient sie in älteren Zellen der Stabilität des Pflanzenkörpers. Somit trägt die Verpackung einer jeden Zelle zum Aufbau der ganzen Pflanze bei.

siehe links:
Baumscheibe mit Jahresringen.

Die innerste Schicht wird oft als Tertiärwand bezeichnet. Ihre chemische Zusammensetzung ist erneut verändert, sodass sie die Zellwand nach innen abdichtet.

Die Besonderheit der Zellwände ist, dass diese auch nach dem Absterben des Zellinneren erhalten bleiben. Dieses Absterben findet meist bereits bei der Bildung der Sekundärwand statt. Einmal gebildete Wände werden nur selten wieder aufgelöst, da Pflanzen die Cellulose nicht selbst aufspalten können. Einzig die Darmsekrete mancher Pflanzenfresser enthalten das dafür nötige Enzym.

a) Wurzelquerschnitt der Stechwinde (*Smilax* spec., Stechwindengewächse) und (b) Ausschnitt mit u-förmig verdickten Zellwänden der Endodermis.

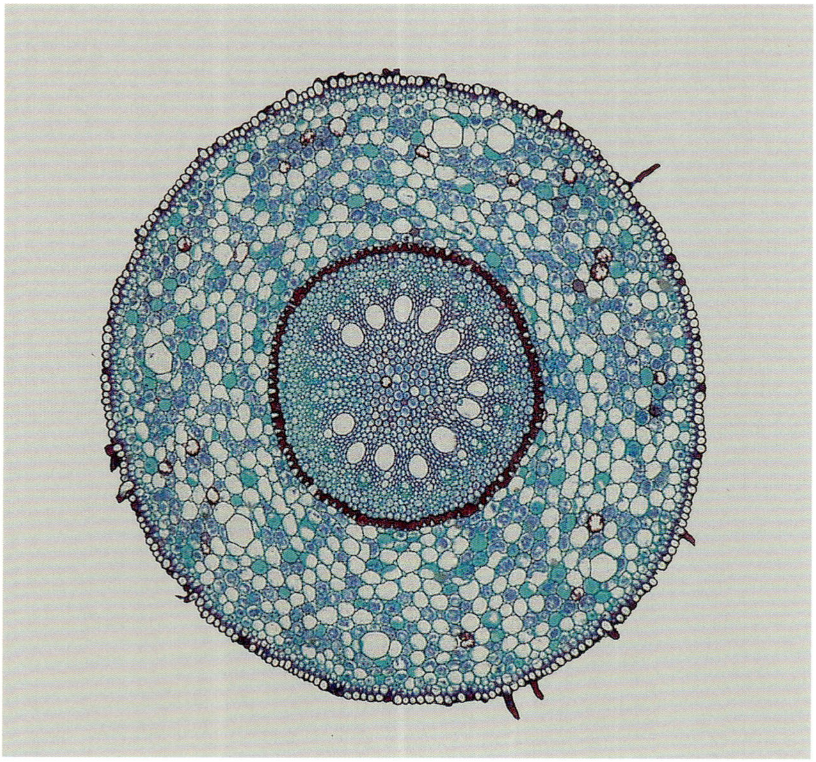

a

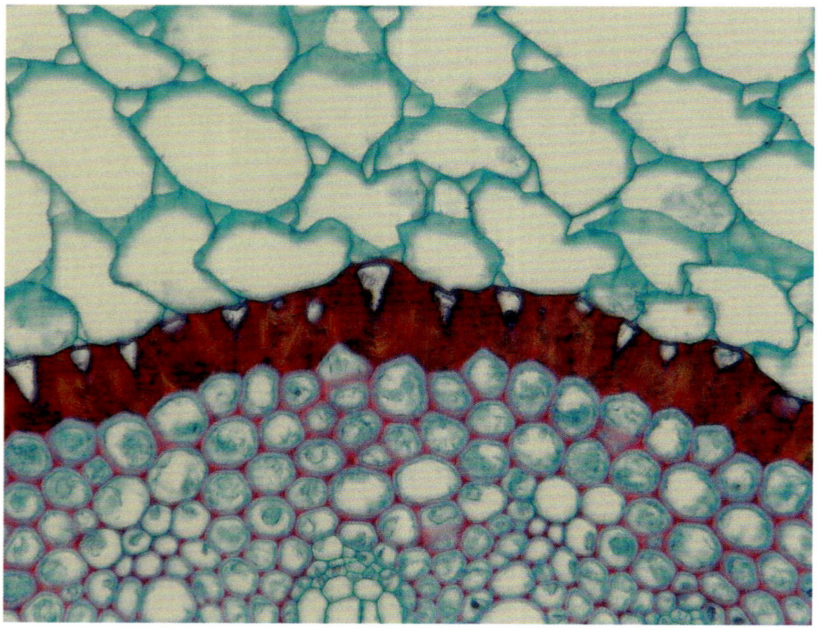

b

Variable Verdickung – variable Funktion

Die Wandverdickung einer Zelle muss nicht überall gleichmäßig sein. Sie kann auch lokal, beispielsweise in den Ecken einer Zelle oder an den parallel zueinander liegenden Wänden auftreten. Diese Verdickungen, die stets mit einer erhöhten Stabilität des Gewebes einhergehen, findet man in jungen Pflanzenteilen, die sich noch im Wachstum befinden, und bei denen eine Dehnung und Wachstum der Zellen noch möglich ist.

In älteren Zellen findet man sekundär verdickte Zellwände, die meist gleichmäßig an Stärke zunehmen. Der Mensch macht sie sich auf vielen Wegen zunutze.

Aber auch sekundär verdickte Zellwände können ungleichmäßig auftreten, so beispielsweise in den u-förmig verdickten Endodermiszellen mancher Wurzeln. Die Endodermis ist eine besondere Zellschicht, die der Stabilität und als Grenzkontrolle dient. Alle aus dem Boden aufgenommenen Stoffe werden in der Wurzel nach innen transportiert, doch nur die benötigten dürfen die Endodermis passieren und werden schließlich in der ganzen Pflanze verteilt. So wird verhindert, dass sich schädliche Substanzen in der Pflanze ausbreiten.

Stabilität versus Elastizität

Bereits im primären Zustand wirkt die Zellwand als Gegenspieler zum Wasserspeicher der Zelle, der Vakuole. In dieser sind auch verschiedene Salze gespeichert, sodass immer mehr Wasser in die Zelle eindringen und diese irgendwann platzen würde. Dank der Zellwand ist dieser stetigen Wasseraufnahme eine natürliche Grenze gesetzt. Dies kann eindrucksvoll gezeigt werden: Wird die Wand in Versuchen vom Zellinneren gelöst, nimmt dieses zunächst eine kugelige Gestalt an, bis nach einiger Zeit die Zellmembran bei andauernder Wasseraufnahme zerreißt. Die Stabilität besonders nicht verholzter Pflanzen ergibt sich also aus einem Zusammenspiel von Wasseraufnahme und Zellwand. Dass Letztere nicht alleine als formgebendes Gerüst anzusehen ist, lässt sich einfach beobachten: Ein frisch gepflückter Blumenstrauß beginnt nach kurzer Zeit zu welken, wenn die Pflanzen nicht mit ausreichend Wasser versorgt werden und so die Turgeszenz der Zellen nicht mehr gesichert ist. Das Wasser entweicht dann aus den Zellen, diese ziehen sich zusammen und Blätter und Stängel beginnen zu hängen.

Als Sekundärwand dient die Zellwand hauptsächlich der Stabilität des Pflanzenkörpers. Was wir als Holz ansprechen, ist nichts anderes als die Zellwände des abgestorbenen, wasserleitenden Gewebes eines Baumes. Auch die Jahresringe, die uns das Alter eines Baumes verraten, hängen unter anderem mit der Gestalt der Zellwand zusammen: Während im Frühjahr große Zellen gebildet werden, deren Wände eher dünn und deswegen auch nicht besonders stabil sind, entstehen in der kalten Jahreszeit kleine Zellen mit sehr dicken Wänden. Der plötzliche Wechsel zu den großen Zellen im nächsten Frühling wird für uns dann als Jahresgrenze sichtbar.

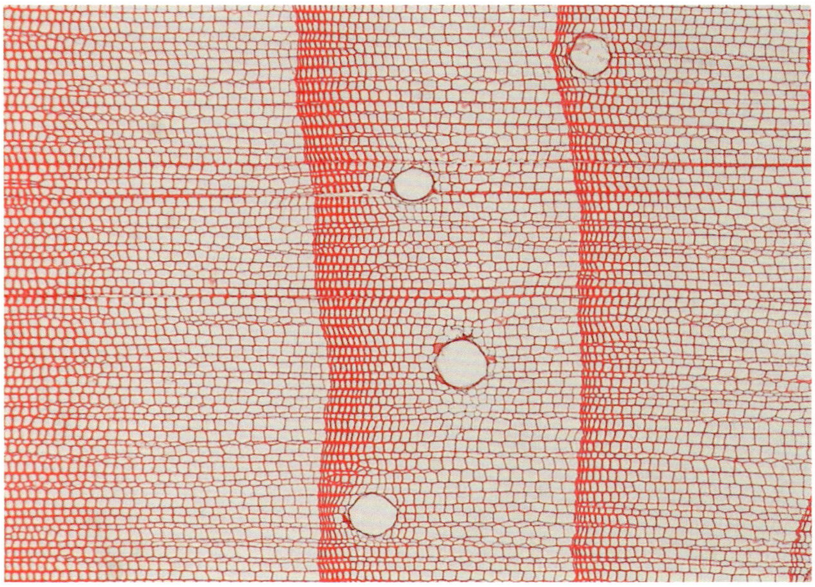

Zelluläre Jahresgrenzen bei einer Kiefer (*Pinus* spec.).

Hoch hinaus – dank der stabilen Zellwand

Modifikationen der pflanzlichen Zellwand, wie beispielsweise der Einbau von Lignin (wassermeidendes Polymer), sorgen zusätzlich für die nötige Stabilität der ausdauernden Pflanzen. Dabei geht das Lignin eine komplexe Wechselwirkung ein: Während die Cellulosefasern der Zellwand für die Flexibilität des Gewebes sorgen, stellen die Lignineinlagerungen die starre Komponente dar und dienen so der Druckfestigkeit. Durch seinen wasserabweisenden Charakter bewahrt es die Zellwand vor dem Eindringen von Wasser, sodass dieses im Zellinneren verbleibt. Lignin ist nur schwer abbaubar und schützt somit auch vor der Auflösung des pflanzlichen Gewebes durch Mikroorganismen.

Wie ihr Name schon verrät, zählen die Mammutbäume zu den Weltrekordhaltern in Sachen Wachstum. Der derzeit höchste Baum der Erde, ein Küstenmammutbaum (*Sequoia sempervirens*), ist mit über 115 Meter ein wahrer Gigant. Wie viele seiner Artgenossen wächst er in Kalifornien in einem regenreichen Küstenstreifen. Riesenmammutbäume hingegen leben in trockenen Wäldern, in denen es häufig zu Waldbränden kommt. Sie sind Pyrophyten und haben sich im Laufe der Evolution an diesen besonderen Lebensraum angepasst. Ihre faserige Rinde schützt sie vor dem Feuer, sodass sie dieses unbeschadet überstehen. Die Zapfen entlassen ihre Samen meist erst bei großen Hitzeeinwirkungen. Fallen diese dann zu Boden, herrschen dort nach einem Waldbrand die besten Keimbedingungen vor: Die Erde ist nun reich an Mineralien, und da die meisten Konkurrenten verbrannt sind, sind auch die Lichtbedingungen optimal.

Küstenmammutbäume an der „Avenue of the giants" (USA).

Verschiedene andere Stoffe, darunter Suberin, Cutin und Wachse, werden spezifisch an bestimmten Orten der Pflanze in die Zellwände ein- bzw. aufgelagert. Diese zusätzliche Verpackung dient meist als Barriere und schützt die Pflanze vor übermäßigem Wasserverlust oder reguliert den Wassertransport durch den Pflanzenkörper. Gewebe mit wasser- und oft auch gasundurchlässigen Eigenschaften können von Pflanzen auch nach Verletzungen der äußersten Schichten, zum Beispiel an einem Baumstamm, gebildet werden. Der Mensch hat diese Eigenschaft für sich entdeckt und nutzt die Korkeiche (*Quercus suber*, Buchengewächse) beispielsweise für die Herstellung von Korken für Wein- und Sektflaschen.

Zellwände im Alltag

Beim Verzehr von Birnen fallen sie manchmal auf – während das übrige Fruchtfleisch zart auf der Zunge zergeht, gibt es da auch diese rauen Strukturen, die oft schon mit bloßem Auge sichtbar sind: Es handelt sich um Gruppen aus Steinzellen, die knapp unter der Schale der Birne liegen. Bei diesen Zellen ist nur noch ein kleiner Innenraum vorhanden, da ihre Wandverdickungen so mächtig sind. Die einzelnen Schichten der Wände lassen sich schon bei geringer Vergrößerung beobachten. Oft findet man Steinzellen als Festigungsstrukturen (etwa in Nussschalen), ihre Funktion im Fruchtfleisch von Birne, Quitten oder den Knollen von Dahlien ist jedoch unbekannt.

Häufiger als mit den Steinzellen haben wir es jedoch mit einem Vertreter der Faserpflanzen zu tun. Die folgenden Beispiele haben gemeinsam, dass es sich bei den Fasern stets um sekundär verdickte Zellen handelt, die die Leitbündel, die Transportwege der Pflanzen, umgeben. In den Leitbündeln werden das aus dem Boden aufgenommene Wasser zu den

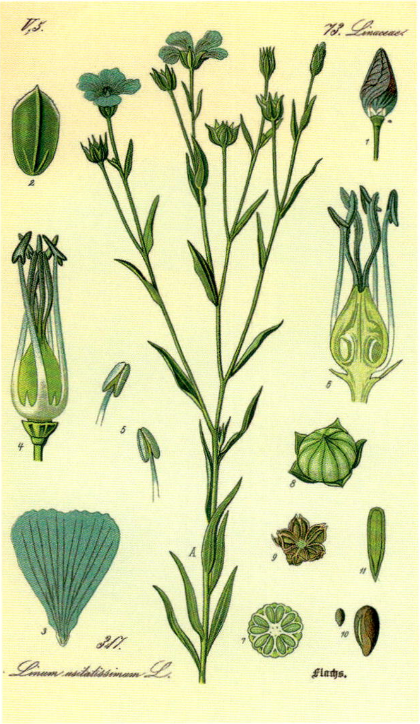

Flachsernte und Flachspflanze.

Blättern und die Fotosyntheseprodukte (wie Stärke) aus den Blättern in die übrige Pflanze verteilt. Flachs (Leinen, *Linum usitatissimum*, Leingewächse) und Hanf (*Cannabis sativa*, Maulbeergewächse) wurden früher für Textilien, in der Schifffahrt und Papierherstellung verwendet. Sie sind jedoch in ihrer Verarbeitung sehr aufwendig und wurden deshalb schließlich durch Baumwolle verdrängt. Heute fließt der größte Anteil des produzierten Leinens in die Textilindustrie, wogegen man Hanf hauptsächlich als Dämmstoff beispielsweise beim Hausbau antrifft.

Die Fasern der genannten Arten werden aus dem Stängel der Pflanzen gewonnen, während die nachfolgenden aus den Blättern stammen. Manilahanf (Faserbanane, *Musa textilis*, Bananengewächse) und Sisalhanf (*Agave sisalana*, Agavengewächse) werden für die Produktion von Papier für Filter und Zigaretten sowie für Fischernetze und Hängematten verwendet. Auch handelsübliche Teebeutel werden aus Manilahanf produziert – mit diesen Beispielen wird deutlich, wie sich der Mensch die Verpackungen der Pflanzenzellen selbst zunutze macht.

In erster Linie begegnen uns pflanzliche Zellwände im Alltag sicherlich in den vielen Produkten aus Holz, die sich um uns herum befinden. Möbel, Baustoffe, Musikinstrumente und Küchenutensilien sind nur der Anfang. Aus Holz entsteht auch Papier, das wir für Zeitungen, Werbeplakate und in der Kosmetik benötigen. Und schließlich wäre auch dieses Buch ohne pflanzliche Zellwände kaum herstellbar.

Faserbanane und Teebeutel.

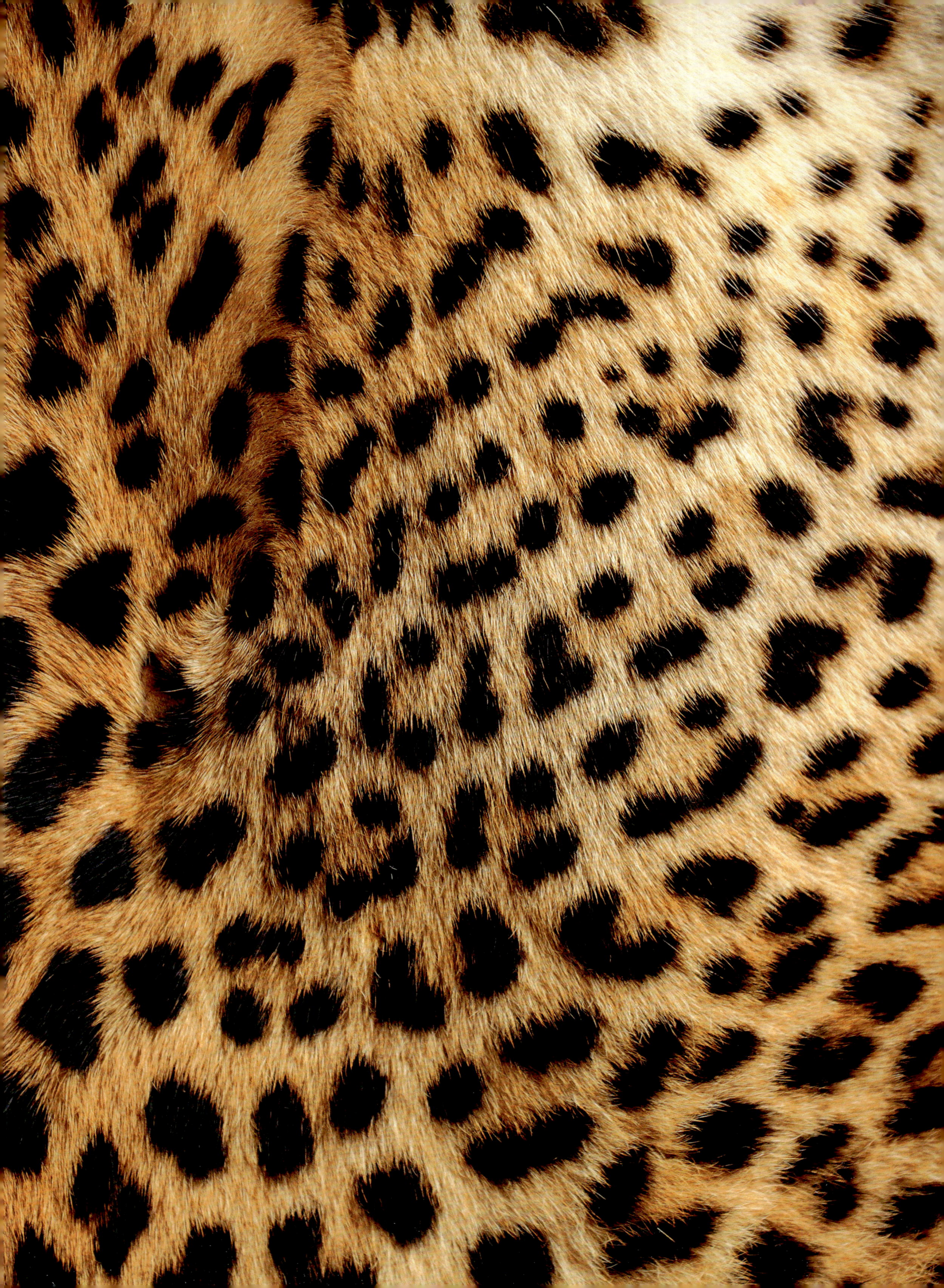

Das Fell – gut gekleidet in allen Lebenslagen

MAIKE DREWING

siehe links: Leopardenfell.

Wir stylen es, färben es, schneiden es, glätten es, locken es oder entfernen es an unerwünschten Stellen. Die Rede ist von unserem Haar. Dabei haben wir als „nackte Affen“ ohnehin nur klägliche Überreste an Haaren, wenn man uns mit der Mehrheit der anderen Säugetiere auf der Erde vergleicht. Deren Haut ist meist so dicht behaart, dass man bei ihr von Fell spricht. Unsere Säugetierkollegen wissen ihr Fell dabei viel mehr zu schätzen als wir das unsere, denn es leistet ihnen hervorragende Dienste bei der Kommunikation, dem Schutz vor Verletzungen, der Tarnung und der Regulierung der Körpertemperatur.

Der Aufbau des Haares

Wer ein Zebra oder auch ein flauschiges Bärenkind betrachtet, findet deren Fell vermutlich schön oder auch interessant. Nur wenige denken wohl daran, dass jedes einzelne Haar, das zum Fell beiträgt, bereits ein Meisterstück der Natur darstellt.

Längs betrachtet kann man das Haar in den Haarschaft, die Haarwurzel und die Haarzwiebel unterteilen. Mit dem Haarschaft meint man den Teil des Haares, der aus der Haut herausragt und somit von außen zu sehen ist. Im Gegensatz dazu bezeichnet die Haarwurzel den Teil des Haares, der es tief in der Haut verankert. Die Haarwurzel ist an ihrer in der Unterhaut befindlichen Basis zur sogenannten Haarzwiebel verdickt, mit der sie fest auf der vom Bindegewebe gebildeten Haarpapille sitzt. Dabei bezeichnet man Haarzwiebel und Haarpapille zusammen als Haarfollikel. Dieser Haarfollikel wird von feinsten Gefäßen durchblutet und so mit allen nötigen Nährstoffen versorgt. Der Kanal, in dem das Haar verläuft, wird Wurzelscheide genannt. Eine Hautschicht weiter oben, in der Lederhaut, befindet sich an jedem Haar eine Talgdrüse, welche in die Wurzelscheide mündet und so für einen schützenden Fettfilm auf dem Haar sorgt und dafür, dass wir uns öfter mal die Haare waschen müssen. Unter der Talgdrüse „umgreift“ der Haarmuskel die Wurzelscheide, welcher es ermöglicht, das Haar aufzurichten. Letztlich ist die Haarwurzel außerdem mit einer Nervenmanschette versehen, welche als Haarfollikelrezeptor zum Tastsinn beiträgt. Wir spüren es, wenn man uns Haare ausreißt, aber wir merken es ebenso, wenn das Haar bloß von einem Luftzug abgelenkt wird. Wer sich rasiert, kann im Vergleich zur unrasierten Haut auch feststellen, dass die rasierte Haut weniger empfindsam ist. Das liegt daran, dass die Haarfollikelrezeptoren durch das Rasieren ihrer „Messhaare“ beraubt werden und so nicht mehr bei der Wahrnehmung mithelfen können. Der Bereich der Haarwurzel, an dem das Haarwachstum stattfindet, wird als Matrix bezeichnet. Hier bilden teilungsfreudige Zellen, die Matrixzellen, kontinuierlich neue Haarzellen, die Stück für Stück nach oben geschoben werden und als Haarschaft aus der Kopfhaut heraus ragen. In der Matrix befinden sich auch die Farbpigmente produzierenden Melanozyten, die für die Haarfarbe sorgen.

Der Haarschaft lässt sich im Querschnitt in drei Regionen unterteilen, nämlich in Schuppenschicht, Faserschicht und Markkanal. Die Schuppenschicht ist die äußerste Schicht des Haares und wird von abgestorbenen, verhornten Zellen gebildet, die sich überlappend rings um das Haar anordnen, weshalb es unter dem Mikroskop gesehen Ähnlichkeit mit einem Tannenzapfen besitzt. Die Schuppenschicht hat übrigens nichts mit den unbeliebten Kopfschuppen zu tun, bei denen es sich um vermehrt auftretende Hautschuppen der Kopfhaut handelt. Die nach innen gehend nächste Schicht des Haares ist die Faserschicht. Sie ist aus unzähligen, kleinen Keratinfasern aufgebaut, die dem Haar seine Elastizität und Widerstandskraft verleihen. Welche Farbe das Haar besitzt, wird hier entschieden, da in dieser Schicht die von den Melanozyten in der Haarwurzel gebildeten Pigmente eingelagert sind. Wenn wir mit der Zeit ergrauen, liegt das daran, dass die Melanozyten ihren Dienst einstellen, somit entsprechend weniger Pigmente eingelagert werden und stattdessen vermehrt Gasbläschen in die Faserschicht eingebaut sind. Im Zentrum des Haarschaftes sitzt schließlich der Markkanal des Haares, welcher von Markzellen gebildet wird. Nicht jedes Haar verfügt über einen Markkanal, dünne Haare müssen ohne auskommen. Er lockert die Haarstruktur auf, da er unregelmäßig angeordnet ist und auch in seiner Breite variiert.

Was ein Fell ausmacht

Viele Haare zusammen ergeben als dichtes Haarkleid ein Fell. Dabei zeigt sich aber, dass Haar nicht gleich Haar ist. So unterscheidet man im typischen Säugerfell die oberen Deckhaare, wiederum unterteilt in Leit- und Grannenhaare, und die darunterliegenden Wollhaare. Die langen, einzeln stehenden, festen Leithaare geben dem Fell seine Struktur und können aufgerichtet werden. Die Grannenhaare sind nicht ganz so lang und steif wie die Leithaare, besitzen dafür aber im oberen Drittel eine Verdickung, womit sie das Fell in puncto Volumen unterstützen. Die Wollhaare sind kürzer als die anderen Haare, dafür aber besonders weich, gewellt und zahlreich, womit sie die mehr oder minder plüschige Unterwolle bilden, die für eine gute Wärmeisolierung sorgt.

Bei den meisten Säugern wachsen die Haare in einem bestimmten Winkel (etwa zwischen 30° und 60°) aus der Haut heraus, was dahingehend praktisch ist, dass durch diese gemeinsame Ausrichtung Wasser besser abfließen kann. Gegen diesen Strich gestreichelt zu werden, scheint weniger angenehm zu sein, da unter anderem Hunde und Katzen darauf alles andere als begeistert reagieren. Manche Säuger haben jedoch in Anpassung an ihre Lebensart keine Vorzugsrichtung, mit der ihre Haare wachsen. So kann der Maulwurf beispielsweise problemlos in seinen engen Erdgängen vorwärts und rückwärts laufen, ohne dass ihm die Bewegung unangenehm würde.

Menschen haben ihr Fell weitgehend verloren. Nach dem aktuellen Stand der Wissenschaft war die Evolution nackter Haut eine Reaktion auf veränderte Klima- und Umweltbedingungen. Auf Nahrungssuche waren unsere Vorfahren bei hohen Temperaturen lange unterwegs. Dies ließ sich nur aushalten, wenn sie dazu in der Lage waren, sich durch Schwitzen Abkühlung zu verschaffen. Forschungen ergaben, dass der Fellverlust wahrscheinlich zeitgleich damit erfolgte, dass die Hominiden einen anderen, uns ähnlicheren Körperbau erhielten und zu begabten Jägern wurden, was ein bedeutender Schritt zu unseren großen, hoch entwickelten Gehirnen darstellt.

Alle Säugetiere sind dem Haarwechsel unterworfen, worunter man das durch zyklisches Haarwachstum verursachte Ausfallen von Haaren und das gleichzeitige Nachwachsen neuer Haare versteht. So verlieren Menschen beispielsweise täglich ungefähr 50 bis 100 Haare. Erfolgt der Haarwechsel verstärkt zu bestimmten Zeiten im Jahr als Anpassung an die Klimaveränderungen, spricht man von Fellwechsel. Dabei ist das Sommerfell ein leichteres, dünneres Fell, um eine Überhitzung des Tiers in der heißen Jahreszeit zu verhindern, während das Winterfell besonders dicht und warm ist, um vor dem Frieren zu schützen. Neben der unterschiedlichen Dicke des Fells kann dabei auch ein Farbwechsel stattfinden, wie es zum Beispiel bei Polarfuchs und Schneehase der Fall ist. Man spricht hierbei von Saisondimorphismus.

Mit Haaren und Fell gut geschützt durch das Leben

Bei diesem ruhenden Trampeltier kann man gut die langen dichten Wimpern an den Augen erkennen, die für Kamele typisch sind.

Haare und Fell beschützen uns Säugetiere vor allerlei Unannehmlichkeiten. So sorgen unsere Nasenhaare dafür, dass beim Einatmen keine unerwünschten Partikel zu den empfindlichen Schleimhäuten oder in die Lunge gelangen und unsere Wimpern schützen unsere sensiblen Augen vor mechanisch verursachten Schäden. Besonders eindrucksvoll sind dabei die Wimpern der Kamele. Da sie in den Wüstenregionen der Erde ständig mit fliegendem Sand konfrontiert sind, haben sie besonders dichte Wimpern.

In einem dichten Fell angeordnet schützen Haare generell vor Verletzungen der Haut. Menschen müssen dazu Kleidung tragen, unsere bepelzten Säugetierkollegen hingegen sind rund um die Uhr durch ihr dichtes Haarkleid geschützt.

Igel gehen noch einen Schritt weiter. Bei ihren Stacheln handelt es sich um spezialisierte, hohle Haare. Droht Gefahr, rollt der Igel sich zum Schutz seiner unbewährten Körperregionen zusammen und bietet dem Fressfeind nur die stachelige Rückseite als Angriffsziel, was den hungrigen Eindringling oft aufgeben lässt.

Stachelschweine sind hier sogar noch offensiver. Ihre Stacheln sind die längsten unter allen Säugetieren. Neben Haaren und Borsten, das heißt besonders steifen und elastischen Haaren, finden sich in ihrem Fell verschiedene Stacheln, wobei es sich um noch härtere, spitz zulaufende Haare handelt. In der Nähe des Stachelschweinschwanzes bilden die Stacheln konzentrische Ringe. Bei Gefahr richtet das Stachelschwein diesen Stachelkranz auf, nimmt Drohhaltung ein und schüttelt seinen Schwanz, wodurch die Stacheln aneinanderschlagen und ein lautes Rasseln erzeugen. Wer sich davon nicht abschrecken lässt, bekommt die eindrucksvollen Stacheln im Ernstfall auch zu spüren. Dabei ist es ein weitverbreiteter Irrglaube, dass die Stachelschweine mit ihren Stacheln schießen würden, sie fallen jedoch aus, sobald sie im Ziel stecken. Wenn ein solcher Stachel steckt, ist er außerdem schwer wieder zu entfernen, weil er mit vielen kleinen Widerhaken versehen ist. Forscher haben diese Stacheln näher untersucht und festgestellt, dass die Widerhaken so positioniert sind, dass sie das Eindringen in Gewebe erheblich vereinfachen. Man kann sie in ihrer Funktionalität beim Eindringen mit den Zähnen in einem Sägeblatt vergleichen, welche das Sägen ebenfalls deutlich erleichtern.

Dieses Stachelschwein ist nicht in Angriffslaune. Dennoch kann man seine bemerkenswerten Stacheln gut erkennen.

Für jedes Wetter passend gekleidet

Säugetiere haben Körpertemperaturen zwischen 36 und 38 °C. Diese konstant zu halten ist allerdings gar nicht so einfach, wenn man Wind und Wetter ausgesetzt ist. Das Fell erweist sich dabei als eine gute Taktik, den Wärmeaustausch mit der Umwelt zu regulieren.

So ein Wärmeaustausch kann auf verschiedenen Wegen vonstattengehen. Er kann über Wärmeleitung bei direktem Kontakt mit einem anderen Körper oder einem Fluid, das heißt einer Flüssigkeit oder einem Gas erfolgen.

Ebenso kann Wärme durch Konvektion, also durch ein strömendes Fluid, das die Wärme mit sich führt, ausgetauscht werden. Schließlich wird Wärme durch Wärmestrahlung übertragen, wobei jeder Körper strahlt, dessen Temperatur über dem absoluten Nullpunkt von -273,15 °C liegt.

Dass das Fell den Tierkörper vor einem unerwünschten Wärmeaustausch bewahren kann, liegt an der isolierenden Luftschicht, die durch die dichten Haare festgehalten wird. Luft wiederum ist ein schlechter Wärmeleiter und besitzt nur eine geringe Wärmekapazität, sie kann nur wenig Wärme aufnehmen.

Somit findet bei direktem Körperkontakt durch ein dickes Fell bedeutend weniger Wärmeleitung statt. Dies macht sich etwa der Eisbär zunutze, der sogar behaarte Fußsohlen hat, wodurch er keine kalten Füße bekommt und außerdem eine bessere Bodenhaftung erreicht. Er trägt gewissermaßen die idealen Winterstiefel.

Wärmeströmung hat bei Fellträgern ebenfalls schlechtere Karten. Da die Luftschicht weitgehend im Fell gehalten wird, findet kaum eine Luftströmung statt, die den Wärmeaustausch vermitteln könnte.

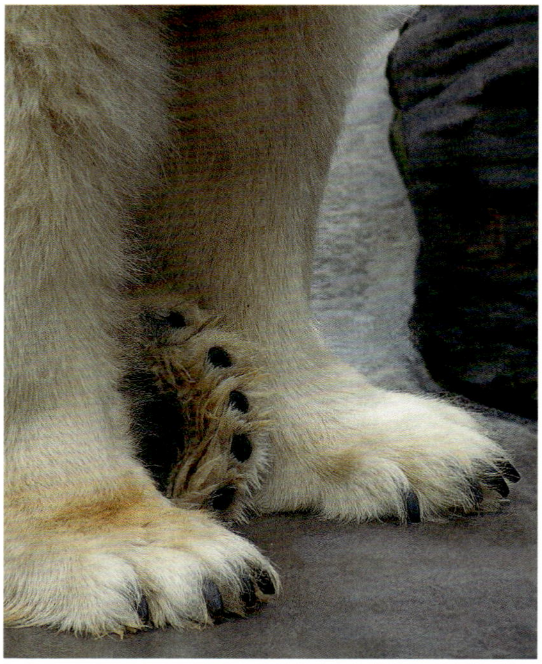

Hier zeigt ein Eisbär seine dicht behaarten Tatzen.

Auch in Bezug auf die Wärmestrahlung spielt Fell eine Rolle. Es bildet eine weitere äußere Oberfläche über der Haut und verhindert somit die direkte Erhitzung des Körpers durch Sonneneinstrahlung. Es verhindert ebenfalls, dass die vom Körper ausgesandte Wärmestrahlung ungehindert in dessen Umwelt abgegeben wird. Wer nun annimmt, dass Tiere aus heißen Lebensräumen dünneres Fell tragen, um selbst besser Wärme abgeben zu können, hat im Großen und Ganzen recht. Betrachtet man allerdings Kamele wie das Trampeltier, stellt man fest, dass sie auf dem Rücken sogar sehr stark behaart sind. Dieses stark isolierende Rückenfell bietet Schutz vor der unbarmherzigen Sonneneinstrahlung in der Wüste. Die der Sonne abgewandten Körperpartien der Kamele hingegen sind mit dünnem Fell versehen, um einfacher Wärme abgeben zu können.

Im Gegensatz dazu trägt der Eisbär am ganzen Körper ein dichtes Fell, da er sich in seinem bitterkalten Lebensraum vor zu viel Wärmeabgabe schützen muss. Nach Glogers Regel kann Sonnenstrahlung umso tiefer in ein Fell eindringen, je heller es ist, was dem Eisbären mit seinem weißen Fell und seiner schwarzen, gut absorbierenden Haut einen weiteren Wärmebonus einbringt. Außerdem sind Eisbärenhaare hohl, wodurch die im Fell gehaltene Luftschicht verstärkt wird. Theorien über Leitfähigkeiten dieser Haare vergleichbar zu Glasfasern konnten allerdings nicht bestätigt werden.

Bei der isolierenden Wirkung des Fells spielt die Felldicke und somit die Haarlänge eine wichtige Rolle. Messungen zufolge wird die maximale Fellisolierung bei einer Haarlänge von etwa 5 Zentimetern erreicht, welche der Polarfuchs sehr gut trifft. Längeres Haar kann nicht mehr perfekt aufrecht stehen, was keinen Gewinn für das isolierende Luftpolster bedeutet, dafür aber Regen besser ablaufen lässt.

Die Dicke des Luftpolsters im Säugerfell ist kein unveränderlicher Wert. Durch Muskelkontraktion des Haarmuskels können die Haare gesträubt werden, wodurch die schützende Luftschicht verbreitert wird. Umgekehrt werden die Haare angelegt, wenn es einem Säugetier zu warm ist. Bei uns Menschen kann man diese Funktion der Haare ebenfalls gut beobachten, wenn wir Gänsehaut bekommen. Diese stellt allerdings eher eine Erinnerung an bepelzte Vorfahren dar, als dass sie uns vor Wärmeverlust schützen würde, denn dafür ist bei Menschen das Unterhautfettgewebe zuständig.

Dieser südafrikanische Zwergseebär ist an Land bereits etwas getrocknet.

Fettgewebe unter der Haut als Isolierung ist allerdings auch bei anderen Säugern weitverbreitet. Prominente Beispiele sind Wale, Robben und der Eisbär, der neben seinem dicken Fell auch über eine dicke Fettschicht verfügt. Bei Walen und Robben bezeichnet man die mehrere Zentimeter dicke Fettschicht als Blubber. Die Familie der Hundsrobben hat zugunsten der Fettschicht und in Anpassung an das Leben im Wasser nahezu gänzlich auf das Fell verzichten, während die Familie der Ohrenrobben noch immer ein dichtes Fell besitzt, das durch darin eingeschlossene Luftbläschen noch zur Wärmeisolierung im Wasser beiträgt.

Das einzige im Meer lebende Säugetier, das keine schützende Fettschicht besitzt, ist der Seeotter. Er vertraut zur Thermoregulierung voll und ganz auf sein Fell. Es ist das dichteste Fell im gesamten Tierreich und vermag es tatsächlich, ihn im Wasser weiterhin warmzuhalten. Das Problematische an Fell im Wasser ist normalerweise, dass die isolierende Wirkung des Fells zerstört wird, sobald die eingeschlossene Luftschicht durch das kalte und gut leitende Wasser, das außerdem eine hohe Wärmekapazität besitzt, ersetzt wird. Das Seeotterfell ist jedoch so extrem dicht gepackt, dass es Luftbläschen in sich hält und somit die Isolierung nicht zusammenbricht. Der Seeotter hilft dabei aktiv mit, indem er sein Fell pflegt und Luft hineinbläst.

Kleider machen Leute

Neben all dem Schutz vor mechanischen und thermischen „Angriffen" bietet das Fell noch weitere Funktionen wie zum Beispiel die der Tarnung. Ein weißer Polarfuchs wird in einer eingeschneiten Landschaft nicht so leicht gefunden und kann sich so besser vor Fressfeinden schützen, aber auch als Jäger unbemerkt bleiben. Das Sommerfell des Polarfuchses ist beige-braun und bietet ihm so dieselben Vorteile in der nun braungrünen Landschaft. Das Fell des Schneehasen zeigt denselben Saisondimorphismus, nur dass es dem Schneehasen mit seiner Tarnung ausschließlich darum geht, nicht gefressen zu werden. Die Streifen

Welchen Zwecken die Zebrazeichnung auch dient, sie ist auf jeden Fall individuell und kleidsam.

des Tigers wiederum helfen diesem dabei, als Jäger länger unbemerkt zu bleiben, da er so „gekleidet" in der Vegetation seines Lebensraumes kaum auffällt.

So gut wie jeder Mensch weiß, wie Zebras aussehen, und kennt vermutlich auch die gängige Erklärung für das Vorhandensein des Streifenmusters. Diese lautet, dass Jäger es schwer haben, einzelne Zebras auszumachen, wenn sie in der flirrenden Hitze der Savanne ein Meer aus vertikalen Streifen vor sich haben. Experimentelle Bestätigungen dieser Vorstellung sind allerdings rar und Großkatzen fressen nach wie vor sehr gerne und oft Zebras. Forscher haben nun eine alternative Erklärung für das Streifenmuster gefunden. Ihren Ergebnissen zufolge wirkt gestreiftes Fell abstoßend auf Bremsen, sodass entsprechend gestreifte Tiere von den lästigen Plagegeistern verschont bleiben. Die Experimente zeigten weiter, dass die Streifendicke, wie sie bei Zebras vorkommt, die perfekte Breite ist, um für Bremsen so unattraktiv wie möglich zu sein.

Ob Tarnung und/oder Bremsenabwehr, gesichert bleibt auf jeden Fall, dass die Fellzeichnung der Zebras individuell ist und so der Erkennung der Zebras untereinander dient.

Mode mit Message

Eine bestimmte Fellzeichnung kann nicht nur tarnen, sondern auch warnen. Letzteres ist zum Beispiel beim Stinktier der Fall. Der deutliche Kontrast zwischen den schwarzen und weißen Fellpartien ist eine klare Ansage: Wer einem Skunk auf die Pelle rückt, wird es bereuen. Fühlt sich der Skunk bedroht, nimmt er außerdem eine u-förmige Körperhaltung ein, sodass Gesicht und die berüchtigten Analdrüsen beide dem Angreifer zugewandt sind. Wenn der Störenfried noch immer nicht weicht, macht er letztlich Bekanntschaft mit dem übelriechenden Analsekret des Skunks.

Neben solcher Warnfärbung kann Fell auch ohne besondere Färbung klare Signale geben. Eine Katze, die sich bedroht fühlt, macht einen Katzenbuckel und sträubt ihr Fell, was sie größer und bedrohlicher erscheinen lässt. Streifenhyänen legen da noch einen drauf: Wenn sie ihre Rückenmähnen sträuben, gewinnen sie enorm an Autorität.

Fellfarbe vermag es, als Statussignal zu fungieren. So ist bei dem älteren, dominanten Männchen in einer Gorillagruppe das Fell auf den Rücken silbern gefärbt. Ein solcher „Silberrücken" ist der Anführer der Gruppe, er trifft alle relevanten Entscheidungen und schlichtet Konflikte in der Gruppe. Wer silbernes Fell trägt, ist folglich der Chef.

Übrigens dient die gegenseitige Fellpflege bei Affen, aber auch vielen anderen Tierarten, nicht maßgeblich als „Lausen" zur Parasitenentfernung. Man schreibt diesem Verhalten eher soziale Bedeutung zu. So dient das Lausen oder besser das „Grooming" der Paar- oder Gruppenbindung oder auch der Beschwichtigung und wird als angenehm empfunden. Denken Sie also an unsere pelzigen Verwandten, wenn sie das nächste Mal beim Friseur eine Kopfmassage genießen.

Dieser Silberrücken hat als besorgtes Familienoberhaupt seine Familie stets im Blick.

Fruchtschalen – die Frucht verpackt den Samen

ANNA VALERIE KÖCKE

Die Vielfalt der Formen und Farben bei Früchten ist gigantisch; denken wir etwa an die bunten Schalen der Drachenfrüchte (*Hylocereus*), an weiche flexible Schalen, wie die der Bananen (*Musa*), an die wie Seidenpapier ausgeformten zarten Hüllen einiger Schoten (*Lunaria*) oder auch an die harten, holzigen Strukturen von Nüssen. So unterschiedlich Früchte auch sein mögen, immer umgeben Fruchtschalen das kostbarste Gut einer Pflanze, ihren Samen. Die Samen der Mohnblumen (*Papaver*) liegen in einer Kapselfrucht und werden im reifen Zustand wie aus einem Salzstreuer mit dem Wind in alle Richtungen gestreut. Manchmal ist es nicht der Wind, der den Samen transportiert, sondern das Wasser, wie bei der Seerose (*Nymphaea*), deren Früchte Schwimmsäcke ausbilden und den Samen über zwei bis drei Tage auf der Wasseroberfläche tragen. Andere Früchte werden über Haken an der Hülle von umherstreifenden Tieren transportiert, wie die berühmte Klette (*Arctium*) oder zunächst als köstliche Frucht verspeist, wobei die Samen dann an anderer Stelle wieder ausgeschieden werden: Denken wir an die roten Beeren der Eberesche (*Sorbus*), an denen sich die Amseln laben. So vielseitig wie die entsprechenden Fruchtformen sind auch die Wege der Samenausbreitung. Denn eine erfolgreiche Samenausbreitung trägt schließlich dazu bei, dass noch unerschlossene Habitate besiedelt werden können.

Ein Same trägt im ausgereiften Zustand einen winzigen Pflanzenembryo, der aus der sexuellen Verschmelzung einer männlichen und einer weiblichen Keimzelle (Gamet) entsteht. Den Embryo umgibt ein Nährgewebe, welches beim Keimungsvorgang die nötige Energie liefert, bis die ersten Blättchen und Wurzeln der entstehenden Pflanze für sich selbst sorgen können. Dem Nährgewebe liegt die Samenschale auf. Die Frucht enthält einen oder mehrere Samen und ist daher ein den Samen umgebendes Gewebe. Man könnte auch sagen: Die Frucht ist eine Verpackung der Samen. Diese dient in den allermeisten Fällen der Ausbreitung, wobei die Ausbreitungswege offenbar genauso unterschiedlich wie die vielfältigen Fruchtformen sind. Aber nicht alle Pflanzen haben Früchte. Oder doch? Und seit wann gibt es so etwas Spektakuläres wie kunstvoll verpackte Samen in der Natur überhaupt?

Wie die Samen und ihre Verpackungen entstanden sind

Die sogenannten niederen Pflanzen, wie Algen, Moose und Farne haben tatsächlich keine Früchte, noch nicht einmal Samen. Trotzdem können auch sie sich sexuell vermehren. Diese Vorgänge können aber sehr komplex und je nach Gruppe ganz unterschiedlich ausgeprägt sein. Sie sollen hier daher nicht in allen Details beschrieben werden. Kein Nichtbotaniker wird sich allen Ernstes zum Beispiel für die diversen Generationszyklen von Rotalgen interessieren. Der faszinierende und ausschlaggebende Punkt ist: Ein Befruchtungsvorgang, der zur Verschmelzung eines weiblichen Gameten (Eizelle) mit einem männlichen Gameten (Spermatozoid) führt, ist bei Algen und Moosen nur im Wasser möglich. Revolutionär war aus erdgeschichtlicher Perspektive daher die Entstehung der ersten Samenpflanzen, denn diese zeichnen sich durch einen Befruchtungsvorgang aus, der an der Luft stattfinden kann. Der den männlichen Gameten enthaltene Pollen gelangt zu dem weiblichen Gameten, welcher bei den Samenpflanzen die Mutterpflanze nicht verlässt, sondern in der

siehe links:
Trockene Porenkapsel des Klatschmohns, *Papaver rhoeas* – eine Öffnungsfrucht.

Frucht einer *Physalis*, der Blütenkelch umwächst laternenförmig die darin heranreifende Beere – einer Schließfrucht.

Samenanlage verbleibt, worin sich nach erfolgter Befruchtung der Same bilden kann. Dies stellt hinsichtlich des Befruchtungsvorgangs eine gewisse Unabhängigkeit von Wasser dar, wodurch Samenpflanzen das Festland erfolgreich besiedeln konnten. Doch wie erfolgte nun der Transport des männlichen Gameten, der im Pollen heranwächst, zu dem weiblichen Gameten, der sich in der Samenanlage befindet? In vielen Fällen entweder über den Wind oder (in den allermeisten Fällen) mit „tierischer" Hilfe. Der immense Vorteil dieser tierischen Hilfe ist hierbei ein gerichteter Pollentransportmechanismus, der weit unabhängiger davon ist, ob Wind und Wasser zur Verfügung stehen und zudem auch gerichtet über weitere Distanzen möglich ist, zum Beispiel wenn ein Falter ganz bestimmte Blüten aufsucht und dafür weite Strecken fliegt. Belohnt wird er dafür mit süßem Nektar.

Die fleischigen Beeren sind gar keine Beeren, sondern ein aufgeblähter und fleischig gewordener Blütenboden, auf dem die Nüsse aufsitzen. Aus botanischer Sicht handelt es sich bei der Erdbeere (*Fragaria*) daher um eine Sammelnussfrucht.

Die ersten Samenpflanzen gab es bereits vor über 350 Millionen Jahren im Karbonzeitalter. Damals herrschten mächtige Sumpfwälder vor, von denen wir noch heute abhängig sind, denn aus der Fossilisierung (Karbonisierung) dieser Pflanzenbestände entstanden die heutigen immensen, aber immer knapper werdenden Mineralölvorkommen. Die Wälder damals bestanden aus heute weitestgehend ausgestorbenen Arten, von riesigen Schachtelhalmen über Farne, Bärlappgewächse, Kalamiten und am Ende des Karbonzeitalters auch aus Nadelbäumen. Früchte, im Sinne einer den Samen umgebenden Ausbreitungseinheit, trugen diese Pflanzen jedoch nicht. Diese entstanden erst bei einer ganz bestimmten Pflanzengruppe, die erst später auftrat, etwa zur Kreidezeit vor über 60 Millionen Jahren, bei den sogenannten Bedecktsamern (Angiospermae) oder auch als Blütenpflanzen (Magnoliopsida) bezeichneten Klasse. Eine Blüte der Magnoliopsida besteht aus Hüllblättern, die sich um die reproduktiven Organe einer Pflanze, dies sind die Frucht- und Staubblätter, herum anordnen. Die Fruchtblätter der Blütenpflanzen, welche die Samenanlage hervorbringen, umschließen diese ganz. Das ist ein kleiner, aber wichtiger und entscheidender Unterschied, der in der Evolutionsgeschichte immense Vorteile barg und eine raffinierte Vielfalt an Fruchtformen, Schalen und Ausbreitungsmechanismen hervorbrachte (daher kommt auch der Name Bedecktsamer). Nadelbäume hingegen, genau wie Palmfarne und als einziger Überlebender der einst vielfältigen Gingkobäume, *Ginkgo biloba*, gehören zu den Nacktsamern (Gymnospermae). Sie sind, zumindest was die reine Artenvielfalt betrifft, den Blütenpflanzen deutlich unterlegen. Es ist zum großen Teil den spezifischen Ausbreitungsmechanismen der Früchte zu verdanken, dass die Blütenpflanzen in ihren Formen als Wasserpflanzen, Kräuter, Stauden, Sträucher oder Bäume sehr erfolgreich fast alle Gebiete dieser Erde besiedelten und so artenreich geworden sind.

Von aufgeblähten Kelchen und vergessenen Nüssen

Um die Vielfalt an Früchten besser verstehen zu können, muss man sich nicht nur mit ihrer Entstehung, sondern auch mit ihrem unterschiedlichen Aufbau beschäftigen. Hierzu muss man an einen wichtigen Punkt zurückkehren, der für die Blütenpflanzen wichtig ist. Nämlich der, dass viele Pflanzen auf die Hilfe von Tieren angewiesen sind. Denken wir wieder an den Pollentransport, bei dem viele Tiere helfen, so spielt etwa die Blütenform der Pflanzen eine ganz große Rolle. Denn Blütenhüllorgane (Blütenblätter) dienen nicht nur dem Schutz der reproduktiven Organe (Sexualorgane: Staub- und Fruchtblätter), sondern übernehmen sehr oft Schaufunktion, um eine Attraktion für Bestäuber zu sein. Je nachdem, ob der Bestäuber ein Falter, eine Biene, eine Fliege oder sogar ein Vogel ist, müssen die Blüten natürlich entsprechend unterschiedlich aussehen, riechen und bestimmte Größen haben. Ein Vogel kann, wenn er nicht zu den kleinsten zählt, schließlich nicht wirklich gut an einer wenige Millimeter großen Blüte Nektar schlürfen. Wie überaus spezifisch die Anpassungen zwischen Bestäuber und Blüte sein können, lässt sich am Beispiel der Orchideen darstellen: Die Blüten vieler Ragwurzarten (*Ophrys*) imitieren in Aussehen und Geruch, je nach Art, ein bestimmtes weibliches Insekt. Die männlichen Insekten (Fliegen oder Wespen) lassen sich durch diese insektenartig erscheinenden Blütenmorphologien täuschen und übertragen während einer Pseudokopulation den Pollen von einer Blüte auf die andere.

Blütenhüllblätter müssen nicht zwangsläufig nur der Anlockung von Bestäubern dienen, sondern können wie im Fall der Kapstachelbeeren (*Physalis*) auch zur Fruchtschale umfunktioniert werden. Die Kelchblätter der *Physalis* etwa umwachsen als laternenförmige Schutzhülle die sich darin entwickelnde Beere. Beeren sind sogenannte Schließfrüchte, da sie sich im Gegensatz zu Öffnungsfrüchten, wie Kapseln und Schoten, zur Samenreife nicht von selbst öffnen und dadurch charakterisiert sind, dass sie meist fleischig und lecker sind. Beeren können aus einem (zum Beispiel Dattel, *Phoenix*) oder mehreren Fruchtblättern (zum Beispiel Kapstachelbeeren, *Physalis* oder Johannisbeeren, Ribes) hervorgehen und tragen einen oder viele Samen in sich. Beeren können ganz unterschiedlich aussehen. Zum Beispiel sind Gurke, Kürbis und Melone auch Beeren. Bei den Kürbisgewächsen (Cucurbitaceae), zu denen Gurke, Kürbis und Melone gehören, ist die Fruchtschale hart zum Schutz vor Austrocknung in saisonal trockenen Gegenden. Ihre Früchte tragen daher den lustigen Namen Panzerbeeren.

Erstaunlicherweise ist aber zum Beispiel die Erdbeere (*Fragaria*) aus botanischer Sicht gar keine Beere. Das rote, saftige Fruchtfleisch entsteht nicht aus dem Fruchtblatt, sondern aus dem sich aufblähenden Blütenboden, der Stelle, an der die Blütenhüllblätter ansetzen. Die kleinen dunklen Punkte auf den Erdbeeren sind die eigentlichen Früchtchen; es sind kleine Nüsse, weswegen die Erdbeere aus botanischer Sicht eine sogenannte Sammelnussfrucht ist. Wie wir am Beispiel der Erdbeere erkennen, ist das, was wir an der Pflanze vielleicht zunächst als Frucht erkennen, manchmal gar nicht die Frucht im botanischen Sinn. Faszinierend hierbei ist, dass der fleischige „leckere“ Teil demnach nicht immer nur aus

An der jungen Birne (*Pyrus*) sind die Überreste der Blüte zu erkennen. Die Schließfrucht entsteht aus dem unterständigen Fruchtknoten und Teilen der Achse.

dem Fruchtblatt entsteht, sondern es können auch andere Organe an oder um die Blüte herum an der Fruchtbildung beteiligt sein. Beim Apfel (*Malus*) oder der Birne (*Pyrus*) bildet sich die Frucht aus der Achse unterhalb der Blüte, die zum Zeitpunkt der Samenreife diesen als fleischige Fruchtachse umwachsen hat. Und bei der Ananas, die auch auf Lateinisch *Ananas* heißt, essen wir gar nicht eine einzelne Frucht, sondern eigentlich einen kompletten Fruchtstand, der aus der fleischigen Achse und vielen miteinander verwachsenen Beeren besteht.

Den fleischigen Früchten ist aber gemein, dass sie allesamt gerne verzehrt werden wollen, wobei die meisten Samen unverdaut ausgeschieden werden. Oftmals können die Samen der Beeren sogar erst auskeimen, nachdem sie den Verdauungstrakt eines Tieres passiert haben. Vögel sind für etliche Pflanzen sehr wichtige Samenausbreiter, wobei sich interessanterweise etliche Beeren im Zustand der Reife knallig rot färben und so besonders gut gesehen werden (wofür abermals die Eberesche, *Sorbus*, ein gutes Beispiel ist). Was auch immer sich die Natur im Laufe der Evolution hat einfallen lassen, bei den Blütenpflanzen sind die fleischigen Früchte ganz häufig. Dies wiederum lässt auf die enge Interaktion zwischen Pflanze und Tier schließen und die wichtige Rolle, die das Tier evolutionsgeschichtlich als Ausbreiter des Samens übernommen hat. Daher ist die Vielfalt an „Samenverpackungen" mit der Diversität in der Tierwelt im Prinzip unermesslich geworden. An dieser Stelle sei auch angemerkt, dass Schließfrüchte nicht immer fleischig sind, sondern oftmals holzig, wie zum Beispiel die Haselnuss (*Corylus*), die davon profitiert, dass das Eichhörnchen sie im Herbst vergräbt und mitunter vergisst wo, sodass im kommenden Jahr ein neuer Strauch auskeimen kann. Eine ganz besondere Form der Nuss ist die Achäne, welches die Frucht der Korbblütler ist, zum Beispiel beim Löwenzahn (*Taraxacum*). Sie braucht für Tiere nicht attraktiv zu sein, da sie selbst mit einem phänomenalen Fallschirm ausgestattet ist, der sie mit Leichtigkeit in die Luft erhebt und wegfliegen lässt.

Im Gegensatz zu den Schließfrüchten sind Öffnungsfrüchte keine fleischigen Verpackungen und eher an die Samenausbreitung durch den Wind angepasst. Bei den Kapselfrüchten werden mehrere miteinander verwachsene Fruchtblätter trocken; Porenkapseln (wie beim Mohn, *Papaver*) streuen ihre Samen über die Poren aus; Deckelkapseln (wie beim Bilsenkraut, *Hyoscyamus*) entlassen ihren Samen, wenn sich der Deckel der Kapsel öffnet. Wenn die Samen in nur einem trockenen Fruchtblatt verpackt sind, spricht man von Balgfrüchten, wie bei der Akelei (*Aquilegia*) oder dem Sternanis (*Illicium*). Zu den Öffnungsfrüchten zählen aber auch die Hülsen. Diese entstehen aus zwei miteinander verwachsenen Fruchtblättern, die sich bei der Fruchtreife an der Naht öffnen. Bei manchen Hülsenfrüchten ist nicht die Fruchtschale, sondern die Samenschale selbst auffällig gefärbt (zum Beispiel *Eyrthrina abyssinica*). Sehr viele Nutzpflanzen gehören zu der hülsenbildenden Familie der Fabaceen; hierzu zählen etwa Sojabohnen (*Glycine*), gemeine Bohnen (*Phaseolus*), Erbsen (*Pisum*), Erdnüsse (*Arachis*) und etliche mehr. Übrigens sei an dieser Stelle erwähnt: Eine botanische oder wissenschaftliche Unterscheidung zwischen Obst und Gemüse gibt es nicht, oder wie wollen Sie erklären warum eine Melone Obst ist und ein Kürbis Gemüse, wenn es doch beides Panzerbeeren sind?

Einige Samen der Hülsenbildenden Fabaceen sind ziemlich bunt. Hülsen entstehen aus zwei miteinander verwachsenen Fruchtblättern und zählen zu den Öffnungsfrüchten.

Fruchtschalen liefern Ideen für die Technik

Viele Ideen aus der Natur hat sich der Mensch durch Beobachtung im Alltag zunutze gemacht, so auch die hervorragenden Eigenschaften von Fruchtschalen, mit denen sie ihren Inhalt schützen. Warum fällt etwa eine Zitrusfrucht vom Baum, ohne den geringsten Schaden zu nehmen? Das schaumartige Gewebe der inneren Samenschale birgt effektive stoßdämpfende Eigenschaften, was größtenteils auf die offenporige Schaumstruktur mit einem Gradienten in der Porengröße zurückzuführen ist. Hinzu kommen senkrecht zur Außenseite orientierte Faserbündel, die für zusätzliche Stabilität sorgen. Dies haben sich Forscher der Technischen Universität Berlin, der Rheinisch-Westfälischen Technischen Hochschule Aachen und der Universität Freiburg zum Vorbild für die Entwicklung von leichten Metallschaumstrukturen gemacht, welche als Dämpfungsmaterialien an den unterschiedlichsten Stellen, zum Beispiel als Bestandteil von Motorradhelmen, Schutzbehältnissen und als Baumaterial Verwendung finden können. Auch Kokosnüsse (*Cocos*) besitzen einen ähnlich stoßdämpfenden Aufbau, verhindern aber auch ganz nebenbei, dass der Same in der Sonne zu stark erhitzt wird. Durch die von der Schale erzeugte Verdunstungskälte bleibt es im Inneren der Frucht kühl.

Das vielleicht bekannteste Beispiel einer in der Natur entwickelten Technik, die wir uns zunutze gemacht haben, ist der im Jahr 1951 entwickelte Klettverschluss. Ursprünglich war einem Schweizer Ingenieur, Georges de Mestral, aufgefallen, wie schnell sich Kletten (der Gattung *Arctium*) im Fell seines Hundes nach einem Spaziergang verfingen, die er immer mühsam entfernen musste. Gleichzeitig faszinierte ihn deren Unzerstörbarkeit, sodass er beschloss, den Aufbau der Kletten zu untersuchen. Es zeigte sich, dass die langen Fortsätze auf den Kletten elastische Haken besitzen, die nicht abbrechen, sondern immer wieder in ihre Hakenform zurückfinden. Kunststofffasern mit ähnlichem Aufbau finden sich seither beispielsweise an Schuhen- und Taschenverschlüssen. Ähnlich stachelig, aber als Abwehr gedacht, sind die Schalen der Kastanie, welche die Frucht solange vor Fraßfeinden schützt bis sie reif ist und die Schale von selbst abfällt bzw. von der reifenden Frucht an Sollbruchstellen gesprengt wird.

Wie man sieht, sind Früchte, ob süß oder scharf, stachelig oder weich gepolstert, bunt, groß, klein, trocken oder fleischig, auf unermessliche Art und Weise vielfältig. Es geht den Pflanzen stets darum ihren Samen zu verpacken, schützen, transportieren oder wegzuschleudern. Es gibt noch einige andere Beispiele dafür, wie die Natur dem Menschen Ideen geliefert hat. Schauen Sie selbst mit wachsamem Blick in ihre Umgebung. Suchen Sie nach Fallschirmen, verbiegungsresistenten Schalen, Schwimmflügeln und aerodynamischen pflanzlichen Verpackungen. Vielleicht kommen Sie dabei auf eine Idee, die noch keiner vor Ihnen gehabt hat?

Hot, hotter and the hottest

Die Scoville-Skala misst den Schärfegrad diverser Chili-Sorten, deren Ursache der natürliche Inhaltsstoff Capsaicin ist, ein Fettsäureamid, das vor allem in den Fruchtschalen der Chili-Paprika (*Capsicum*) gebildet wird. Eine hohe Schärfe ist ein effektiver Schutz vor Schimmelbefall. Die Wirkung von Chili hat daher in der Küche tropischer Gegenden auch ganz praktische, nämlich konservierende Eigenschaften und dient somit nicht nur der kulinarischen Verfeinerung von Gerichten. Im Grunde ist die Bildung von Capsaicin aber auch ein guter Fraßschutz vor Säugetieren, nicht so vor Vögeln, die wiederum über das Zurücklegen weiter Strecken für eine gute Samenausbreitung vieler Arten von Capsicum sorgen. Übrigens nutzt der Mensch Capsaicin auch als einen in Waffen eingesetzten Wirkstoff, der besser bekannt ist als Pfefferspray.

Knospen – klein gefaltet

JOHANNA KIEFER

Frühling, Zeit für einen Neuanfang – was für uns oft nur in guter Vorsatz bleibt, ist für Pflanzen in unseren Breiten gelebte Realität: Die Natur erwacht aus ihrem Winterschlaf, Triebe sprießen, Blätter entstehen und entfalten sich, Knospen wachsen dicker und praller. Auf seinem Höhepunkt explodiert der Frühling förmlich wie ein Feuerwerk in vielen Grüntönen, angereichert mit der ersten Blütenpracht des Jahres in allerlei Formen und Farben. Und Ursprung all dieser Üppigkeit in der Natur sind – die auf den ersten Blick oft unscheinbaren – Knospen.

Nimmt man sich die Zeit und verfolgt das langsame aber stetige Aufbrechen einer Blütenknospe, so wird man schnell fasziniert sein: Platzsparend gefaltet liegen alle Teile der späteren Blüte auf engstem Raum schon vor und scheinen von der Pflanze unaufhaltsam und zielgerichtet mit dem Öffnen der Knospe an den richtigen Platz gebracht zu werden.

Dass Pflanzen nicht nur Blüten, sondern ebenfalls Blattknospen ausbilden, wird im Allgemeinen eher vergessen – obwohl es Anlagen sind, die für das spätere Aussehen der Pflanze und in ihrer Funktion sehr wichtig sind.

Die schon im Herbst angelegten Knospen sind für Pflanzenkundler und Förster ein Merkmal zur Bestimmung von Bäumen während der Vegetationsruhe, in der sich unsere Laubbäume kahl und blattlos präsentieren und den botanischen Laien oft ratlos zurücklassen.

Selbst für Genießer guten Essens, Köche und Liebhaber von Getränken bieten Pflanzenknospen ein reiches Repertoire an Zutaten – sei es ein schnelles Nudelgericht mit Kapern oder ein Spitzentee aus der Provinz Fujian.

siehe links:
Blick ins Innere einer Blütenknospe (Rose).

Namengebender Paketinhalt – Blatt-, Blüten- und gemischte Knospen

Wie wir Menschen haben auch höhere Pflanzen Organe. Sie heißen jedoch nicht Herz, Leber oder Magen, sondern Blatt, Sprossachse oder Wurzel. In allen Knospen ist ein Pflanzenorgan im Miniaturformat „verpackt". Und je nachdem, welche Funktion das später enthüllte Organ der Pflanze übernimmt, unterscheidet man Blatt- oder Blütenknospen. Auch gemischte Knospen, die sowohl Laub- als auch Blütenblätter in sich bergen, existieren.

Ebenso wie man auf einem Ultraschallbild eines menschlichen Embryos schon seine spätere Gestalt erkennen kann, so könnte man – würde man einen Blick ins Innere der Knospe wagen – schon alle später sichtbar werdenden Teile in winzig kleiner Ausführung sehen. Auch die Stellen, an denen sich die Knospen im Laufe der Blüten- oder Blattentfaltung öffnen, kann man oft mit bloßem Auge wie eine feine Naht erkennen.

Blütenknospen: Verpackung des Fortpflanzungsapparats

Blütenknospen dienen zum Schutz des meist noch nicht ausgereiften Fortpflanzungsapparats. Es ist also nicht übertrieben zu behaupten, dass in ihnen ein wahrhaft überlebenswichtiger Schatz verborgen ist. Die für die Vermehrung der Pflanze notwendigen Teile wie Staubblätter, Narbe und Fruchtknoten findet man klein, aber feinsäuberlich geordnet, oft sogar gefaltet vor. Auch ihre Kronblätter, die Pflanzen oft nutzen, um in schillernden Farben, Formen oder Musterungen um die Gunst der tierischen Bestäuber zu buhlen, fügen sich in das aufgeräumte Innere der Knospe ein. Im Laufe der weiteren Entwicklung ändern sich nicht nur Größe und Lage, sondern oftmals auch die Färbung der die Knospe formenden Elemente.

Victoria – die Riesenseerose.

Gemischte Knospe einer Rosskastanie.

Blattknospen: Verpackung eines angehendes Fotosynthese-Kraftwerks

Doch nicht nur für die Fortpflanzung muss während eines Pflanzenlebens gesorgt werden. Auch um zu wachsen und sich gegen Konkurrenten und Frassfeinde zur Wehr setzen zu können, bedarf es Energie. Laubblätter sind dank des grünen Farbstoffs perfekt funktionierende Kraftwerke: In ihnen wird Sonnenlicht aufgenommen und durch die Fotosynthese, einen mehrteiligen „Produktionsprozess", in Energie umgewandelt. Laubblattknospen bergen also eine angehende Energiefabrik. Auch sie sind für das Wohlergehen der Pflanze wichtig – überlebenswichtig.

Mixed: Rosskastanie und Co.

Viele Pflanzen sparen auch an der Verpackung und quetschen Laubblatt- und Blütenanlagen in eine Knospe. Diese sitzt beispielsweise bei der Rosskastanie (*Aesculus hippocastanum*) am Ende eines Triebes und entlässt bei Knospenbruch oftmals kurz versetzt Laubblätter und Blüten. Diese Endknospe verrät bei genauerem Hinsehen schon etwas über ihren stattlichen Inhalt: Sie ist auffallend dick. Auch Apfelbäume (*Malus* spec.) und Ebereschen (*Sorbus aucuparia*) entwickeln gemischte Knospen.

Ein Dornröschenschlaf als lebenswichtiger Stopp

Stellen Sie sich einmal vor, Sie wären an einen bestimmten Ort gebunden, hätten dort im wahrsten Sinne des Wortes Wurzeln geschlagen und hätten keine Chance, in schlechten Zeiten wegzulaufen. So geht es Pflanzen: Sie sind nicht in der Lage vor Umweltbedingungen oder Feinden zu fliehen. Oft ist es daher unausweichlich, den Energieverbrauch zu drosseln und Wachstum oder Fortpflanzung vorübergehend auszusetzen – beispielsweise in der kalten Jahreszeit.

Der Winter ist eine denkbar schlechte Zeit für viele Pflanzen. In unseren Breiten ist diese Jahreszeit von niedrigen Temperaturen und kurzen Tageslängen gekennzeichnet. Nur in manchen Regionen fällt der Niederschlag oft in Form von Schnee, sicher aber ist es, dass Pflanzen sich nicht darauf verlassen können, dass das Wasser im Boden nicht gefriert. Sie laufen Gefahr, ihre Organe nicht ausreichend mit Wasser versorgen zu können (Frosttrocknis). Ein gefrorener Boden in Kombination mit verdunstungsförderndem Sonnenschein an einem Wintertag kann blatttragenden Pflanzen das Leben quasi zur Hölle machen oder aber es gar zerstören. Daher lassen Laubbäume ihre Blätter im Herbst fallen und auch Nadelbäume gehen hierzulande in eine Art Winterschlaf über, bei dem das Wachstum vorübergehend eingestellt ist.

Winterknospen als Investition in die Zukunft

Für das kommende Frühjahr haben sie dann allerdings alle schon vorgesorgt und im Sommer und Herbst des Vorjahres Knospen angelegt. Diese wertvollen Anlagen in die Zukunft gilt es nun, sicher und unbeschadet über die kalte Jahreszeit zu bringen. Sie müssen gegen niedrige Temperaturen und auch gegen Krankheiten und Schädlinge geschützt werden.

Viele Pflanzen statten daher ihre Knospen mit schuppenartigen Blättern, sogenannten Tegmenten, aus. Diese Knospenschuppen sind in einer bestimmten Art angeordnet. Ähnlich wie bei den sonderbar anzusehenden Schuppentieren wird durch Überlappung versucht, die gesamte zu schützende Fläche zu bedecken und winzigen Eindringlingen wie Insekten oder Krankheitserregern möglichst keine Chance zu geben. Gegen Pilze, Bakterien und andere Keime helfen auch Harze oder Gummi, die von der Pflanze produziert werden.

Neben der Isolierung gegen Kälte, der Bildung einer Barriere gegen Störenfriede aller Art sowie dem Laubabwurf gegen Wasserverlust, ist der Schutz gegen das Durchfrieren eine besonders wichtige Vorbereitung auf den Winter.

Besitzer von Gartenhäuschen mit Wasseranschluss wissen dies und entlassen das Wasser aus den Leitungen bevor die Temperaturen unter Null fallen. Auch das Innere der Knospe will rechtzeitig entwässert werden, um keinen Schaden zu nehmen.

Während der winterlichen Ruhephase schlummern die Knospen. Die Knospenruhe wird in vielen Fällen schon vor dem herbst-

Knospenschuppen bei einer Rosskastanienknospe.

Knospen und zwei Heilige

Wenn sich im frühen Sommer Maikäfer oder andere Frassfeinde über das grüne Laub eines Baumes hermachen und starken Schaden anrichten, werden eigentlich für das kommende Jahr angelegte Knospen aktiviert. Mithilfe der sogenannten Johannistriebe, die meist um den Tag des Heiligen Johannes am 24. Juni austreiben, wird versucht, die Schäden zu kompensieren.

Möchte man seine Wohnung zum Weihnachtsfest mit blühenden Barbarazweigen schmücken, die traditionell am 4. Dezember, dem Tag der Heiligen Barbara geschnitten werden, so muss man wissen, wie die Knospenruhe gebrochen werden kann. Werden die Zweige für diesen Zweck zu früh im Jahr geschnitten oder haben sie noch keinen Frost abbekommen, so blühen die Zweige im warmen Zimmer nicht auf.

lichen Laubfall eingeleitet. Durch eine Art Schlafmittel werden die Blatt-, Blüten- oder Zweigbabys in den Winterschlaf versetzt. Der wesentliche Faktor, der die Herstellung dieses „Schlafmittels“ auslöst, ist die abnehmende Tageslänge in der zweiten Jahreshälfte. Die dadurch verminderte Lichtzufuhr bedingt die Bildung eines Pflanzenhormons (Abscisinsäure), das die Knospen ruhen lässt, auch Teile des pflanzlichen Stoffwechsels vorübergehend lahmlegt und als Hemmstoff wirkt, der Keimlinge ungünstige Phasen überdauern lässt.

Um die Knospenruhe zu brechen und die schlafenden Pflanzenteile wieder aufzuwecken, ist oft eine mehrtägige Kälteperiode gefolgt von warmem Wetter notwendig. Dann wird der Gleichgewichtszustand von Wuchs- und Hemmstoffen in der Pflanze gestört und die wachstumsfördernden Hormone, wie Auxine und Gibberelline, können wirken.

Mit dem nahenden Frühling bei wieder zunehmender Tageslänge und wärmeren Temperaturen „springen“ die Knospen: Sie werden praller und schwellen durch das nun wieder verfügbare Wasser, das in die Pflanzenzellen gepumpt wird, an. Ist die Knospe durch Schuppen geschützt gewesen, so werden diese zur Seite geschoben und „abgeworfen“. Nach und nach wird der wertvolle Inhalt der Knospen frei. Der schnelle Start in das Frühjahr ist gelungen.

Verschiedene Farben und Frisuren – Merkmale zur Bestimmung von Gehölzen

Wie es Hänsel und Gretel wohl ergangen wäre, hätten sie keine Brotkrumen im Wald gestreut, um den Rückweg zu finden, sondern einfach eine botanische Art der Orientierung gewählt? Einprägen des Weges anhand markanter Bäume? Nach der vierten Eiche links, den zweiten Waldweg an der 21. Buche, die rechtsseitig des Weges steht, nochmals links und so weiter? Was aber, wenn sich das Grimmsche Märchen im Winter zugetragen hat? Die Kenntnis, Laubbäume auch in kahlem Zustand zu bestimmen, wäre in so einem Fall sicherlich hilfreich. In heutiger Zeit sind es meist Forstangestellte oder geplagte Botanikstudierende, die sich in dieser Disziplin auskennen oder versuchen, diese zu erlernen.

Ähnlich wie in einem Konzertsaal, in dem man die Köpfe der Konzertbesucher aus der letzten Reihe betrachtet und auf eine in allen Braun-, Rot- und Blondtönen changierende Frisurenvielfalt mit weißen, schwarzen oder auch hautfarbenen Einsprengseln schaut, so findet man auch in einem Winterwald Knospen in den verschiedensten Ausprägungen. Sogar schützende Kopfbedeckungen wie Kapuzen sind keine Seltenheit: Ob im Konzertsaal oder am Baum – das augenscheinlichsten Merkmal ist sicherlich die Farbe. Tiefschwarze Knospenschuppen prägen das Antlitz der Eschenknospen (*Fraxinus excelsior*), die der Rosskastanie sind rot-braun bis dunkelbraun gefärbt. Knospen der Echten Walnuss (*Junglans regia*) strahlen grau-braun, während die des Gewöhnlichen Schneeballs (*Viburnum opulus*) rot bis rotbraun glänzen.

Doch auch ein Blick ins Detail lohnt sich: Die Stern-Magnolie (*Magnolia stellata*) traut sich, mit nackten, silbrig-grün gefärbten Knospen zu überwintern. Jedoch verzichtet sie nicht ganz auf eine isolierende Umverpackung; man findet wärmende Behaarung auf Blüten- und Blattknospen des aus Asien stammenden Baumes. Nicht ganz so kühn begegnet die Sal-Weide (*Salix caprea*) der kalten Jahreszeit: Sie umhüllt ihre wertvollen Knospen mit einer einzigen Knospenschuppe. Wächst das Innere der Knospe, so wird diese abgerissen und schmückt das sich entfaltende Gewebe wie eine kleine Kapuze.

Denkt man noch einmal an die Köpfe der Konzertbesucher: Bei genauerem Hinsehen wird man vor allem bei den Trägern moderner Kurzhaarschnitte, verschiedenste Kopfformen und -größen ausmachen. Genauso ist es mit den Knospen, die beispielsweise bei der Schlehe (*Prunus spinosa*) sehr klein und bei der Rosskastanie sehr groß sind. Leicht zu erkennen sind die blau-violetten, sehr spitzen Knospen der Schirm-Magnolie (*Magnolia tripetala*), aber auch runde, kegelförmige oder kantige Knospen findet man bei Bäumen.

Grau-braune Knospen der Gemeinen Walnuss.

Stern-Magnolie, Zweig mit sich entfaltender Blüte und nackten Knospen.

Der Einfluss der Knospen auf die Form der Bäume

Versucht man, das Aussehen einer mächtigen Rosskastanie im Gegensatz zu einer von Van Gogh gemalten, eleganten, schlanken Säulenzypresse (*Cupressus sempervirens*) zu beschreiben, so wird man als Allererstes auf die augenscheinlichen Unterschiede in der Gestalt, in der Form, hinweisen. Sie ist die Summe der Umweltbedingungen, denen die Pflanze im Laufe ihres Lebens ausgesetzt ist und der arttypischen, im Grunde angelegten Verzweigungsmuster.

Erinnern Sie sich – die Pflanze ist allen äußeren Bedingungen wie Frost, Wind, aber auch dem Eintrag von Gift- und Schadstoffen in Boden oder Luft ohne die Möglichkeit wegzulaufen, ausgesetzt. Auch Konkurrenten um lebenswichtige Stoffe wie Wasser oder Licht und Feinde, die das leuchtende Grün der Blät-

Wie die Gemeine Esche zu ihren schwarzen Knospen kam

Laut einer Sage zog die Esche sich die schwarzen Knospen bei einer Auseinandersetzung mit dem Teufel zu: Der Teufel sah in dem Baum mit seinen aufrechten, gen Himmel strebenden Ästen und Zweigen ein hochmütiges, eingebildetes Wesen. Um die Esche in ihre Schranken zu weisen, befahl der Teufel ihr, sich vor ihm zu verneigen. Die Esche jedoch, nicht hochmütig, sondern stolz und unbeugsam, unterwarf sich dem Teufel nicht und verweigerte die Verbeugung. Fast toll vor Wut, setzte der Teufel den Baum in Brand. Dass die Esche feuchte Böden bevorzugt, rettete ihr das Leben – nur die Knospen erinnern noch an diesen Vorfall.

Auffällig in Schwarz: Eschenknospen.

ter als Einladung zum Essen interpretieren, spielen hierbei eine Rolle. Diese Einflüsse prägen die individuelle Lebensgeschichte der Pflanze und hinterlassen Spuren.

Grundlage für die arttypische Gestalt sind jedoch Knospen: In Seitenknospen ruht der Ursprung für eine mögliche Verzweigung. Wenn der Wuchs der Hauptachse, bei Bäumen also der Stamm, dominiert und die Seitenzweige dem untergeordnet wachsen, erhält man beispielsweise die Form der schon erwähnten Van-Gogh-Zypresse. Das Wachstum wird durch eine Gipfelknospe angeführt. In ihr werden Stoffe gebildet, die die Seitenknospen ruhigstellen beziehungsweise ihnen zu verstehen geben, dass sie sich der Gipfelknospe unterzuordnen haben.

Bei Rosskastanien verändert sich der Wuchs im Laufe der Entwicklung: Der erste Lebensabschnitt ist vom dominanten Wachstum der Gipfelknospe geprägt. Trägt der Baum erstmals Blüten, so wird die Herrschaft der Gipfelknospe gebrochen, die Seitenknospen haben freie Fahrt und das uns bekannte Erscheinungsbild eines älteren, stattlichen Kastanienbaums entsteht.

Einige gehen auf Nummer sicher: Für den Fall, dass die Seitenknospen geschädigt werden, bilden manche Pflanzen zusätzlich Beiknospen aus, die als Ersatzspieler oft lange oder gar vergeblich auf ihren Einsatz warten.

Gestalt einer Rosskastanie im Vergleich mit Säulenzypressen.

Weihnachtliche Mischung: Gewürznelken, Zimt und Sternanis.

Knospen in der Küche

Gewürznelken

In unseren Breiten ist der Geschmack und Geruch von Gewürznelken (*Syzygium aromaticum*) unweigerlich mit Weihnachten verknüpft: Die Gewürznelke ist essenzieller Bestandteil von Lebkuchengewürz und anderen zu Weihnachten verspeisten Leckereien. Ihr starkes Aroma, das vor allem auf den Stoff Eugenol zurückzuführen ist, wird in anderen Teilen der Welt ganz alltäglich in der Küche verwendet – sei es in Indien als Zutat in Masala-Chai, einem Gewürztee, oder als Komponente des Chinesischen Fünf-Gewürze-Pulvers.

Kapern – Knospen des Kapernstrauchs.

Manch einer wird den unverwechselbaren Geruch der kleinen, braunen, an Nägel erinnernden Pflanzenteile mit einem Zahnarztbesuch in Verbindung bringen: Eugenol, Bestandteil der Nelken, wirkt schmerzlindernd und desinfizierend, weshalb Nelkenöl in Zahnarztpraxen Anwendung findet. Ob ein Zusammenhang zwischen diesem medizinischen Aspekt und der Tatsache, dass in Indonesien mit zerkleinerten Gewürznelken aromatisierte Zigaretten (Kretek) geraucht werden, besteht, kann nur vermutet werden. Schon im Alten China befahl ein Kaiser seinen Dienern, sich ihm nur mit einer Gewürznelke im Mund zu nähern – als Mittel gegen Mundgeruch sind Nelken also schon sehr lange Zeit im Einsatz.

Gewürznelken sind die Blütenknospen des von den Molukken stammenden Gewürznelkenbaumes, der zu dem Myrtengewächsen gehört. Sie müssen vor der Blütenentfaltung geerntet werden, da in diesem Zustand der Gehalt an Wirk- und Aromastoffen der höchste ist. Kurz in heißes Wasser getaucht, werden sie getrocknet und verwendet.

Kapernstrauch

Im Gegensatz zur Gewürznelke lässt man die Blütenknospen des Kapernstrauches (*Capparis spinosa*) nach der Ernte welken, um sie anschließend in Essig oder Öl eingelegt haltbar zu machen. Den sommergrünen Kapernstrauch findet man unter anderem im Mittelmeergebiet an sonnigen Standorten.

Liebhaber der schnellen italienischen Küche kennen „Spaghetti alla puttanesca“ – ein Nudelgericht mit einer Soße, die unter anderem Tomaten, Kapern, Sardellen und Oliven enthält. Namensgebend ist „la puttana“, die Hure. Erklärungsansätze dieser eigentümlichen Verbindung zwischen Pastagericht und Prostituierten gibt es mehrere: Früher sollen Huren ihren Freiern neben körperlichen Freuden auch ab und an ein Essen angeboten haben, das – frei nach dem Motto „Zeit ist Geld“ – schnell und einfach in der Zubereitung sein musste. Ebenso einleuchtend scheint die Herleitung, dass Prostituierte aufgrund ihrer gesellschaftlichen Stellung erst nach den ge-

Tee – „Two leaves and a bud"

schätzteren Berufsschichten einkaufen durften. Ist man auf Reste angewiesen, ist es schlau, Nahrungsmittel auszuwählen, die nicht verderben können: Sardinen, Oliven und auch Kapern sind in Essig oder Öl gut konserviert.

Tee

Auch Genießer einer guten Tasse Tee wissen Knospen zu schätzen: Für Spitzentees werden die endständige Knospe eines Triebes zusammen mit zwei jungen, zarten Laubblättern („two leaves and a bud") handgepflückt. Für einen der wertvollsten, teuersten Weißen Tees, dem Silbernadeltee, werden sogar nur die Frühjahrsknospen der im subtropischen Klima der chinesischen Provinz Fujian wachsenden Teevarietät geerntet. Der klangvolle Name ist auf die schützenden und reflektierenden weißlich bis grau schimmernden Härchen auf dem Äußeren der Knospe zurückzuführen.

Der Teestrauch (*Camilla sinensis*), dessen Heimat im südostasiatischen Hochland zu finden ist, gilt als Ursprung der mehr als 2000 heute bekannten Teesorten. Durch die Jahrtausende andauernde räumlich getrennte Kultivierung spricht man von zwei Teevarietäten *Camellia sinensis* var. *sinensis* beziehungsweise var. *assamica*. Der Unterschied zwischen Weißem, Grünem und Schwarzem Tee ist nur auf die verschiedene Verarbeitung zurückzuführen. Mit zunehmendem Blattalter verändern sich jedoch die Inhaltsstoffe: Der Gehalt an Gerbsäuren und Koffein sinkt. Somit hat neben den verwendeten Pflanzenteilen auch der Erntezeitpunkt entscheidenden Einfluss auf die Qualität des Tees.

Weitere essbare Knospen

Wir essen noch weitere Knospen. Wenn Sie also das nächste Mal eine Artischocke, einen Rot- oder aber Rosenkohl auf dem Teller haben, halten Sie kurz inne – den Wert dieser Pflanzenteile kennen Sie ja nun.

Federn – filigrane Multifunktionstalente

DR. ESTER BECKER

Sie ist eine Weltenbummlerin. Jedes Jahr fliegt die Küstenseeschwalbe von ihrem Sommerquartier in der Nordpolarregion in ihr Winterquartier in die südpolare Packeiszone und wieder retour. Durch die Ausnutzung der beiden Sommer in Arktis und Antarktis bekommt der Rekordhalter unter den Zugvögeln jedes Jahr mehr Sonnenstrahlen ab als jedes andere Lebewesen. Dafür legt der wanderfreudige Meeresvogel jährlich je nach Flugroute 30 000 bis 80 000 Kilometer zurück, das ist so viel wie ein- bis zweimal rund um den Globus.

Hauptantriebskraft für diesen Langstreckenrekord sind – neben der kräftigen Flugmuskulatur und dem komplexen Lungenapparat samt Luftsäcken – die Federn. Sie formen nicht nur die Flügel und den aerodynamischen Körperbau, sie sind auch leicht und biegsam, dennoch robust und unempfindlich und lassen sich schnell reparieren. Ein weiterer Vorteil ist, dass jede Feder einzeln mit Muskeln bewegt und verstellt werden kann. So lassen sie sich einfacher und vielfältiger variieren als Insektenflügel aus dünnen Chitinschichten oder die Flughaut von Fledermäusen. Das erklärt auch die einzigartige Manövrierfähigkeit und Windschnittigkeit dieser gefiederten Wirbeltiere. Indem ein Falke seine Federn eng an seinen Körper drückt, kommt er im Sturzflug auf Höchstgeschwindigkeiten von mehr als 350 Stundenkilometer. Anders beim Landen: Dann werden Schwung- und Schwanzfedern fallschirmartig ausgebreitet.

Federn sind vielseitig verwendbar. Sie sind Flugapparat, Klimaanlage, Tarnkappe und Taucheranzug in einem, sie helfen bei der Kommunikation und mit ihnen wird in schrillen Farben und Formen um die Gunst der Vogeldamen gebuhlt. Und nicht nur das: Wie in einem Mülleimer werden Abfallstoffe in Federn bis zur nächsten Mauser gelagert. Am Baum kletternde Spechte benutzen sie als Stütze, Eulen bei ihrem lautlosen Flug durch die Nacht als Schalldämpfer, und die in Wüstengebieten lebenden Flughühner verwenden ihre Federn als Gefäß; in ihrem Gefieder transportieren sie Wasser für ihre Jungen. Kurzum: Federn sind Multifunktionstalente.

siehe links: Männlicher Kleiner Paradiesvogel oder Gelbparadisvogel. Diese Art besticht durch ihre auffällige Färbung und die sehr langen, gelb-weißen Schwanzfedern. Sie kommt auf Papua-Neuguinea vor.

Die Kunst des Fliegens

Der Trick, mit dem Vögel nach oben kommen, ist genial einfach. Ihre Flügel sind gebogen. Alles, was sich in die Luft erheben will, egal, ob Fruchtfliege, Adler oder Flugzeug, muss die Schwerkraft überwinden. Dazu ist eine Kraft notwendig, die den Körper nach oben zieht. Bei Vögeln sind es die Federn, die eine Wölbung nach oben und damit die Auftriebskraft erzeugen. An der dem Wind zugewandten Vorderseite ist der Flügel dicker. Mehrere Federschichten liegen hier dachziegelartig übereinander. Anders an der Flügelrückseite: Lange nach unten gebogene Schwungfedern befinden sich in einer Reihe nebeneinander.

Der Fliegerpionier Otto Lilienthal (1848–1896) erkannt als Erster die Bedeutung der gebogenen Tragflächen. Nach dem Vorbild von Storchenflügeln entwickelte er Gleitflieger mit gewölbten Flügeln. Eine Technik, die sich bis heute bewährt hat.

Auftrieb durch gebogene Flächen

Der Auftrieb entsteht durch die Luft, die den Flügel umströmt. Flügel mit einer Wölbung nach oben bewirken, dass ein Luftteilchen an der Oberseite einen weiteren Weg zurücklegen muss als an der Unterseite. So ist der Luftstrom auf der Oberseite schneller als auf der Flügelunterseite. Nach dem Bernoulli-Effekt entsteht durch den Geschwindigkeitsunterschied auf der Oberseite ein Sog und auf der Unterseite ein Druck. Sog und Druck wirken senkrecht nach oben. So wird ein Körper buchstäblich in die Höhe gezogen.

Der Physiker Daniel Bernoulli entdeckte im 18. Jahrhundert, dass strömende Gase und Flüssigkeiten einen geringeren Druck auf ihre Umgebung ausüben als ruhende. Je höher die Geschwindigkeit umso kleiner der Druck. Bei gewölbten Tragflächen strömt die Luft oben schneller, der Druck ist dadurch oben geringer als unten, es entsteht also Auftrieb.

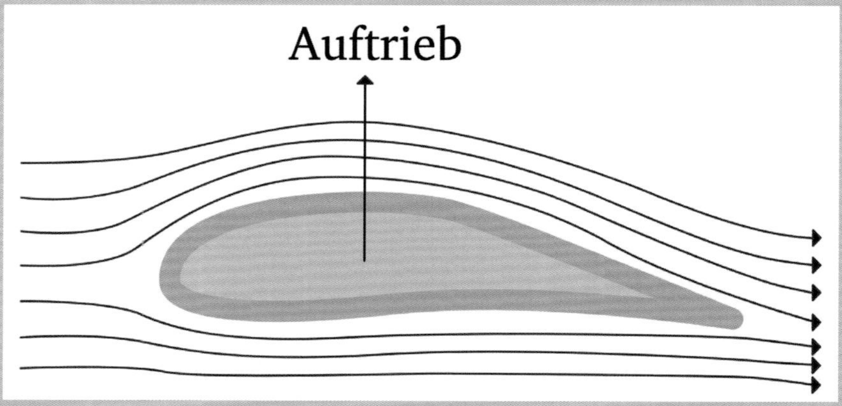

Auftrieb durch gebogene Flächen

Raffinierte Leichtgewichte

Tragflächen aus Federn sind die Ferraris unter den tierischen Flugapparaten. Nicht umsonst sind Federn die kompliziertesten Bildungen der Haut, die es im Tierreich gibt. Wie Reptilienschuppen, Säugetierhaare und unsere Fingernägel bestehen sie aus Hornsubstanz, dem Keratin. Gebildet werden sie in speziellen Drüsen der äußeren Hautschicht. Am Anfang ihres Wachstums ist jede Feder eine einfache Röhre in der Haut. Wie in einer Hülle eingerollt, entwickeln sich darin zunächst kleine, unscheinbare Federbüschel, die – sobald die Röhre aufplatzt – zu Kunstwerken, wie der Handschwinge eines Adlers oder der Schmuckfeder eines Paradiesvogels, heranwachsen. Sobald das Wachstum abgeschlossen ist, wird die Blutversorgung unterbrochen. Die Feder ist jetzt ein abgestorbenes und damit unempfindliches Gebilde.

Eine typische Feder besteht aus einem mittleren Federschaft, von dem nach rechts und links zwei Flächen, die Federfahnen, abzweigen. Unter dem Mikroskop verwandeln sie sich in raffinierte und ausgesprochen filigrane Konstruktionen. Jede Federfahne besteht aus unzähligen Federästen, die durch Tausende von Bogenstrahlen und Hakenstrahlen miteinander verbunden sind. Alle Äste, Bogen und Haken zusammen bilden eine glatte Oberfläche, die – wegen ihrer komplizierten Mikrostruktur – ausgesprochen leicht zu pflegen ist. Werden Federn verletzt und reißen entlang der Federäste auf, so können sie ganz einfach mit einem Schnabelzug wie ein Reißverschluss wieder geschlossen werden. Und sollte sich eine Reparatur nicht mehr lohnen, wird die defekte Feder einfach ausgerupft und durch eine nachwachsende ersetzt.

siehe rechts:
Die Vielfalt der Federn von Adolphe Millot aus dem Lexikon „Le Larousse pour tous", Bibliothek Larousse, Paris (1907–1910)

Aigle
Hibou
Goura
Argus
Autruche
Paon
Oiseau de Paradis
Paon
Paon spicifère
Canard mandarin
Ménure-lyre
Grue couronnée
Eperonnier
Roi des Gobe-mouches
Dindon ocellé
Lophophore
Casoar à casque
Crossette
Ptéridophore
Cacatoès
Pintade
Momot
Colin
Grèbe
Faisan doré
Pipra
O:m. paon
Manucode
O:m. magnifique
Coq de roche
O:m. Sapho
O:m. bleu
Juida
Coq de Sonnerat
Trichoglosse
Brève
Calliste
Manakin
Guit-guit
Aigrette
O:m. Bonaparte
O:m. Clarisse
Calliste
Faisan vénéré
Couroucou

Feder ist nicht gleich Feder

Die Federn sind es, die einen Vogelkörper formen, ja ihn überhaupt erst wie einen Vogel aussehen lassen. So ein Vogelkörper wird von ganz unterschiedlichen Federtypen bedeckt.

Fliegen können Adler und Co. nur wegen ihrer Schwungfedern. An den Flügelspitzen sitzen die Handschwingen, die bei einem flugfähigen Vogel immer asymmetrisch gebaut sind mit einer schmalen, dem Wind zugewandten Außenfahne und einer breiten, dem Wind abgewandten Innenfahne. Die Rückseite des Flügels wird durch nach unten gebogene Armschwingen geformt. Im Flug sind sie parallel zur Flugrichtung ausgerichtet und deshalb annähernd symmetrisch gebaut. Handschwingen sorgen vorwiegend für den Antrieb, Armschwingen für den Auftrieb.

Schwungfedern werden hoch belastet, sie müssen kräftig und stabil sein und sind deshalb durch Bogen-und Hakenstrahlen fest verbunden. Ganz untypische Schwungfedern haben Eulen. Ihre Federspitzen sind nicht fest verhakt, sondern ausgefranst und weich. Die „gesägten“ Außenkanten unterbrechen den Luftstrom und dämpfen das Fluggeräusch. So gleiten Eulen mit gefiederten Schalldämpfern lautlos durch die Nacht und bleiben für Beute und Feinde gleichermaßen unhörbar.

Konturfedern bedecken den Vogelkörper, geben ihm die perfekte Stromlinienform und schützen ihn vor jeder Witterung. Selbst bei eisiger Kälte kann ein Spatz seine Körpertemperatur auf 38,5 °C halten. Er stellt seine Konturfedern auf und erweitert so die isolierende Luftschicht. Sind die Temperaturen sommerlichen warm, presst der Spatz seine Federn eng an den Körper. Wird die Hitze unerträglich, stellt er die Federn so weit vom Körper ab, dass sich die Spitzen der Konturfedern nicht mehr berühren und die Luft zwischen den Federn zirkulieren kann.

Schwanzfedern nutzen viele Vogelarten, um im schnellen Flug geschickt zu manövrieren. Sie werden deshalb auch Steuer-

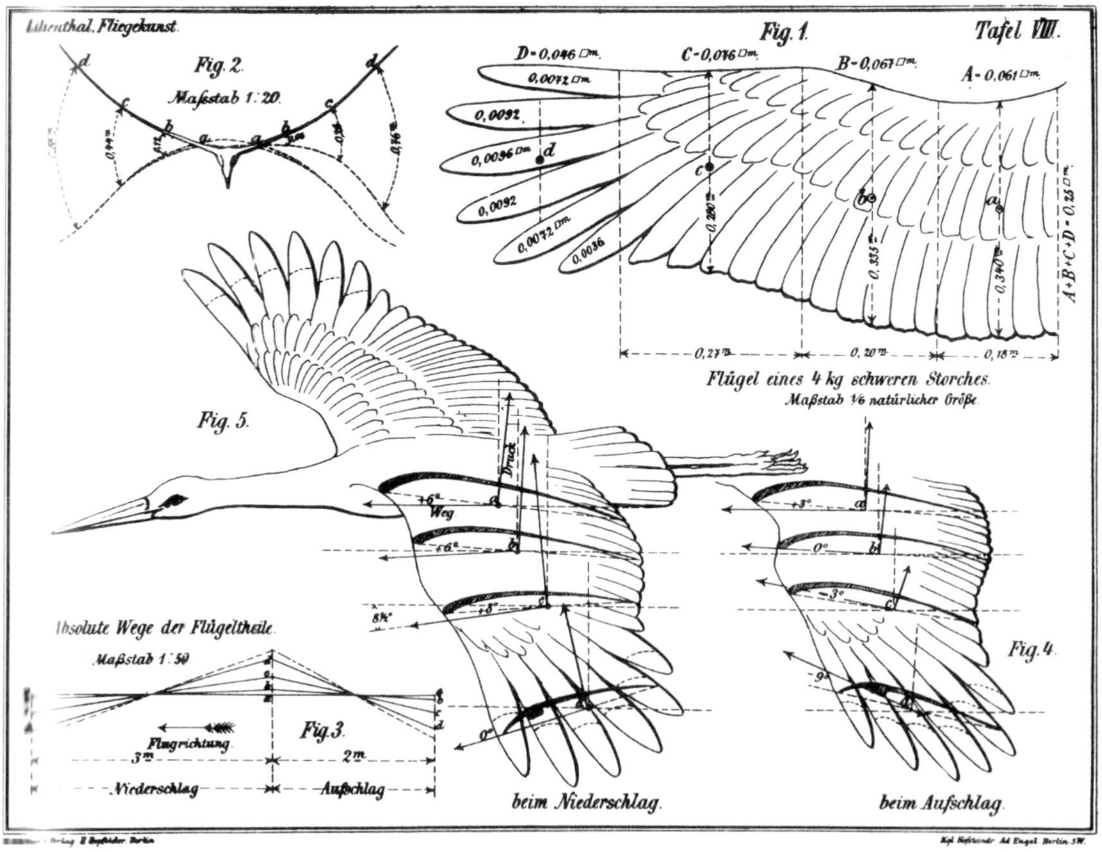

Otto Lilienthal machte einen lang ersehnten Menschheitstraum wahr. Er schaute sich die Flügel von Störchen genau an und erkannte, dass die Flügel gebogen sein mussten um die zum Fliegen notwendige Auftriebskraft zu erzeugen.

federn genannt. Bei Spechten und Baumläufern übernehmen sie noch eine andere Funktion. Sie verwenden sie als Stütze und können so leicht an Bäumen hoch klettern.

Neben diesen Hauptfedertypen gibt es noch eine Reihe von Spezialfedern. So sind Puderfedern wichtig für die Körperpflege. Sie wachsen ständig nach und zerfallen an ihren Enden zu sehr feinem wasserabweisenden Hornstaub. Wer einem Reiher beim Baden zuschaut, kann feststellen, dass sich um ihn herum eine feine, graue Schicht ausbreitet. Der Staub dient Wasservögeln, Tauben und Papageien zur Gefiederpflege und bekämpft Federschmarotzer.

Borstenfedern haben keine Federfahne und wirken deshalb wie Haare. Bei manchen Vögeln wachsen sie am Schnabel und dienen wie die Schnurrhaare der Säugetiere zum Tasten, bei Rabenvögeln bedecken sie die Nasenlöcher und schützen so vor Schmutz und Verletzungen, und beim afrikanischen Strauß ersetzen sie die Augenwimpern.

Federn übernehmen nicht nur lebenswichtige Funktionen, oft werden sie auch als Schmuck getragen. Dabei kommen nicht nur knallige Farben, sondern auch schrille Formen zum Einsatz. Die Flugfähigkeit sollte jedoch nicht wesentlich beeinträchtigt werden. Weil Kopf- und Schwanzfedern aerodynamisch nicht so bedeutungsvoll sind, werden sie gerne zu Schmuckfedern umgewandelt. Das Männchen des Nacktkopf-Paradiesvogels schmückt sich mit zwei dünnen, kunstvoll zu Spiralen aufgerollten Schwanzfedern, der Pfauen-Hahn beeindruckt durch ein schillerndes Rad aus 150 langen Schwanzfedern, und beim Kronenkranich tragen Männchen wie Weibchen eine Krone aus Federn.

Der Wanderalbatros ist der Meister des Segelflugs. Mit seinen langen, schlanken Flügeln und eine Flügelspannweite bis 3,60 Meter kann er ohne einen Flügelschlag mehrere Hundert Kilometer in starken Seewinden segeln.

Federn als Wärmespeicher

Daunen bilden das Unterkleid vieler Vogelarten. Es sind fein verzweigte Federbüschelchen, deren Federäste nicht miteinander verhakt sind und so eine flauschige Isolierschicht bilden. Die feinen dreidimensionalen Federchen sind unschlagbare Wärmeisolatoren, eine Funktion, die der Mensch seit Langem nutzt (schon vor dem 10. Jahrhundert). Die Eiderente brütet an nordischen Küsten von Grönland bis zu den Friesischen Inseln. Das Weibchen rupft sich die hellgrauen Daunen aus, um damit das Nest auszupolstern und die Eier zu bedecken. Ein Nest liefert etwa 20 Gramm gereinigter Daunen.

Pinguine sind Kältespezialisten. Sie nutzen ihr Gefieder als Thermounterwäsche und Taucheranzug. Der Kaiserpinguin lebt in der Antarktis bei winterlichen Temperaturen bis minus 70 °C. Dennoch friert er nicht. Aus jedem Quadratzentimeter seiner Körperoberfläche wachsen etwa zwölf Federn, die dachziegelartig übereinanderliegen. Von außen betrachtet erscheinen die Federn wie ein kurzes Fell, dennoch sind die Federn etwa vier Zentimeter lang. Mit einem Drüsensekret aus Öl und Wachs dichten Pinguine ihr Gefieder ab. Produziert wird es von der Bürzeldrüse an der Schwanzwurzel. So machen sie aus ihrem Federkleid einen wasserabweisenden Taucheranzug. An der Basis der Federkiele bilden Daunenbüschel ein flauschiges Unterhemd. Zwischen der Haut und den Daunen wird Luft eingeschlossen, die durch die Körpertemperatur erwärmt wird und den Pinguin vor eisiger Kälte schützt.

Mit ihren langen gespreizten Handschwingen können Geier warme Luftströmungen aufspüren mit deren Hilfe sie in Höhen bis 11 Kilometer aufsteigen.

Flügeldesign für alle Lebenslagen

Vögel haben vom Äquator bis zu den Polen alle Regionen der Erde besiedelt. Das geht nur dank ganz unterschiedlicher Flügel. Eine Möwe, die in starken Seewinden segelt, hat andere Flügel als ein Bussard, der langsam im Aufwind seine Kreise zieht, oder als eine Schwalbe, die umherschwirrenden Insekten hinterherjagt. Ihre Form erhalten die Tragflächen von den Federn.

Die Heimat von Möwen, Seeschwalben und Sturmvögeln ist der Ozean. Einen Großteil ihres Lebens verbringen sie in der Luft. Und das ohne großen Energieaufwand: Sie nutzen die Kraft des Windes. Ihre langen, schmalen und spitzen Flügel sind perfekt geeignet, um selbst in starken Seewinden zu segeln.

Unangefochtener Segelflugchampion ist jedoch der Wanderalbatros. Mit einer Spannweite bis zu 3,60 Metern hat er die längsten Flügel aller Vögel. Auf der Suche nach Tintenfischen, Krebstieren und kleineren Fischen kann der immerhin elf Kilogramm schwere Seevogel mehrere Wochen über offener See verbringen. Das geht nur dank einer ausgefeilten Gleitflugtechnik: Der elegante Segelflieger macht sich zunutze, dass der Wind in der Nähe der Wasseroberfläche abgebremst wird. Beim Abwärtsgleiten nimmt der Vogel Geschwindigkeit auf, knapp über Wasser dreht er sich gegen den Wind und bekommt dadurch Auftrieb. Beim Aufsteigen kommt er in immer schnelleren Wind, bis etwa 20 Meter über dem Wasser die Geschwindigkeit des Windes kaum noch ansteigt. Dann dreht sich der Segler wieder und gleitet abwärts.

Anders als Seevögel nutzen Storch, Adler und Kondor warme Aufwinde über Land. Wie alle Thermiksegler haben sie auffällig lange gespreizte Handschwingen, die ihnen helfen, warme Luftströmungen aufzuspüren. Ist ein Geier erst in einer Thermik, kommt er mit seinen großen und breiten Schwingen ohne einen einzigen Flügelschlag in Höhen bis elf Kilometer. Selbst Piloten orientieren sich an diesen gefiederten Segelfliegern. Dort wo Milan und Habicht kreisförmig an Höhe gewinnen, können das auch Drachenflieger und Segelflugzeuge.

Vor allem kleinere Vögel nutzen die Kraft ihrer Muskeln, um flügelschlagend vorwärtszu-

kommen. Je nach Wohnort und Lebensart ist die Form ihrer gefiederten Hülle anders. Der Falke und andere schnell fliegende Vögel wie Mauersegler und Schwalben haben schlanke spitze Flügel. Waldbewohner wie Eichelhäher, Finken und Spechte haben kurze rundliche Flügel, mit denen sie gut zwischen Bäumen manövrieren können. Wahre Flugakrobaten sind die Kolibris. Um im dichten Regenwald an nahrhaften Nektar zu gelangen, können sie seitwärts fliegen, in der Luft wie ein Helikopter stehen, und wenn sie sich von der Futterquelle entfernen, können sie sogar den Rückwärtsgang einlegen. Das gelingt nur, weil ihre Handschwingen ausgesprochen lang und ihr Handgelenk drehbar ist. So zeigen die Unterseiten ihrer Flügelspitzen beim Aufschlagen nach oben. Sie bewegen ihre Flügel nicht einfach auf und ab, sondern beschreiben in der Luft eine Acht – und das bis zu 80-mal in der Sekunde.

Mit Federn kommunizieren

Federn sind nicht nur Flugapparat, Wärmeisolator und Schmuck, sie dienen auch der Kommunikation. Federsträuben bedeutet generell „Achtung, hier ist Vorsicht geboten!“. Der seltene Philippinenadler verfügt dank seiner Federhaube sogar über eine Art Gesichtsmimik. Je nach Gemütszustand kann er seine langen schmalen Kopffedern eng anlegen, halbhoch tragen oder ganz aufrichten. So sieht er mal angriffslustig, mal kritisch oder mal freudig erregt aus. Auch der Kakadu zeigt mithilfe seiner Federhaube Emotionen. Je nach Erregungszustand ist sie flach angelegt oder weit gesträubt. Und manche Vögel können sich mithilfe ihrer Federn sogar lautstark bemerkbar machen. Pfauen-Hähne schütteln bei der Balz ihre Schwanzfedern, wodurch ein raschelndes Geräusch entsteht. Bei Bekassinen ist das Meckern erwünscht: Auf Partnersuche stürzen sie sich aus etwa 50 Metern herab, spreizen ihre Schwanzfedern und erzeugen so meckernde Geräusche.

Bunte Roben

Bei Vögeln herrscht meist Damenwahl. Deshalb präsentieren sich die Männchen oft in extravaganten Farbkleidern. Dabei gilt die Devise „Je schriller desto besser“. Bei Pfauen haben die Hähne mit dem größten und schönsten Rädern den meisten Erfolg bei den Damen. Ihre Botschaft lautet: „Ich bin der Champion und meine Nachkommen sind wie ich.“ Kein Pfauenweibchen würde sich mit einem verblassten oder gar zerzausten Hahn einlassen. Ein buntes Federkleid überzeugt nicht nur den Paarungspartner, es hilft auch, Rivalen einzuschüchtern. Ähnlich wie ein Hirschgeweih zeigt es Dominanz und vertreibt lästige Paarungskonkurrenten.

Für die Rohrdommel hat die Federfärbung eine ganz andere Funktion. Sie dient der Tarnung. Mit ihrem braun gesteiften Gefieder ahmt der Reihervogel das Licht- und Schattenspiel im Schilf nach und ist so für Feinde nur schwer zu entdecken. Und andere Vögel können anhand von Federfarben ihre Artgenossen unterscheiden. Wichtig ist das für in großen Gruppen lebende Vögel wie Watvögel. Sie erkennen an individuellen Flügelmustern die Gefährten ihres Schwarms.

Farben sind für Vögel ausgesprochen wichtig. Doch wie kommt die Farbe ins Gefieder? Dunkle und braune Farbtöne – vom hellen Gelbbraun bis zum tiefen Schwarz – entstehen durch den Farbstoff Melanin, der in Pigmentzellen der Haut hergestellt wird. Für gelbe, orange und rote Farben sind fast alle Vogelarten auf Carotinoide angewiesen, die über die Nahrung aufgenommen werden müssen. Nur selten werden gelbe und rote Farben im Körper gebildet. Papageien können es: Ihr strahlend rotes Gefieder geht auf den Papageienfarbstoff Psittacofulvin zurück. Lagern sich Carotinoide über Melanine entstehen Mischfarben wie grün und violett. Viele Farben basieren auf Pigmenten. Doch im blau schimmernden Gefieder des Eisvogels gibt es keine Pigmente. Zerreiben wir die Feder, verschwindet das Blau. Der Farbeindruck entsteht durch feine Strukturen innerhalb der Feder. Deshalb heißen solche Farben Strukturfarben. Durch das Zusammenspiel von dünnen Plättchen oder luftgefüllten Hohlräumen und einfallendem Licht entstehen unterschiedliche farbliche Effekte. Auch für die Augenflecken im Prachtkleid eines Pfauenhahns oder für das schillernde Gefieder von Raben sind Oberflächenstrukturen verantwortlich. Generell gilt: Schillert eine Farbe, dann sind Mikrostrukturen innerhalb der Feder im Spiel.

Der Philippinenadler verfügt dank seiner Federhaube über eine Art Gesichtsmimik. So kann er mal gelangweilt, mal fragend oder mal pfiffig aussehen.

Das Rätsel um die erste Feder

Federn sind ausgesprochen variabel in Form, Farbe und Funktion. Doch wann sind diese filigranen und trotz aller Leichtigkeit höchst robusten Hüllen in der Evolution entstanden? Im Jahr 1860 fanden Arbeiter in einem Steinbruch in Süddeutschland bei Solnhofen den versteinerten Abdruck einer Feder. Auf den ersten Blick wirkt sie seltsam modern. Wie für Schwungfedern typisch, liegt der Schaft nicht mittig, sondern leicht seitlich versetzt. Doch modern kann die Feder nicht sein, denn die Schicht, aus der sie stammt, ist 150 Millionen Jahre alt. Die Feder erhält den Namen *Archaeopteryx* was so viel bedeutet wie „uralte Feder“. Noch ist allerdings nicht klar, dass diese Feder nicht von einem „normalen“ Vogel stammt. Kurz darauf wird das merkwürdige Tier gefunden. Der Urvogel *Archaeopteryx* sieht aus wie eine Mischung aus Dinosaurier und Vogel. Einerseits hat er Flügel und Federn, andererseits aber auch Zähne, einen reptilienähnlichen Schwanz aus Knochen und Krallen an den Flügeln. Ist es ein urtümlicher Vogel ein Reptil oder gar ein Vogelreptil?

Das Rätsel um den Urvogel *Archaeopteryx* ist bis heute nicht vollständig gelöst, doch nach langer Suche steht fest: Federn entstanden früher als die Vögel. Mitte der 1990er-Jahre findet ein Fossiliensammler den ersten gefiederten Dinosaurier und damit den eindeutigen Hinweis darauf, dass die Feder kein typisches Vogelmerkmal ist. *Sinosauropteryx* – so heißt der 60 Zentimeter lange Raubsaurier – trägt auf Rücken und Schwanz eine dichte Körperbedeckung aus länglichen, hohlen Gebilden. Nähere Untersuchungen zeigen, dass die Röhren einfache Federn ohne Federfahne sind. Merkwürdig ist nur, dass der federtragende Saurier vor 125 Millionen Jahren lebte und damit deutlich jünger als der Urvogel ist.

Inzwischen gibt es zahlreiche Funde von gefiederten Theropoden, wie die Fleischfresser unter den Dinosauriern genannt werden. Manche hatten einfache Röhren wie *Sinosauropteryx*, andere trugen Daunen und manche waren mit ihren Schwungfedern sogar zum Gleitflug fähig. Alles spricht dafür, dass die ersten Federn der Wärmeisolation dienten und erst später zu Flugfedern umgestaltet wurden.

Noch ist das allererste Tier mit Federn nicht entdeckt, doch die Paläontologen kommen ihm immer näher. Im Jahr 2009 wurde der bisher älteste gefiederte Dinosaurier gefunden. Er lebte vor 161 Millionen Jahren und bekam den Namen *Anchiornis*, der „Fast-Vogel". Der erste Dinosaurier mit Federn ist er sicher nicht, da seine Schwungfedern bereits gut entwickelt sind. Dennoch steht fest: Ein Vogel hat nicht die erste Feder getragen. Für die Mehrheit der Fachwelt sind kleine, wendige und warmblütige Theropoden wie *Microraptor* und die Schreckenskralle *Deinonychus* die direkten Vorfahren der Vögel und die Erfinder der Feder.

Wie die Dinosaurier des Erdmittelalters sind auch ihre fliegenden Nachfahren der Erdneuzeit zur erfolgreichsten Wirbeltiergruppe außerhalb des Wassers aufgestiegen. Die Vögel – in der Fachwelt nennt man sie heute auch Vogel-Dinosaurier – haben dank ihrer Federn und ihrer Hochleistungslungen alle Regionen der Erde besiedelt und sind mit mehr als 10 000 Arten etwa doppelt so zahlreich wie die Säugetiere.

Kolibris sind ausgesprochen wendige Flugkünstler: sie können nicht nur auf der Stelle fliegen, sie können auch seitwärts und sogar rückwärts fliegen.

Bartvogel (*Lybius dubius*) mit Borstenfedern am Schnabelgrund.

Die Verpackung von Seesternen, Seeigeln und Co. – Farbenvielfalt und Stacheln

ANJA SCHWEIA-BUTTERO

Seeigel, Seesterne und Seewalzen tragen auf ihrer Haut Stacheln, deswegen werden sie dem Tierstamm der Stachelhäuter (Echinodermata) zugeordnet. Der Begriff Echinodermata stammt aus dem Griechischen und bedeutet auf Deutsch „Igel“ (echinos) und „Haut“ (derma). Auch die Haar- und Schlangensterne gehören zu diesem Tierstamm, der insgesamt ungefähr 6500 Arten umfasst. Alle Arten leben marin als Bewohner des Benthos, das heißt des Meeresbodens, zum Beispiel auf Muschelbänken oder auf Steinen. Ihre Larven schwimmen frei durch das Meer als Planktonorganismen und gewährleisten so die Verbreitung der Art. Die adulten Formen verlieren ihre Fähigkeit des Schwimmens. Einige Formen sind sessil und somit an einen Standort gebunden. Erste fossile Nachweise der Echinodermata stammen aus dem Ordovizium, sie sind in etwa 490 Millionen Jahre alt. Es handelt sich dabei um gestielte Formen, die Crinoidea, zu denen die Seelilien zählen. Von ihnen gibt es heutzutage nur noch wenige Arten. Sie können als „lebende Fossilien“ angesehen werden. Ihr Lebensraum ist auf die Tiefsee beschränkt.

Meine erste Begegnung mit den Stachelträgern hat zweifelsohne etwas Mystisches, denn als vierjähriges Mädchen fand ich in meinem Heimatort Kiel einen Seestern am Ostseestrand. Es war nicht leicht, den Stern mit meinem Kescher aufzunehmen, denn mit jeder Welle wurde er zunächst ein Stück ins Meer zurückgezogen, bis ihn eine besonders große Welle schließlich freigab und auf den Strand spülte. Eine Momentaufnahme, die mir bis heute allgegenwärtig in Erinnerung geblieben ist. Auch den sich anschließenden Gedankenzirkel habe ich nicht vergessen. Intuitiv füllte ich meinen Sandeimer, grün mit rotem Henkel, mit Meerwasser und legte den Stern hinein. Während am Horizont ein Fährschiff die Förde verließ, begann ich zu träumen: „Meerhimmelsstern, ...“, das sagte ich immer wieder leise vor mich hin, und in der Tat stellte ich mir die Frage, ob der wundervolle Stern vom Himmel gefallen oder ob ich selbst mit dem Schiff in den Himmel zu dem Stern gereist sei. Dann erschien mein Vater, der sich über den Anblick eines Seesterns freute.

Es war der Gemeine Seestern (*Asterias rubens*), der mir damals ins Netz ging, ein recht häufiger Meeresbewohner der Nord-, Ostsee und weiteren europäischen Meeren. Da er meine kindliche Hand nicht ausfüllte, muss es ein Jungtier gewesen sein.

Farben- und Formenspiele

Die Farbvariationen der Echinodermen-Verpackungen sind vielfältig. Sie sind Teil der Tarnung und dienen dem Schutz vor Feinden. Bei einigen Arten entstehen bizarre Farbmuster, die nahezu die völlige optische Verschmelzung mit dem Untergrund bewirken. Die Farbe von *Asterias rubens* reichen von einem Rotbraun bis hin zu einem dunklen Violett. In großen Tiefen verschwindet die Farbe fast ganz. Es sind Pigmentzellen, die für die Färbung der Tiere verantwortlich sind. Sie sind in die obere Schicht der Epidermis eingelagert. Pigmentzellen sind lichtsensibel und tragen dazu bei, dass einige Arten in der Nacht anders gefärbt sind als am Tage. Im Falle des Seeigels *Centrostephanus longispinus* erfolgt

siehe links: Dieser große rote Seeigel (*Strongylocentrotus franciscanus*) steht exemplarisch für den Stamm der Stachelhäuter.

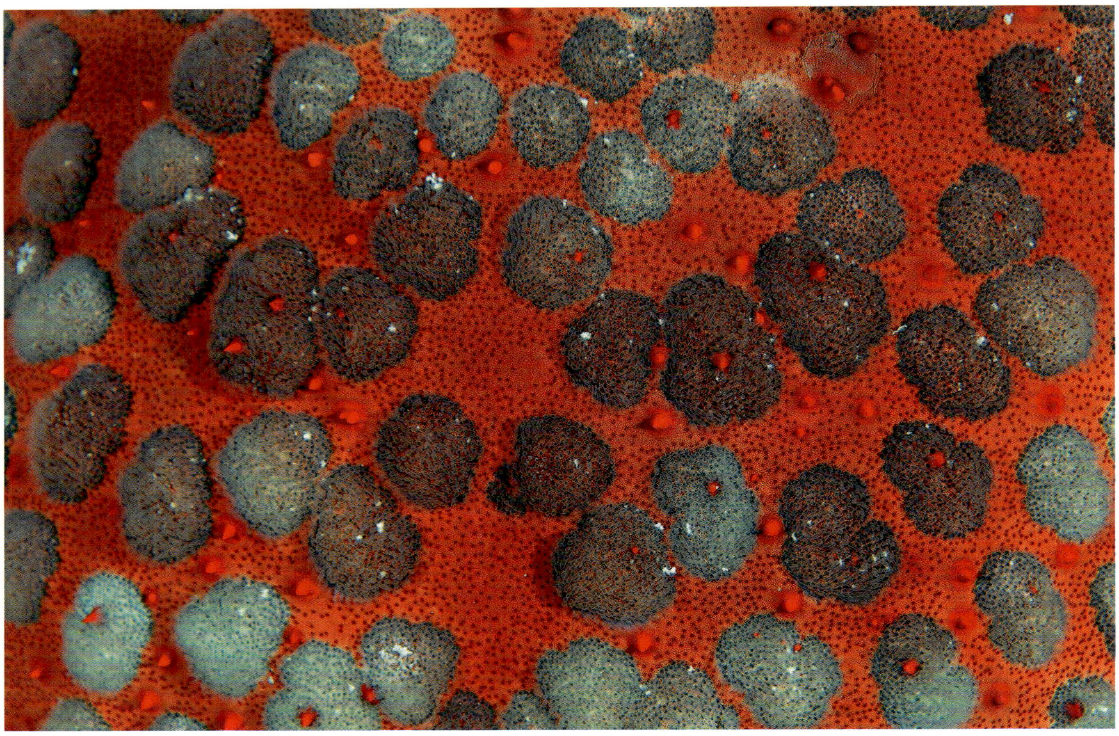

Färbung des Indischen Stachelkissensterns (*Culcita schmideliana*).

die Farbveränderung bei Lichteinwirkung binnen 50 Minuten von einem Graubraun in ein Tiefschwarz. Dunkle Farben entstehen durch Anwesenheit von Melaninen. Weiterhin sind rote Carotinoide und Carotinproteine, die blau, grün oder violett sein können, an der Färbung der Echinodermatenhaut beteiligt.

Eine weitere Eigenschaft der Tiere, die neben den Farbvariationen fasziniert, ist diese: Echinodermata besitzen keinen Kopf und somit auch keinen Rumpf, anders formuliert kein Vorn und kein Hinten, wie man es üblicherweise von bilateral symmetrischen Lebewesen gewohnt ist. Allerdings besitzen die Tiere eine Oberseite und eine Unterseite. An der Unterseite befindet sich mittig die Mundöffnung, während an der Oberseite die Ausscheidungsöffnung lokalisiert ist. In der Biologie werden die Seiten als orale und aborale Seite bezeichnet.

Die orale Seite eines Seesterns. In der Mitte deutlich erkennbar ist die Mundöffnung.

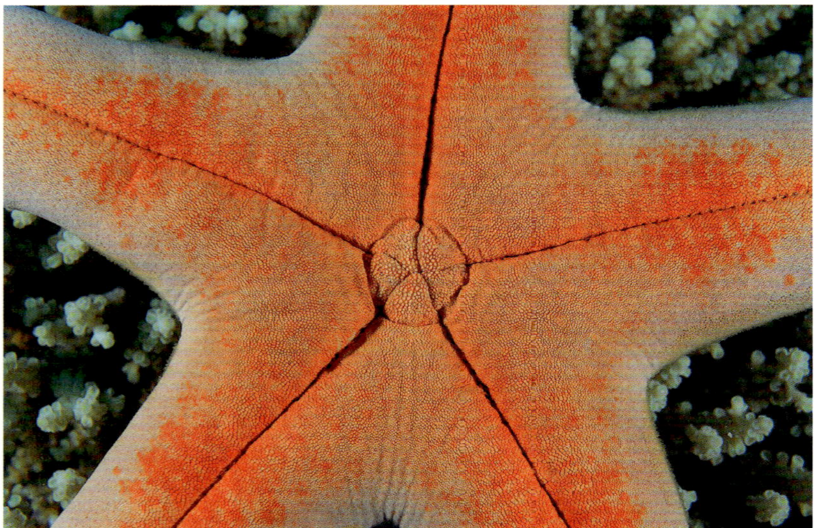

Da kein Kopf vorhanden ist, übernimmt einer der fünf Arme eines Seesterns die Rolle des Führungsarms, dieser Arm gibt die Richtung an, in die sich das Tier mit seinen zahlreichen Schreitfüßchen vorwärts bewegt. Der Führungsarm kann variieren und wird zufällig gewählt. An jedem der fünf Arme besitzen Seesterne Lichtsinneszellen, mit denen sie Hell- und Dunkelreize ihrer Umgebung wahrnehmen.

Betrachten wir den Körperbau eines Seesterns, so ist die radiäre Symmetrie oder auch Pentamerie ein charakteristisches Merkmal der Echinodermata. Die meisten Seesterne (Asteroidea) sind pentamer, das heißt, sie weisen fünf Arme auf. Allerdings bestätigen in diesem Fall die Ausnahmen die Regel, denn es gibt Arten, wie etwa *Crossaster papposus*, die mehr als fünf Arme, in diesem Fall acht bis vierzehn Arme tragen, und einen Durchmesser von 40 Zentimetern erreichen. Sie sehen aus wie große Sonnen und werden daher auch Sonnensterne genannt. Die radiäre Symmetrie ist ein sekundär entstandenes Merkmal, das in Zusammenhang zu der sessilen Lebensweise der Tiere steht. Die Echinodermenlarven zeigen keine Radiärsymmetrie. Ihr Körper ist bilateral symmetrisch, weist also eine Polarität mit vorderem und hinterem Teil auf.

Von Bedeutung ist in diesem Zusammenhang auch die Regenerationsfähigkeit der Arme. Sobald ein Arm zum Beispiel durch Biss eines Feindes abgetrennt wird, wächst stetig ein neuer Arm nach.

Auch wenn die Radiärsymetrie nur bei den See- und Schlangensternen offensichtlich erkenntlich ist, so zeigen auch Seeigel und Seewalzen diese Fünfstrahligkeit in ihrem Körperbau, die durch Verwachsungen der Skelettplatten im Laufe der Evolution verschwunden ist. Betrachtet man das bloße Kalkskelett eines Seeigels, so lässt sich die ursprüngliche Sternenform noch erkennen.

Muscheln als Nahrungsquelle

Anzutreffen sind Seesterne häufig in Miesmuschelkolonien, welche neben kleinen Krebstieren die Hauptnahrungsquelle der Tiere darstellen. Zwar ist die Muschel in der Lage, kurzzeitig ihre Schalen geschlossen zu halten. Jedoch kennen Seesterne kein Pardon. Sie haben die längere Ausdauer und so saugen sie sich mit ihren Füßchen an den Schalen der Muschel fest und ziehen diese ausdauernd auseinander, was durchaus eine Zeit von 45 Minuten überschreiten kann – mit Erfolg, denn langfristig kann die Muschel dem Druck nicht standhalten. Die Schalen öffnen sich und das Muschelfleisch wird extraintestinal, das heißt außerhalb des Körpers, verdaut.

Der Gemeine Sonnenstern (*Crossaster papposus*) besitzt mehr als fünf Arme

Hülle mit Stacheln

Die Körperdecke der Stachelhäuter, die eigentliche Verpackung, sorgt für Stabilität, denn die Tiere besitzen kein Knochenskelett, das im Inneren des Körpers für stützende Funktion sorgt. Die Epidermis ist die äußere Hautschicht. Unter ihr befindet sich die aus Bindegewebe bestehende Dermis. In die Dermis ist das Endoskelett eingelagert. Es kann je nach Tierklasse unterschiedlich ausgebildet sein. Das Endoskelett besteht aus Kalziumkarbonat ($CaCO_3$), das in der Dermis Skelettplatten ausbildet, die bei Seesternen beweglich aneinandergrenzen oder aber, wie bei Seeigeln, mittels fester Nähte komplett verschmolzen sind und auf diese Weise einen geschlossenen Panzer bilden. Die filigranen Schlangensterne haben wirbelähnliche, bewegliche Skelettplatten, während bei den Seewalzen die Skelettplatten stark reduziert sind und eigentlich keine Verbindung zueinander aufweisen.

Die für den Tierstamm namensgebenden Stacheln sind ebenfalls Teil des Skeletts. Während Seesterne und auch Seewalzen nur wenige Stacheln besitzen, zeigen Seeigel eine starke Ausprägung und Formenvielfalt. Die Stacheln sitzen auf Gelenkhöckern und sind durch Kollagenbänder frei beweglich. Sie sind von der Epidermis überzogen. Ihre Funktion ist in der Verteidigung und Abwehr von Feinden zu sehen. Darüber hinaus sind sie an Bewegungsabläufen, dem Fangen von Beute und dem Eingraben in das Sediment beteiligt. Zwischen den Stacheln befinden sich die sogenannten Pedicellarien. Es handelt sich dabei

Der Seeigelpanzer lässt Sternenform und Pentamerie erkennen.

Extreme Ausprägung der Stacheln des Bleistiftseeigels (*Heterocentrotus mammillatus*).

Eisseestern (*Marthasterias glacialis*).

um zu Greiforganen umgewandelte Stacheln. Sie dienen dem Reinhalten der Körperoberfläche, der Verteidigung sowie dem Beuteerwerb. Stacheln sind häufig gefärbt und enthalten Pigmentzellen, die zur Farbgebung der Tiere beitragen. Einige Arten enthalten Gifte in ihren Stacheln, die beim Menschen als Neurotoxine wirken.

Nach dem ersten Erlebnis in früher Kindheit, in der ich die Begeisterung für diese bezaubernde Tiergruppe erlangte, erlebte ich ein vergleichbares Erlebnis viele Jahre später während meines Biologiestudiums. Eine zoologische Exkursion führte mich im siebten Semester nach Schweden an die meeresbiologische Station der Universität Uppsala. Sie liegt in unmittelbarer Nähe des Gullmarfjords. Es war zu nachtschlafender Zeit, als wir mit dem Schiff hinausfuhren, um Benthosproben zu ziehen. Wir ließen die Netze in die Tiefen des Fjords hinab. Gleichzeitig spürten wir, wie der Schiffsmotor durch den Widerstand stärker arbeiten musste und sich die Fahrt verlangsamte. Wie lange die Netze unten waren, kann ich nicht rekapitulieren. Dann wurden sie an Deck gezogen und entleert. Und da lagen sie: Arten von Seesternen, die ich bislang nur aus der Sammlung des Museums und aus Büchern kannte. Es waren Schlangensterne und Exemplare des Eisseesterns. Und auf einmal war es zurück – das Gefühl von damals, als ich als kleines Mädchen meinen Meerhimmelsstern fand.

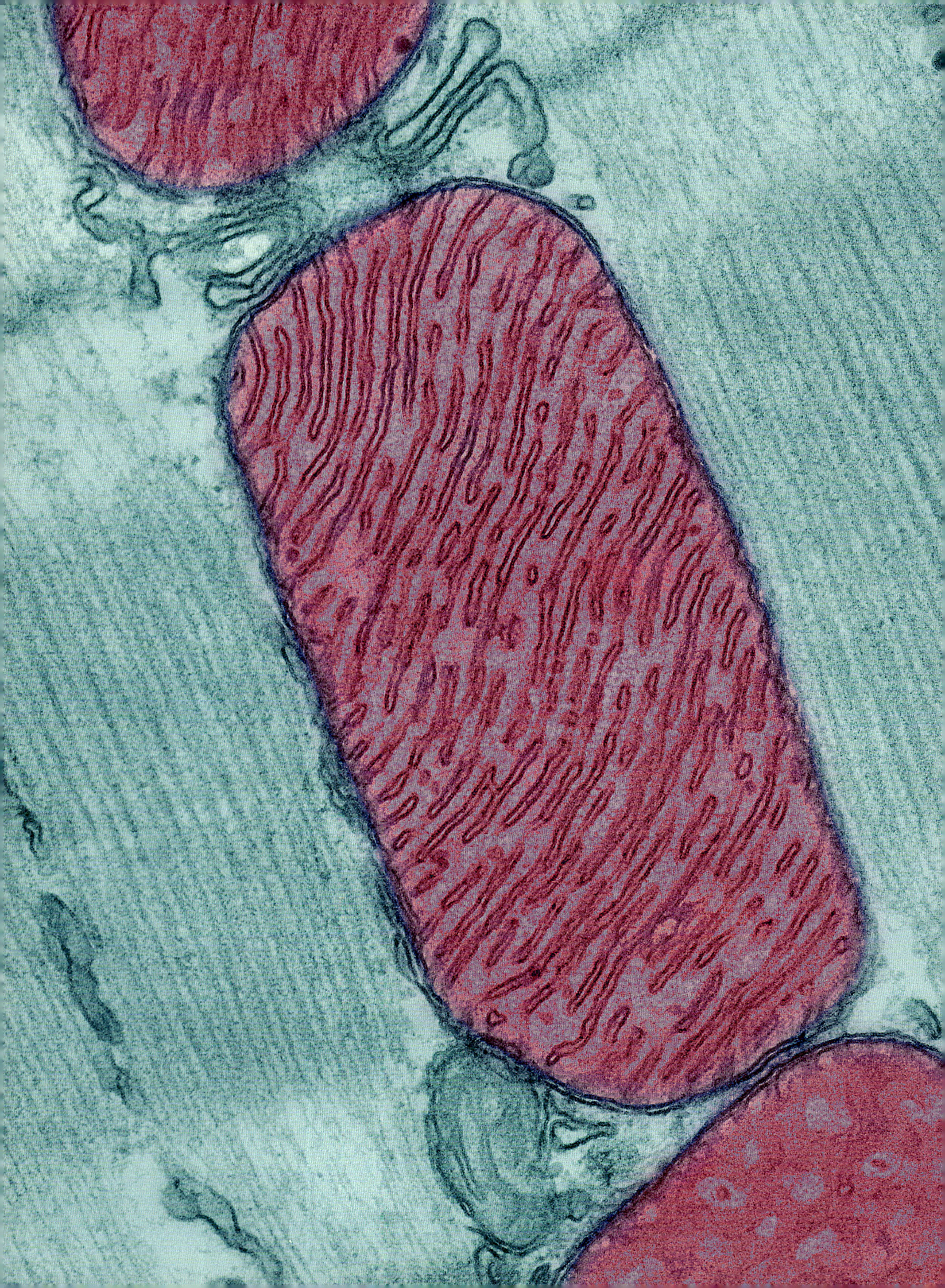

Die Zellmembran – Pforte zum Mikrokosmos

MATTHIAS STANKE

Gäbe es in der Geschichte der Natur einen Wettbewerb, der den Sieger in der Kategorie „Evolutionsgeschichtlich früheste Verpackung“ kürte, so gebührte dieser Titel ohne Zweifel der Zellmembran. Neben Nukleinsäuren und einfachen Proteinen müssen charakteristische Bausteine von Zellmembranen vorhanden gewesen sein, als sich, möglicherweise schon vor 4,2 Milliarden Jahren, die ersten Protozellen bildeten, die Vorläufer der heutigen Zellen. In diesen modellhaft beschriebenen Gebilden der frühesten geochemikalischen Evolution findet sich bereits der typische Aufbau aller biologischen Membranen. Diese sind aus amphiphilen Molekülen aufgebaut, die wasserliebende (hydrophile) polare „Köpfe“ und fettliebende (lipophile) unpolare „Schwänze“ besitzen. In Wasser gelöst ordnen sich solche Moleküle von selbst regelmäßig nebeneinander an, um die Kontaktstellen zwischen den Lipidschwänzen und den Wassermolekülen zu minimieren – die Lipide sind zueinander orientiert und die hydrophilen Köpfe zeigen zum umgebenden Wasser. Die symmetrische Anordnung der Membranbausteine zu einer Lipiddoppelschicht ist thermodynamisch noch stabiler und ermöglicht die Trennung von chemisch verschiedenen Flüssigkeitsräumen, dem Zellinneren und dem Zelläußeren.

siehe links: Transmissionselektronenmikroskopische Aufnahme einer Herzmuskelzelle. In engem Kontakt zu den Muskelfibrillen (blau) liegen die Mitochondrien (violett). Umgeben von der äußeren Membran der Mitochondrien liegt eine vielfach gefaltetet innere Membran, an der die energieliefernden Prozesse stattfinden. Beide Membranen sind Lipiddoppelschichten.

Ständiger Umbau

Die Plasma- oder Zellmembran von Eukaryonten, von Zellen mit echtem Zellkern, ist wie ein Außenzelt auf eine innere stützende Stab- und Seilkonstruktion aufgelagert. Mit dem dynamischen Umbau dieses inneren Zytoskeletts aus Tubulin- und Aktinfilamenten wird auch die äußere Zellmembran fortlaufend umgebaut und neu organisiert und ermöglicht so Bewegungen der Zellen. Diese Kombination von stützendem Innenskelett und flexibler Zellmembran erlaubt auch waghalsig erscheinende Ausprägungen der Gestalt einer Zelle. So können Nervenzellen Fortsätze bilden, die das Vielfache des Durchmessers des eigentlichen Zellkörpers betragen. Die mechanische Belastbarkeit zeigt sich augenfällig bei roten Blutkörperchen, welche sich extrem verformen können, um auch noch durch feinste Kapillaren zu schlüpfen.

Fette und Proteine in Biomembranen

In allen drei großen Reichen der Lebewesen, bei den Archaebakterien, den Bakterien und den Eukaryonten kommen strukturell ähnliche, chemisch aber leicht unterschiedliche Membranbauteile vor. Allen dreien gemeinsam sind zum Beispiel Phospholipide. Der Einbau von weiteren unterschiedlichen Lipiden führt zu Varianten, die Anpassungen an verschiedene äußere Bedingungen erlauben. So ist es unter anderem die besondere chemische Ausstattung der archeabakteriellen Zellmembranen, die den Vertretern dieser Art Eigenschaften verleiht, welche sie zur Besiedlung extremster Lebensräume befähigen. In dieser Gruppe finden sich Arten, die in extrem salzhaltigen (Halophile), heißen (Thermophile) oder

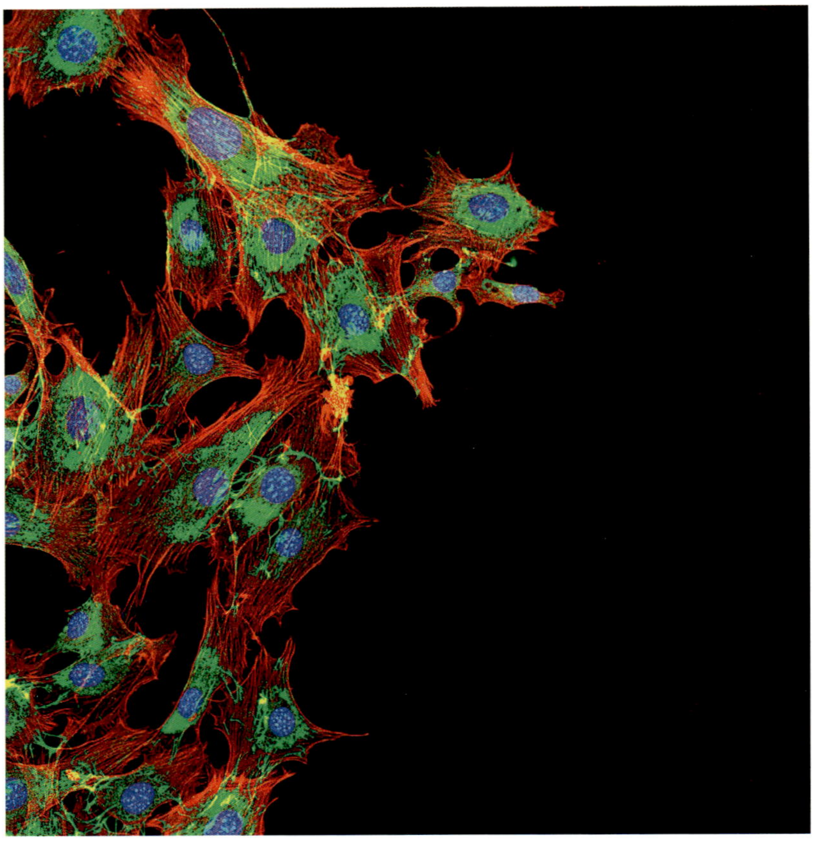

sauren (Acidophile) Umgebungen aufblühen. Maßgebend für einige Eigenschaften der Zellmembran ist das Verhältnis zwischen dem Anteil gesättigter und ungesättigter Fettsäurenreste in den hydrophoben Schwänzen der Membranlipide. Essenzielle ungesättigte Fettsäuren, die unser Körper nicht selbst herstellen kann, müssen wir mit unserer Nahrung aufnehmen und lassen Ernährungsberater von den Vorzügen kaltgepressten Olivenöls gegenüber Butter schwärmen.

Bestünde die Aufgabe der Zellmembranen alleinig darin, innen von außen zu trennen, so käme kein Stoffaustausch der Zelle mit ihrer Umgebung zustande. Nahrungsaufnahme, Wachstum, Kommunikation mit benachbarten Zellen – all dies wäre nicht möglich. Deshalb kommt eine weitere Anforderung auf Biomembranen zu: Sie müssen einen kontrollierten Austausch von Molekülen mit ihrer Umgebung erlauben. Diese Aufgabe übernehmen Proteine, die in der Zellmembran verankert sind oder sie sogar durchstoßen. Es gibt

Immunfluoreszenzaufnahme metastasierender Krebszellen.

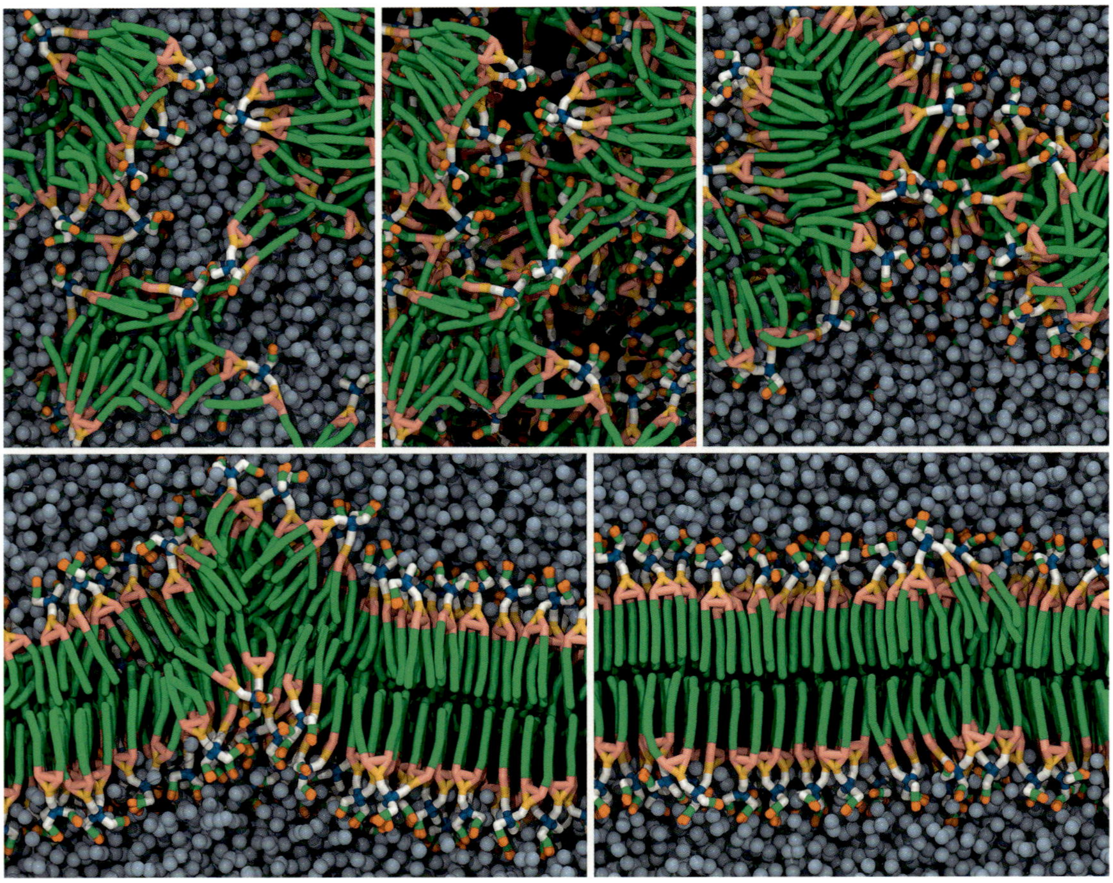

Eine Computersimulation zeigt amphiphile Moleküle und Wassermoleküle. Die beiden Substanzen entmischen sich, bis die Lipidanteile (grün) nur noch minimalen Kontakt zum Wasser haben.

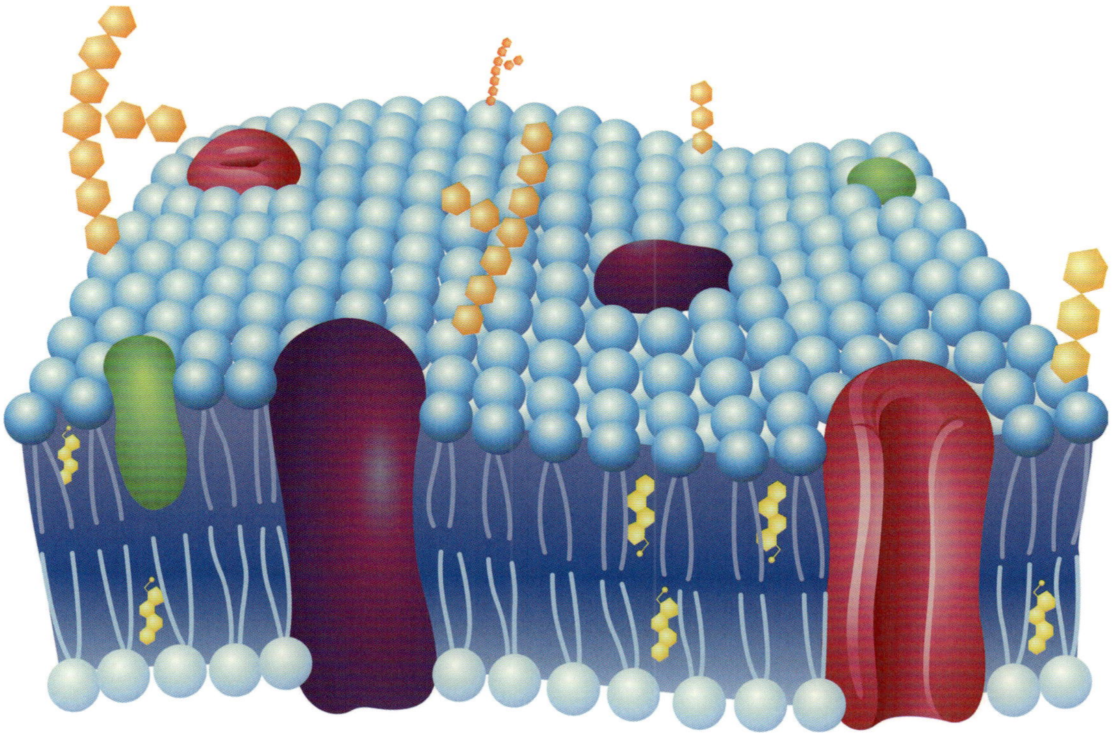

Erst der Einbau von Proteinen macht aus einer Phospholipid-Doppelschicht eine echte Biomembran mit ihren erstaunlichen Eigenschaften. Die Proteine treten vollständig durch die Membran durch (im Beispiel lila) oder sind in eine Lipidschicht eingebettet (grün). Zuckerketten an den Proteinen, hier als kleine „Bäumchen“ dargestellt, können zusätzliche Signale für die Zellen geben.

Membrankanäle, die sich öffnen und schließen lassen und oft nur ganz bestimmte Substanzen entlang eines Konzentrationsgradienten passieren lassen. Es gibt Membrantransporter, die unter Energieaufwand gezielt bestimmte Substanzen durch die Membran schleusen und es gibt Membranrezeptoren, die die Anwesenheit ganz bestimmter Moleküle erkennen und dies der Zelle signalisieren. Die Bestückung der Zellmembran mit Proteinen, welche Zellidentitäten festlegen, erlaubt weiter die Unterscheidung in körpereigene und körperfremde Zellen und ermöglicht die Bildung einer flexiblen und lernfähigen Zellabwehr, des Immunsystems. Und um die Bedeutung von Membranproteinen noch deutlicher zu machen: Etwa ein Drittel der Proteine, die im menschlichen Genom kodiert werden, sind in ihren Funktionen mit der Zellmembran verbunden.

Die Zelle wird zur Batterie

Eine wichtige Eigenschaft von Zellmembranen entsteht aus ihrer Fähigkeit, elektrisch geladene Teilchen zurückzuhalten. Kombiniert mit speziellen Transportern und Ionenkanälen, welche in kontrollierter Weise Elektrolyte (gelöste Teilchen, die eine elektrische Ladung besitzen) unter Energieaufwand transportieren oder entlang eines chemischen Gradienten passieren lassen, ergibt sich daraus die Möglichkeit, Ladungsgradienten über der Zellmembran aufzubauen und aufrechtzuerhalten. Dies geschieht, indem die Zelle positiv geladene Ionen (Kaliumionen und Natriumionen) und negativ geladene Moleküle (Chloridionen und Proteine mit negativer Nettoladung) so sortiert, dass innen und außen verschiedene Konzentrationen erreicht werden. Werden spezielle Ionenkanäle geöffnet, so können diese Ionen die Membran passieren, um die Ladungs- und Konzentrationsunterschiede auszugleichen: „Strom“ fließt. Diese Besonderheit führt dazu, dass angepasste Zelltypen entstehen, wie zum Beispiel Nervenzellen, die mittels elektrischer Signale (Aktionspotenziale) über den ganzen Organismus hinweg miteinander kommunizieren

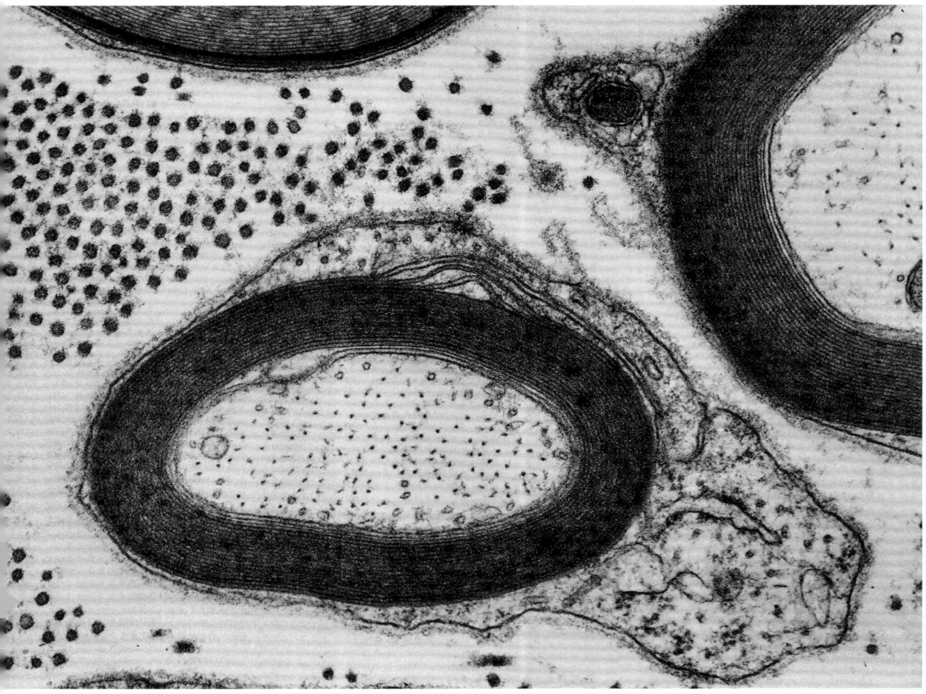

Elektronenmikroskopische Aufnahme eines Querschnittes durch den Trigeminusnerv einer Ratte. Die Nervenfaser wird vielfach von den myelinhaltigen Zellmembranen einer Schwannzelle umwickelt

können. Die Übertragung von Elektronen wird auch für komplizierte elektrochemische Oxidationsreaktionen eingesetzt, welche der Gewinnung der zellulären „Energiewährung“, des Adenosintriphosphates (ATP), dienen. Hierbei sind Proteine, welche Elektronen abgeben oder aufnehmen können, in die Membranen der Mitochondrien eingelagert. Diese Zellorganellen kommen in allen Zellen vor und funktionieren als Kraftwerke, in denen die Energie, die in den chemischen Bindungen der Nahrung gespeichert ist, auf zelleigene Moleküle übertragen wird.

Schwannzellen, spezialisierte Zellen des peripheren Nervensystems, besitzen einen hohen Anteil eines besonderen amphiphilen Moleküls in ihren Plasmamembranen, das Sphingomyelin. Es gehört ebenfalls in die Gruppe der Phospholipide; ist allerdings hauptsächlich in den Zelltypen des Nervensystems vertreten. Die myelinhaltigen Membranen der Schwannzellen umwickeln vielfach die Ausläufer der Nervenzellen und sorgen, wie eine isolierende Kabelumhüllung, für eine verlustarme Weiterleitung der Aktionspotenziale über zum Teil viele Meter. Myelinisierte Nervenfasern erreichen dabei Leitungsgeschwindigkeiten, die Formel-1-Piloten erblassen lassen.

Guten Appetit – Zellen schlucken Zellen

Die Untersuchung von Zellmembranen gewährt auch Einblick in die Evolutionsgeschichte zellulärer Funktionen. Zwei wichtige zelluläre Kompartimente enthalten Doppelmembranen – zweifache Umhüllungen mit Lipid-Doppelschichten: die Mitochondrien aller echten Zellen und die Chloroplasten der Fotosynthese treibenden Pflanzen. Diese Erkenntnis führte zur Formulierung der Endosymbiontentheorie. Ursprüngliche membranumhüllte Bakterien wurden möglicherweise von kernhaltigen Zellen „verschluckt“, sodass die Symbionten bei der Aufnahme in die Zelle von wirtseigener Membran umhüllt wurde und sich so besagte Doppelmembran gebildet hat. Die aufgenommenen Symbionten nützen demnach der Wirtszelle, indem sie ihr Eigenschaften verleihen, die neue Fertigkeiten entstehen lassen. Dies kann zum Beispiel die Nutzung von Sonnenlicht zur Erzeugung von energiereichen Molekülen oder die effektive Regeneration von ATP ermöglichen.

Membranen vereinigen sich

Weitere Varianten von zellulären Membranen lassen sich in allen Bereichen des Stoffwechsels der Zelle beobachten. Biomembranen dienen dazu, Nährstoffe innerhalb der Zelle zu transportieren und die Erbsubstanz DNS auf den Zellkern zu begrenzen. Signalmoleküle wie Neurotransmitter oder Botenstoffe wie Hormone werden in Nervenzellen und endokrinen Drüsen auf Vorrat gebildet und in Membranvesikeln gespeichert. Diese Vesikel halten engen Kontakt zur Zellmembran. Erst auf ein zelluläres Signal hin verschmelzen die Membranen der Vesikel mit der äußeren Plasmamembran und der Inhalt der Vesikel gelangt in den synaptischen Spalt oder in den Blutstrom

Zellmembranen trennen Freund von Feind

Zelluläre Membranen sind vielfachen Angriffen durch krankheitsbildende Organismen ausgesetzt: Viren vermehren sich zum Beispiel, indem sie die befallene Wirtszelle dazu veranlassen, die virale Erbsubstanz in zelleigene Membranen zu verpacken. Dadurch werden neue Viren gebildet, die, einmal aus der Zelle entlassen, Nachbarzellen infizieren können. Allerdings gibt es auch einen körpereigenen Mechanismus, der die Zellmembran zum Ziel der Immunabwehr werden lässt. Das Komplementsystem bezeichnet eine Gruppe im Blutstrom treibender Signalmoleküle und Proteine, die gezielt Kanalporen in der Membran von körperfremden Zellen bilden. Deren Membranen werden dadurch soweit geschädigt, dass sie das Zellinnere nicht mehr ausreichend schützen können – der Eindringling stirbt. Die genaue Trennung zwischen Freund und Feind obliegt wiederum speziellen Proteinen des Immunsystems, welche in die Zellmembranen der Immunzellen eingebunden sind.

Eine Rasterelektronenmikroskopische Aufnahme einer sekretorischen Synapse. Die Zellmembran des synaptischen Bläschens wurde nachträglich grün eingefärbt; die synaptischen Speichervesikel sind orange und blau eingefärbt.

Fazit – viele Funktionen

Zellmembranen sind also sowohl Barriere als auch Eintrittspforte. Sie trennen das Innere der Zelle von der Umgebung ab, vermitteln aber auch den nötigen Kontakt und gewährleisten den Stoffaustausch. Durch die Bestückung mit speziellen Proteinen lassen sich die Funktionen von Biomembranen schier endlos anpassen und erweitern. Sie schaffen Reaktionsräume, Speichermöglichkeiten und Transportsysteme. Sie ermöglichen die Erzeugung von Stoffkonzentrationsgradienten, elektrischen Gradienten und pH-Gradienten. Sie verhelfen den Zellen unter anderem dazu, mechanischen Druck, Temperatur, elektromagnetische Strahlung und chemische Substanzen zu detektieren und sie ermöglichen es uns so, an einem lauen Sommerabend im Garten dem Zirpen der Zikaden zu lauschen, den Sonnenuntergang zu betrachten und dabei die vielversprechenden Düfte zu genießen, die vom Grill aufsteigen.

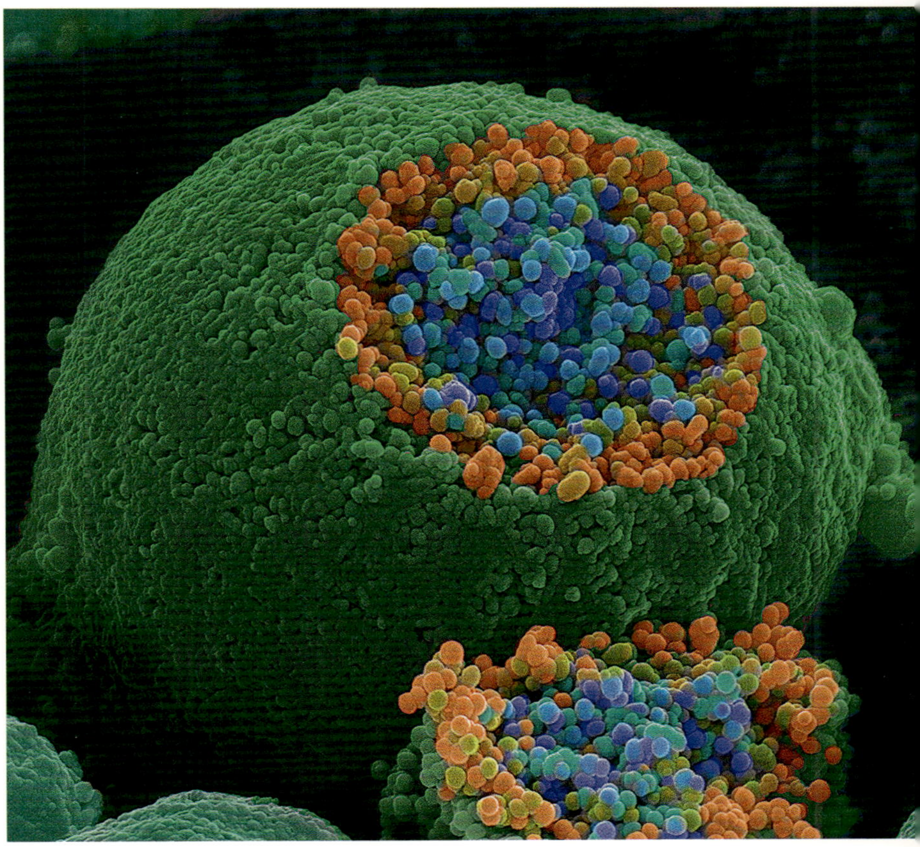

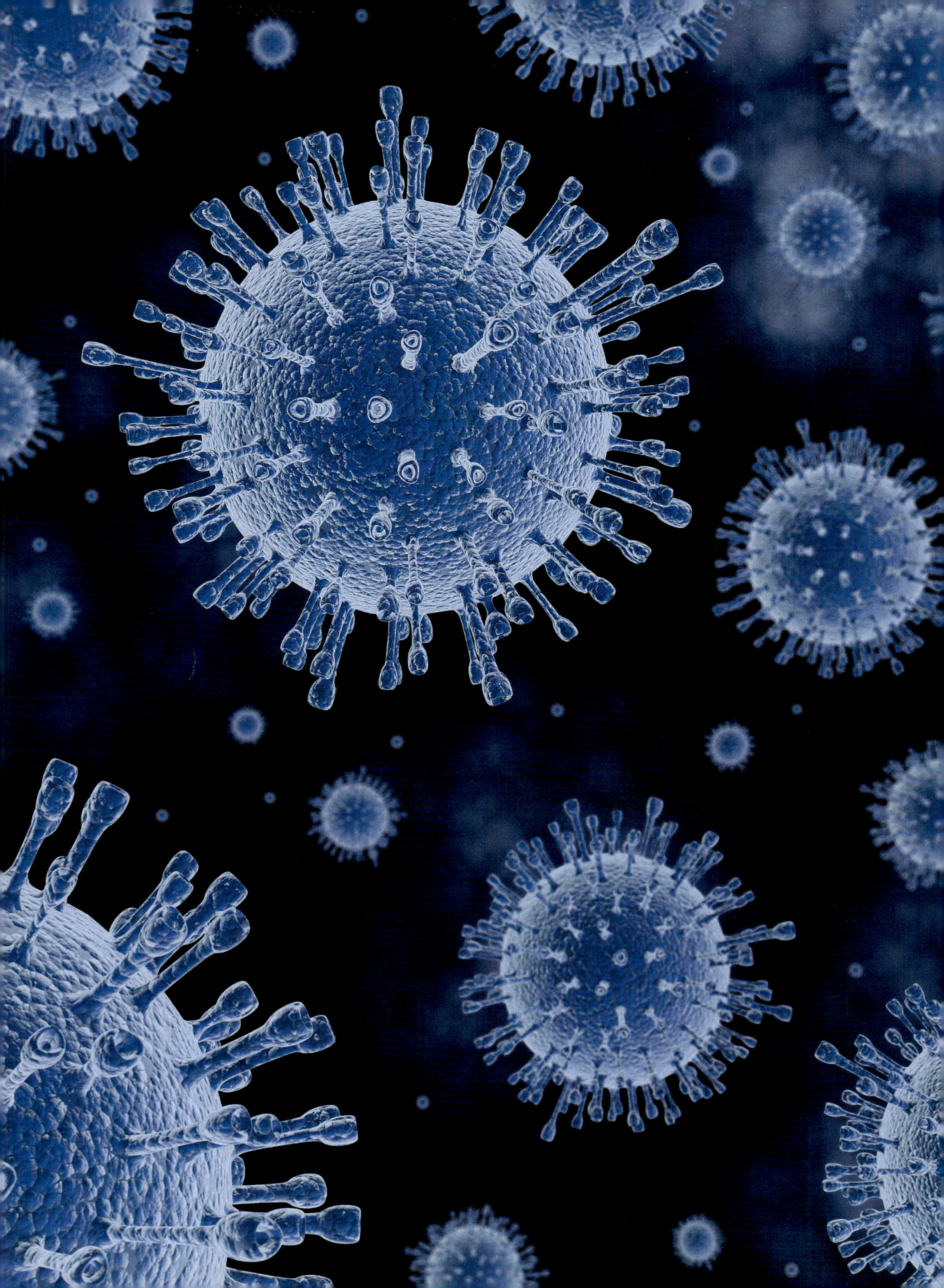

Viren – Verpackungskünstler auf molekularem Niveau

NORA BLUHME

Viren gehören zu den wohl kleinsten, und mitunter gefährlichsten Verpackungssystemen, die die Natur zu bieten hat. Es sind winzige Partikel, so klein, dass man sie mit einem normalen Mikroskop nicht erkennen kann. Deshalb haben Wissenschaftler sie lange Zeit nicht entdeckt und sie blieben als Ursache von schweren Krankheiten bis zum Anfang des 20. Jahrhunderts verborgen. Erst mit technischen Fortschritten, wie der Erfindung des Elektronenmikroskops, kam man ihnen langsam auf die Schliche. Schließlich mussten noch Nukleinsäuren als Träger der Erbinformation entdeckt und Methoden für ihren Nachweis entwickelt werden, um das Ausmaß der Virenverbreitung zu begreifen. Heute weiß man, dass es sich bei Viren um die häufigsten biologischen Einheiten der Erde handelt; mehr als 5000 unterschiedliche Virusarten sind bekannt. Bei genauem Hinsehen dürfte jeder lebende Organismus mit mindestens einem Virus infiziert sein, wobei das nicht immer bedeutet, dass sich Krankheiten ausbilden. Sogar Lebewesen, die nur aus einer einzigen Zelle bestehen, wie Bakterien, können von Viren befallen werden.

Viren bestehen aus den Grundbausteinen aller Lebewesen: Eiweiß (Protein), Zucker und Erbmaterial (Nukleinsäure). Und sie folgen dem Grundprinzip des Lebens: Auf trickreiche Art und Weise vervielfältigen sie ihr Erbgut und geben es an Folgegenerationen weiter. Doch die Frage, ob Viren tatsächlich dem Reich des Lebendigen angehören, fällt in den Graubereich der Biologie und wird von Wissenschaftlern in der Regel nur ungern, und wenn, dann ausweichend beantwortet. Einige Eigenschaften verhelfen Viren zu diesem besonderen Status. Sie enthalten, anders als Zellen, nur eine Nukleinsäureart, entweder DNA (Desoxyribonukleinsäure) oder ihre verwandte Form RNA (Ribonukleinsäure). Und vieles, was von einem richtigen Lebewesen erwartet wird, kann ein Virus nicht leisten. Es reagiert in keiner Weise auf Reize von außen, es hat keinen eigenen Stoffwechsel, kann kein Eiweiß herstellen und auch zur Vermehrung sind Viren alleine nicht fähig. Dazu brauchen sie eine lebende Zelle, die sie infizieren können. Weil sie grundsätzlich auf fremde Zellen angewiesen sind, um Aktivität zu entfalten und Nachkommen zu erzeugen, bezeichnet man sie als intrazelluläre Parasiten.

Betrachten wir die Struktur von Viren genauer, stoßen wir auf einen molekularen Urtyp für biologische Verpackungssysteme: Die meisten Viren bestehen aus einem winzigen Behälter, der sich aus Proteinbausteinen zusammensetzt, dem sogenannten Viruskapsid (abgeleitet von lat. capsula = Kapsel). Inhalt dieser Kapsel ist das Viruserbgut oder -genom.

So wie unser Genom die genetische Information über den Aufbau unseres Körpers enthält, enthält das Virusgenom alle Informationen, die zum Aufbau eines Virus nötig sind. Bei größeren Lebewesen, wie uns Menschen, wird das Genom von unfassbar vielen Zellen umgesetzt, die zusammengenommen unseren Körper bilden.

Viren schleusen sich in Zellen von Lebewesen ein und übernehmen dort das Kommando. Sie bringen die Zellen dazu, das Virusgenom umzusetzen und die Virusnachkommen zu erzeugen. Die infizierten Zellen heißen Wirtszellen und verhalten sich tatsächlich überraschend gastfreundlich gegenüber ihren ungebetenen Bewohnern.

Neben dem Genom sind meist noch einige Substanzen, die die Entstehung neuer Viren in infizierten Zellen unterstützen, in der Viruskapsel verpackt. Viren sind also kleine, molekulare Pakete, die eine Bauanleitung für sich selbst enthalten (das Genom) und darüber hinaus einige Utensilien zu ihrer Fertigung. Das Päckchen hat die Funktion, das Genom von ei-

siehe links:
Modell eines Virus. Mit Fortsätzen auf der Oberfläche können Viren sich an ihre Wirtszellen heften.

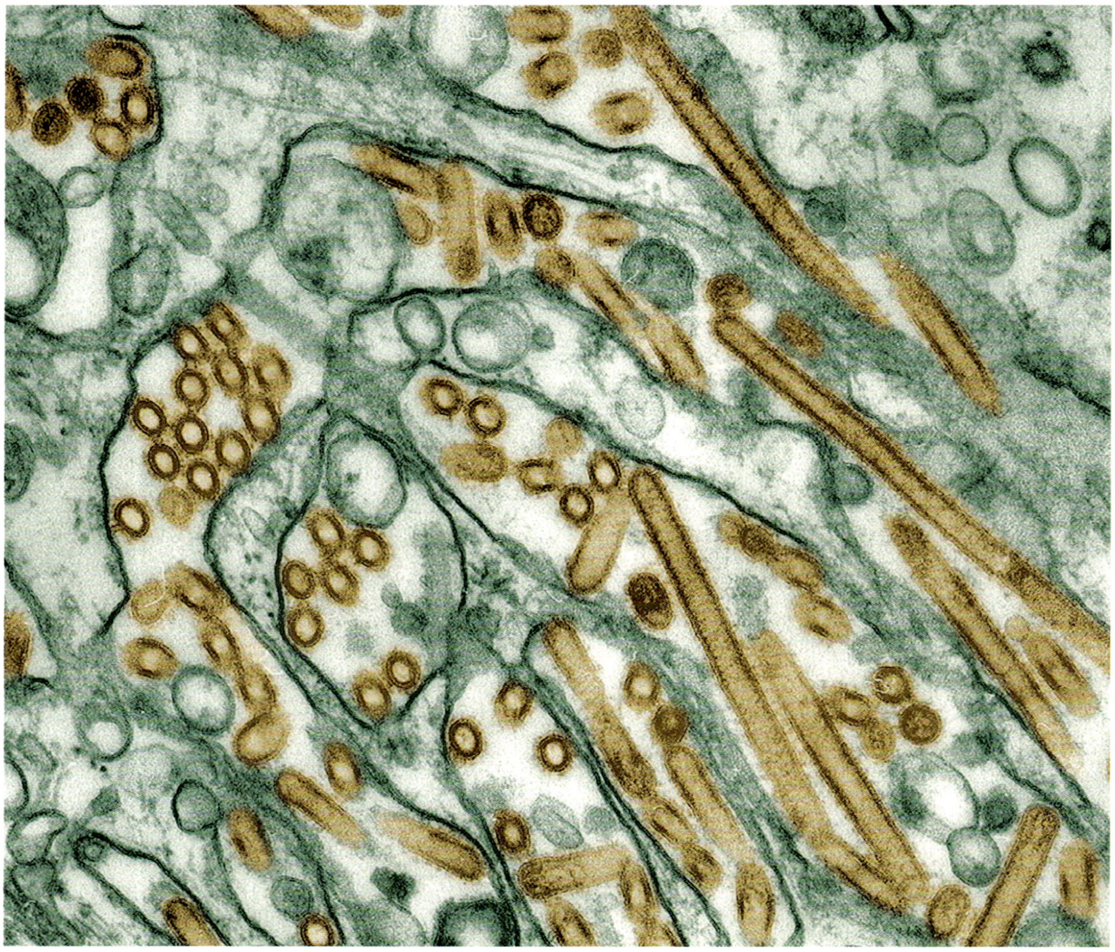

Influenzaviren in Zellkultur. Auf dem elektronenmikroskopischen Bild erkennt man zwischen den Zellen den Erreger der Vogelgrippe (gelb eingefärbt) in unterschiedlich großer Ausprägung.

ner infizierten Zelle zur nächsten potenziellen Wirtszelle zu transportieren und es auf dem Weg vor Schäden durch Umwelteinflüsse zu bewahren. Solange das Kapsid seine Schutzfunktion erfüllt und der Inhalt intakt bleibt, ist das Virus „infektiös" und kann für Zellen gefährlich werden. Doch im Dasein eines Virus hat diese Genomverpackung noch einige weitere Aufgaben und zeigt ein paar äußerst raffinierte Eigenschaften. Sie muss nicht nur das Virusgenom vor schädlichen Einflüssen abschirmen, sondern auch dafür sorgen, dass es zu einer geeigneten Zelle gelangt und dort zum richtigen Zeitpunkt freigesetzt wird. In der nächsten Virusgeneration müssen die neuen Genomverpackungen wieder virales Erbgut aufnehmen, sicher einschließen und aus der infizierten Zelle hinausbefördern.

siehe rechts: Unterschiedliche Virusformen (Elektronenmikroskopische Aufnahmen). a: Die gleichmäßige Anordnung der Polioerreger lässt ihren symmetrisch-würfelartigen Aufbau erahnen. b: Bei Bakteriophagen sitzt der ikosaedrische Kopf auf einer langen Proteinröhre. c: Das Influenzavirus ist von einer Membranhülle umgeben.

Aufbau der Virusverpackung

Die kleinsten Viren haben einen Durchmesser von etwa 16 Nanometern (das sind 0,000016 Millimeter). Das Poliovirus, der Erreger der Kinderlähmung, ist etwa doppelt so groß und Pockenviren gehören mit einer Länge von bis zu 300 Nanometern zu den Riesen im Virenreich. In jedem Fall sind Viren viel kleiner als die Zellen, die sie infizieren. Diese geringe Größe hat den Vorteil, dass die einzelnen Virusnachkommen relativ schnell und ohne großen Materialaufwand von der Wirtszelle angefertigt werden können. Allerdings muss auch die genetische Information möglichst knapp gefasst sein. Je mehr Information in einem Genom gespeichert ist, desto länger wird der Nukleinsäurestrang, aus dem

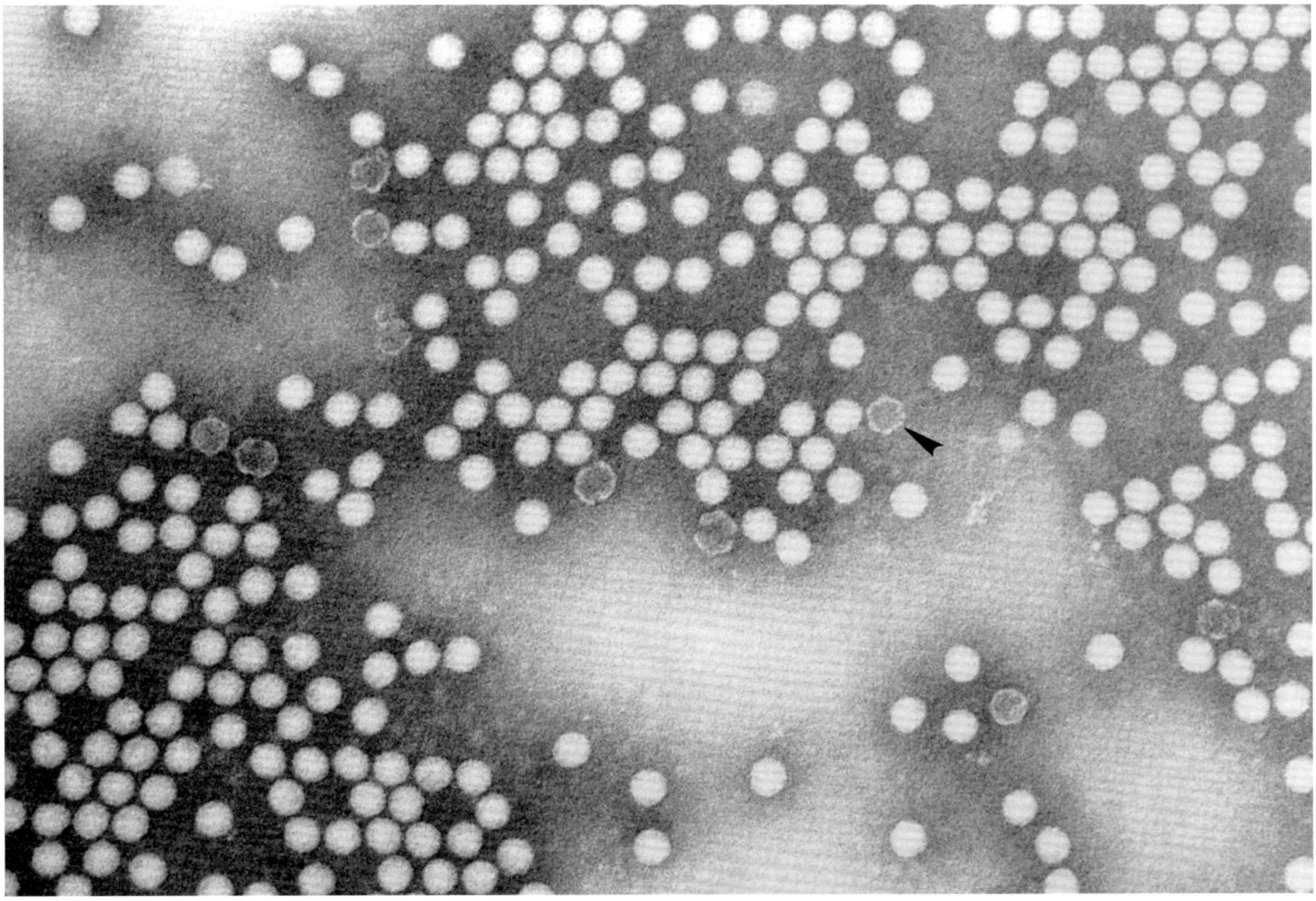

a

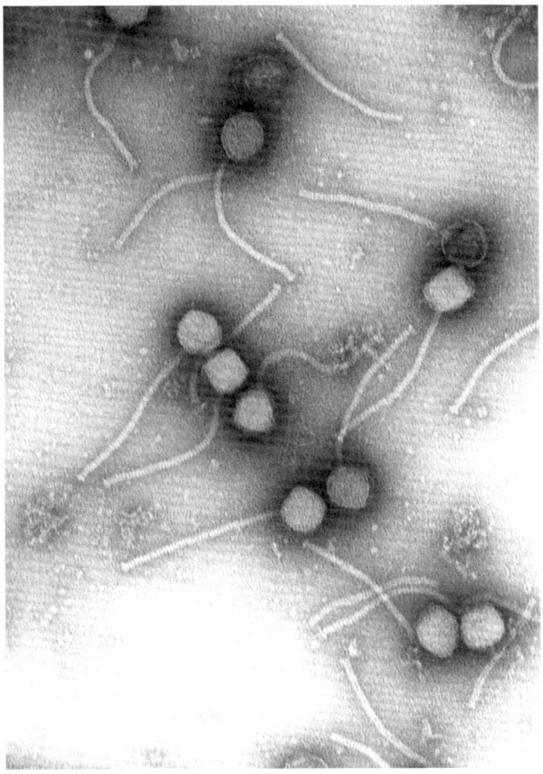

b

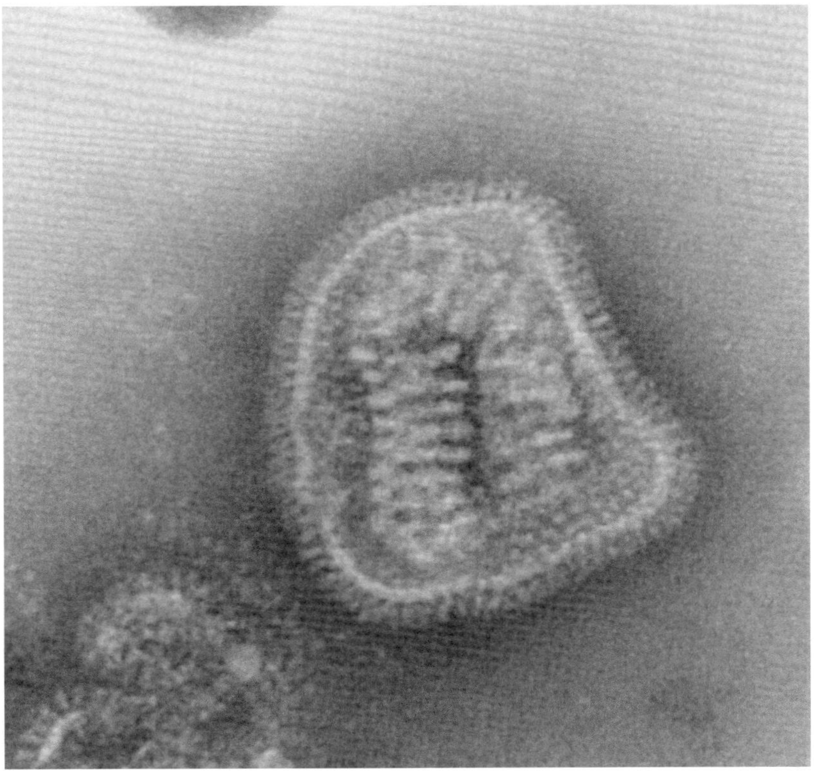

c

es besteht. Damit die Bauanleitung also noch in die winzige Verpackung passt, versuchen Viren mit möglichst wenig Information auszukommen. Das Genom enthält deshalb die Anleitung zur Herstellung von nur einem einzigen oder von einigen wenigen kleinen Bausteinen. Diese knappe Anleitung wird von der Wirtszelle aber nicht nur einmal, sondern etliche Tausend Male ausgeführt. Zum Schluss liegt eine große Anzahl identischer Bausteine vor, die sich im nächsten Schritt zur Kapsel zusammenfügen.

Dadurch, dass die Kapsel aus vielen identischen Bausteinen aufgebaut ist, die sich vielfach wiederholen, entsteht ein hochgradig regelmäßiger und geordneter Aufbau. Dieser Aufbau kann in einer rundlichen, stäbchen- oder kegelartigen Form resultieren. Die meisten Viren, die tierische oder menschliche Zellen infizieren, gehören zum rundlichen Typ. Bei genauerem Hinsehen erkennt man jedoch, dass ihr regelmäßiger Aufbau die Symmetrie eines Ikosaeders hat. Das ist eine Art Würfel mit 20 gleichgroßen Dreiecksflächen und zwölf Ecken.

So einen Ikosaeder bildet auch die Kapsel des Poliovirus. Zwar ist es gegenwärtig in unseren Breiten nicht mehr präsent, doch noch in den 1940er-Jahren verursachte er viele Krankheitsfälle mit teils tödlichem Ausgang. Etliche Patienten, die überlebten, behielten schwere Lähmungen zurück. Dank guter Impfstoffe, die einen festen Platz in den Impfplänen haben, sind wir heutzutage zuverlässig geschützt. Polioviren haben ein besonders stabiles Kapsid. Sie werden meist über den Mund aufgenommen und müssen den Magen passieren, ehe sie ihre Zielzellen im Darm infizieren. Dementsprechend sind sie sehr säurefest gebaut. Außerhalb von Wirtszellen können sie bis zu 60 Tage infektiös bleiben.

Einen ganz besonderen Aufbau haben die Viren, die Bakterienzellen infizieren. Sie heißen Bakteriophagen, was sich von altgriechisch „phageín“ für „fressen“ ableitet. Einer dieser „Bakterienfresser“ ist der T4-Phage, der es auf Kolibakterien abgesehen hat. Der typische Ikosaeder sitzt bei ihm wie ein Kopf auf einem langen Hals, an dessen unterem Ende sich spinnenbeinartige Fasern befinden. Auch Hals und Fasern bestehen aus Proteinen, deren Baupläne im Virusgenom enthalten sind. Insgesamt erinnert die Form des T4-Phagen etwas an eine Mondlandefähre.

Bei einigen Viren ist das Kapsid zusätzlich von einer Biomembran umgeben. Das ist eine flexible, aber undurchlässige Trennschicht, wie sie zum Beispiel auch als Außengrenze von normalen Zellen vorkommt. Diese Schutzhülle verstärkt die Sicherheit für das Erbmaterial. Allerdings sind umhüllte Viren oftmals empfindlich gegenüber Lösungs- und Reinigungsmitteln, die die Hülle angreifen und auflösen können.

In der Membranhülle sind meist Proteine verankert, die zackenförmig oder tentakelartig von der Virusoberfläche abstehen können. Mit ihnen heftet sich das Virus an seine Zielzelle. Einige Vertreter dieser umhüllten Viren sind uns gut vertraut: Mit dem *Herpes-simplex*-Virus oder Influenzaviren haben die meisten Menschen schon unangenehme Bekanntschaft gemacht.

Zustellung – wie findet das Paket sein Ziel?

Um sich zu vermehren, müssen Viren in geeignete Zellen gelangen und dort die zellulären Prozesse für eigene Zwecke umsteuern, damit Virusnachkommen hergestellt werden. Am Anfang dieses Prozesses steht die Zustellung des Viruspakets. Im Verlaufe der Evolution haben sich Viren mitunter sehr spezifisch an bestimmte Organismen und manchmal innerhalb dieser Organismen an bestimmte Zellsorten angepasst. Also muss ein Virus die richtige Zelle „erkennen“ können. Das tut es mithilfe von Strukturen auf der Virusoberfläche, die durch ihre Form und chemische Beschaffenheit nur an bestimmte Gegenstücke auf der Oberfläche der künftigen Wirtszelle andocken können.

Beim Polioerreger liegen diese Kontaktstellen, mit denen sich das Virus an Wirtszellen heften kann, nicht frei zugänglich auf der Oberfläche der Kapsel. Stattdessen sind sie in Furchen verborgen, die sich um die Ecken des Ikosaeders ziehen. Man bezeichnet diese Furchen auch als „Canyons“, sie treten bei den meisten polioverwandten Viren auf. Auf den ersten Blick erscheint es unpraktisch für ein Virus, seine Kontaktstellen zu verbergen, doch es hat den Vorteil, dass sie nicht so leicht vom Immunsystem des Wirtsorganismus erkannt und neutralisiert werden können.

Umhüllte Viren erkennen ihre Wirtszellen mit den tentakel- oder zackenartigen Proteinfortsätzen auf ihrer Membranhülle. Das Influenzavirus heftet sich damit an Sialinsäure, die auf der Oberfläche von vielen Zellen vorkommt. Allerdings treten bei unterschiedlichen Zellen auch unterschiedliche Sorten dieser Säure auf. Das Vogelgrippevirus erkennt seine Wirtszellen an einer Sialinsäureart, die bei Vögeln häufig und bei Menschen nur sehr vereinzelt vorkommt. Daher ist für Menschen eine Ansteckung mit Vogelgrippe sehr unwahrscheinlich, jedoch nicht ausgeschlossen.

Auspacken – wie gibt das Paket seinen Inhalt preis?

Nachdem sich ein Virus mithilfe der Anheftungsvorrichtungen auf der Außenseite seiner Verpackung an der Zielzelle festgesetzt hat, muss der wohlgehütete Paketinhalt, das Genom, aus der Verpackung hinaus- und in die Zelle hineingelangen. Damit die Zelle neue Viren herstellen kann, muss ihr schließlich die entsprechende Bauanleitung vorliegen. Der T4-Bakterienfresser regelt das sehr elegant: Mit seinen Faserfortsätzen haftet er an der Oberfläche des Bakteriums. Nun zieht sich die Röhre, die den Hals des Phagen bildet, zusammen und wird dabei immer kürzer. Dadurch kommt eine dünne Kanüle, die im Inneren dieser Röhre liegt, am unteren Ende der Röhre zum Vorschein und bohrt sich durch die Zellwand der Bakterie hindurch. Durch diese Kanüle wird das Genom in die Bakterienzelle befördert.

Die meisten Viren, mit denen wir Säugetiere es zu tun haben, schleusen sich hingegen komplett ins Zellinnere ein. Dabei kommt ihnen zugute, dass Zellen in der Regel einen regen Stoffaustausch mit ihrer Umwelt betreiben. Ständig nehmen sie Substanzen auf oder geben welche ab. Das ist für die Zellen notwendig, um zum Beispiel an Nährstoffe zu gelangen oder Stoffwechselabfälle loszuwerden. Zu diesem Zweck haben sie raffinierte Methoden entwickelt, die sich die Viren zunutze machen. Für die Stoffe, die eine Zelle aufnehmen muss, gibt es spezielle Rezeptoren auf der Zeloberfläche. Sobald der gewünschte Stoff an den Rezeptor bindet, setzt ein Prozess in der Zelle ein, der dazu führt, dass sich die Zelle den Fremdkörper einverleibt: An der Stelle

Phagen beim Festmahl. Etliche „Bakterienfresser“ sitzen auf einer Zelle und injizieren ihr Genom.

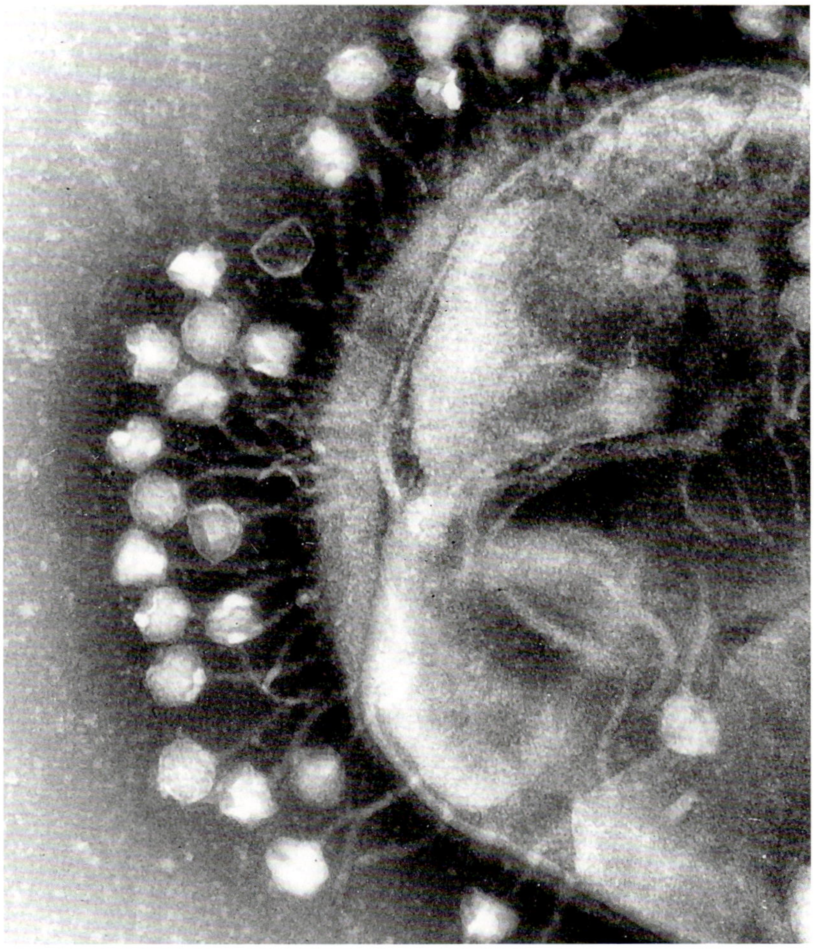

des Rezeptors stülpt sich die Zellmembran nach innen, der Rezeptor sinkt samt gebundener Substanz in die Zelle hinein und wird schließlich von ihr geschluckt. Indem sie an diese Rezeptoren auf der Zelloberfläche andocken, tarnen sich Viren als Substanz, die es aufzunehmen gilt. Sie animieren die Zelle, das Virus nach innen zu ziehen und zu umschließen. Im Inneren der Zelle sorgen die chemischen Bedingungen dafür, dass sich die Kapsidstruktur öffnet und das Genom freigesetzt wird. Oftmals ist es der veränderte pH-Wert, der auf die Kapsel einwirkt und sie durchlässiger macht.

Ob per Injektion oder auf anderem Wege: Die genetische Bauanleitung wird aus der Kapsel entfernt und liegt danach frei in der infizierten Zelle vor. Sogleich beginnt die infizierte Zelle, die nicht zwischen der fremden Bauanleitung und ihren eigenen Arbeitsanweisungen unterscheiden kann, mit der Produktion viraler Komponenten. So stellt sie die Bauteile der Virusverpackung, aber auch Kopien des Virusgenoms, in Massenproduktion her.

Einpacken – wie kommt das Virusgenom in seine Verpackung?

In den infizierten Zellen liegen nach einer Weile die neu hergestellten Virusbestandteile in großen Mengen vor. Aus ihnen müssen neue Proteinkapseln zusammengesetzt und mit den Kopien des Virusgenoms bestückt werden. Hier tritt eine der erstaunlichsten Eigenschaften der Virenverpackung zutage: der „Selbstzusammenbau“. Die einzelnen Bausteine des Virus lagern sich weitestgehend von alleine zum Kapsid zusammen, und zwar schnell und mit höchster Genauigkeit. An speziellen Kontaktstellen fügen sich die Kapsidbausteine quasi automatisch aneinander. Bei den einfachsten Virusarten funktioniert das sogar im Reagenzglas: Wenn man die Proteinbausteine in eine geeignete Lösung gibt, lagern sie sich ohne Zutun zu der symmetrischen Kapselform aneinander. Bei den etwas komplizierteren Viren machen das die Bausteine im Prinzip genauso. Allerdings brauchen sie dafür die speziellen Bedingungen, die sie in einer Zelle vorfinden, und manchmal nutzen sie auch das Virusgenom als Gerüst oder beanspruchen Hilfe

Nanocontainer

Viren haben die erstaunliche Fähigkeit, sich selbst zu kleinen Kapseln (Kapsiden) zusammenzusetzen, sehr spezifisch nur bestimmte Zellen anzugreifen und ihre Fracht dort zu einem definierten Zeitpunkt freizusetzen. Dadurch sind Viren als Transportvehikel für therapeutische Substanzen prädestiniert. Zum Beispiel nutzt man sie als sogenannte Nanocontainer in der medizinischen Forschung.

Hierfür werden die Viruskapside entweder aus infizierten Organismen gewonnen oder ihre Bausteine gentechnisch hergestellt. Es gibt Verfahren, bei denen die Kapside in ihre Einzelteile zerlegt werden und sich anschließend wieder zusammensetzen können. Fügt man bei diesem Vorgang Substanzen hinzu, so werden diese in die neu zusammengefügten Kapseln eingeschlossen.

Dies ist zum Beispiel schon mit Mitteln für die Chemotherapie geglückt und eröffnet die Möglichkeit, diese effektiven Wirkstoffe zielgerichtet zu bestimmten Zellen oder Geweben zu transportieren und dort freizusetzen. Dadurch werden andere Gewebe weniger von Nebenwirkungen betroffen. Diese Entwicklungen stecken allerdings noch in ihren Anfängen.

von zellulären Strukturen und anderen Molekülen.

Damit nur das Virusgenom und nichts anderes in die Viruskapseln verpackt wird, müssen sich Genom und Kapselbausteine wiederum „erkennen“ können. Das Virusgenom ist deshalb meist mit einem besonderen Signal versehen, das es von zellulären Nukleinsäuren unterscheidet. Anhand dieser Markierung wird es von den entstehenden Virusstrukturen erfasst und in die neuen Viruskapseln eingebettet.

Bei manchen Viren lagern sich die Kapsidbausteine um das Genom herum. Bei anderen, wie dem Bakteriophagen T4, entsteht erst das Kapsid, in welches dann das Erbgut eingeschleust wird. Im Falle des Poliovirus setzen sich 180 Bausteine zum Kapsid zusammen. Zunächst gruppieren sich jeweils drei von ihnen zu einem größeren Bauelement. Fünf dieser Dreierstrukturen fügen sich danach zu den künftigen Ikosaederecken aneinander. Schließlich verbinden sich zwölf dieser Eckgebilde zu einem vorläufigen Kapsid, welches das Virusgenom einschließt. Kleine, armähnliche Auswüchse der einzelnen Proteinbausteine ragen ins Innere der Kapsel. Dort verflechten sie sich zu einem Stützgerüst, das das Behältnis stabilisiert.

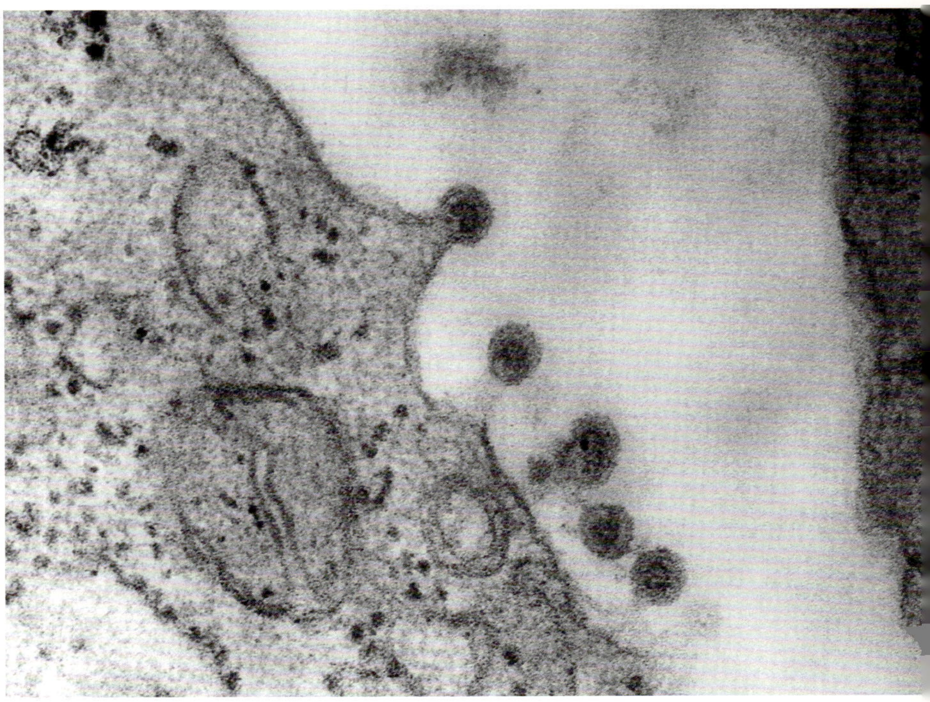

Bei der „Knospung“ schnüren sich die Viren (hier das Rötelnvirus) in Membranhüllen von der Zelloberfläche ab.

Abschicken – wie das Paket auf den Weg kommt

Nun müssen die frisch zusammengesetzten Viren noch aus der Zelle hinaus gelangen, damit der Kreislauf des Virusdaseins von vorn beginnen kann. Auch hierfür haben Viren unterschiedliche Strategien entwickelt.

Eine Möglichkeit ist die sogenannte „Knospung“: Das Virus hängt sich an die Innenseite der Zellmembran und setzt dort einen Prozess in Gang, bei dem sich die Membran mit dem Virus nach außen wölbt. Die Zellmembran bildet eine kleine Blase um das Virus, die sich von der Zelloberfläche abschnürt. Das Virus ist nun frei und hat gleichzeitig seine Membranhülle erhalten. Auf diese Weise wird HIV aus infizierten Zellen freigesetzt.

Aber es gibt auch drastischere Methoden der Freisetzung: Das Genom des Poliovirus enthält zum Beispiel die Anleitung für den Bau von Substanzen, die die eigenen Aktivitäten der Zelle lahmlegen. Die Zelle produziert dann ausschließlich Viruskomponenten, wodurch ihr eigener Stoffwechsel leidet und sie bald zugrunde geht. Während sie stirbt, wird ihre Außenhülle durchlässig und die Virusnachkommen gelangen nach draußen. Eine neue Generation winziger Pakete, die es im wahrsten Sinne des Wortes in sich haben, wird verschickt, um die nächsten Wirtszellen zu befallen. Das können Nachbarzellen sein, Zellen, die an einer anderen Stelle im Organismus sitzen, oder auch solche, die zu einem anderen Organismus gehören.

Auf die Palme gebracht – Palmstämme und ihre Hüllen

DR. HILKE STEINECKE

Palmen (Arecaceae) sind der Inbegriff tropischer Pflanzen. Die Angaben zur Artenzahl schwanken je nach Autor und liegt bei rund 2600 Arten, die sich auf 184 Gattungen verteilen. Die meisten Palmen haben ihre natürliche Verbreitung in einem Tropengürtel rund um den Äquator. Nur wenige Arten kommen deutlich nördlicher bzw. südlicher vor. In Europa sind die Europäische Zwergpalme (*Chamaerops humilis*) sowie die Kretische Dattelpalme (*Phoenix theophrastii*) heimisch. Auf den Kanaren, die zwar politisch zu Europa gehören, geographisch aber Afrika zugeordnet werden, hat die Kanarische Dattelpalme (*Phoenix canariensis*) ihre natürliche Heimat. Man muss also gar nicht so weit bis in die Tropen verreisen, um sich ein Bild von Wuchsformen und Vielfalt der Palmen machen zu können. Im Mittelmeerraum kann man außer den drei oben genannten Arten noch einige weitere Palmen finden, die dort regelmäßig in Parks, Gärten oder an Straßenrändern angepflanzt werden. Zu den auffälligsten gehören die Washingtonien (*Washingtonia robusta*, die Petticoat-Palme, sowie *W. filifera*, die Priester-Palme). Ziemlich kälteunempfindlich ist die Chinesische Hanfpalme (*Trachycarpus fortunei*), die deshalb auch in milden Gebieten Deutschlands bisweilen ausgepflanzt wird und hier auch überlebt. Und nicht zu vergessen sind Palmen als Zierpflanzen (zum Beispiel Berg- und Kentia-Palmen), die leicht in der Wohnung gehalten werden können, während die Yuccapalme, die Drachenpalmen oder die Palmfarne gar keine Palmen sind.

Palmen lassen sich anhand ihrer Blätter einteilen, so gibt es Fieder- und Fächerpalmen. Viele Palmen sind einstämmig, seltener gibt es aber auch mehrstämmige horstig wachsende Arten. Ihre Höhe reicht je nach Art von nur wenigen Dezimetern bis zu rund 60 Metern. Palmenstämme können aufrecht stehend, kriechend oder kletternd sein; manche sind fingerdünn, andere dagegen mehrere Dezimeter dick und kompakt. Auffällig ist auch die Verschiedenartigkeit der „Verpackung" von Palmenstämmen (siehe unten).

Rank und schlank

Palmen sind einkeimblättrige Pflanzen. Zu diesen gehören sonst überwiegend unverholzte Stauden wie Lilien, Orchideen oder Maiglöckchen. Einkeimblättrige Pflanzen haben kein sekundäres Dickenwachstum, wie wir es von den Laub- und Nadelbäumen kennen. Dies bedeutet, dass sich der einmal erreichte Durchmesser des Stammes normalerweise nicht mehr verändert im Unterschied zum Beispiel zur Eiche, deren Stamm von Jahr zu Jahr immer dicker wird und der an seiner Basis meist deutlich dicker ist als weiter oben am Stamm. Selbst dem Laien fällt schnell auf, dass Palmenstämme von der Basis bis zum Blattschopf fast gleich dick sind, ähnlich wie beim Bambusrohr. Nur bei manchen Palmen ist der Stamm partiell verdickt, außerdem können flaschenförmige Stämme entstehen (Flaschenpalmen, zum Beispiel *Hyophorbe lagenicaulis*). Diese Verdickungen beruhen aber nicht auf einem regulären sekundären Dickenwachstum, vor allem sind Wasser oder Stärke eingelagert.

Palmenstämme können im Laufe der Jahre nicht dicker werden, weil ihnen das dazu notwendige Bildungsgewebe (Kambium) fehlt. Die wasser- und nährstoffleitenden Leitbündel werden bei Palmen als geschlossen bezeichnet, weil sie sich nicht vergrößern können wie bei den Bäumen mit sekundärem Dickenwachstum. Bei Letzteren werden der wasser-

siehe links:
Wie gewebt wirkt das Blattfasergeflecht von *Trithrinax acanthocoma.*

leitende Holzteil (Xylem) und der zuckerleitende Siebteil (Phloem) durch das Kambium voneinander getrennt. Bei Laub- und Nadelbäumen sind die Leitbündel im Querschnitt ringförmig angeordnet. Die Leitbündel der Palmen dagegen sind gleichmäßig über den Stamm verteilt und wirken auf einem Querschnitt durch einen Palmenstamm wie viele kleine Pünktchen.

Die Stämme von Laub- und Nadelbäumen werden durch eine oft recht dicke Borke geschützt. Aus Ermangelung des Kambiums können Palmen keine Borke entwickeln. Bei Palmen haben sich im Laufe der Evolution aber andere Strukturen herausgebildet, die den Stamm schützend und stabilisierend „verpacken".

Blätter, Fasern, Haare oder Dornen

Washingtonia robusta mit einem „Rock" aus abgestorbenen Blättern.

Bei vielen Palmen sind die Stämme dicht von den Blattscheiden umgeben. Selbst wenn die Blattflächen älterer Blätter längst verwittert oder gar abgeworfen sind, bleiben die Scheiden bei vielen Arten erhalten und umschließen den Stamm mehr oder weniger fest. Besonders deutlich erkennbar sind die Reste der Blätter an den Stämmen von Dattelpalmen. Werden sie als Zierpalmen kultiviert, schneidet man ihnen meist die älteren Blätter ab, damit der Stamm eine elegantere Form erhält. Die Reste der abgeschnittenen Blätter, also die angeschnittenen Blattscheiden, ergeben auf dem Palmenstamm ein gleichmäßig gefeldertes Muster. Würde der Stamm auf dem Boden liegen, wäre eine Assoziation mit einem dicken schuppigen Schlangenkörper naheliegend. Bei manchen Palmenarten sind die Blattscheiden derart umgebildet, dass sie nur noch für Geübte als Teile eines Blattes erkennbar sind. Die Blattscheiden vieler Palmen sind gefranst bis faserig und umgeben fast schon wie ein grob gewebtes Stück Stoff den Stamm, um ihn vor Umwelteinflüssen zu schützen. Beispiele für Palmen mit netzartig faserigen Blattscheiden sind die Chinesische Hanfpalme, die Kokospalme und die Steckenpalme (*Rhapis excelsa*).

Bei der nur auf Kuba in Savannengebieten natürlich vorkommenden Bartpalme oder „Old man palm" (*Coccothrinax crinita*) umgeben die langen braunen bis weißlichen Fasern den Stamm fellartig. Bei Buschfeuern verbrennt nur diese äußere Haarschicht, während die inneren empfindlichen Bereiche des Stammes überleben. Wie der Name Nadelpalme erahnen lässt, sind die Blattbasen von *Trithrinax acanthocoma* von nadelförmigen Stacheln überzogen. Dazwischen befindet sich ein Fasergeflecht (der Gattungsname leitet sich von grie-

a

b

c

d

a: *Trithrinax acanthocoma;* b: Stark bewehrter Stamm von *Astrocaryum mexicanum*; c: Die Blattscheiden am Stamm von *Bismarckia nobilis* wirken wie geflochten; d: Die Stämme von *Coccothrinax crinata* sind lang behaart.

chisch akanthe = Dorn und lateinisch coma = Haupthaar ab).

Für Fraßfeinde gleich wie für Gärtner ist die Mexikanische Sternnuss-Palme (*Astrocaryum mexicanum*) eine sehr unbeliebte Art. Denn der ganze Stamm ist mit Stacheln besetzt, die in alle Richtungen weisen. Äußerst wehrhaft sind auch die kletternden Rotang-Palmen (*Calamus*-Arten), aus deren Leitbündeln Rattan-Möbel hergestellt werden. Ihre elastischen Triebe wachsen viele Dutzende Meter in andere Pflanzen hinein. Mit ihren bestachelten Stämmen sowie den stacheldrahtähnlichen Enden ihrer Fiederblätter halten sie sich an ihren Trägerpflanzen fest. Sie sind sogenannte Spreizklimmer.

Bei der Petticoat-Palme (*Washingtonia robusta*) bleiben die Blätter, selbst wenn sie abgestorben und eingetrocknet sind, unter dem frischen Blattschopf erhalten und umgeben den Stamm wie ein Mantel oder ein überdimensional großer Bastrock, woher der Name kommt. Die abgestorbenen Blätter dienen auch dazu, Wasser aus Nebel auszukämmen und kondensieren zu lassen, um in regenarmen Zeiten ausreichend Feuchtigkeit zur Verfügung zu haben.

Dann gibt es aber auch Palmen, die vor allem im Alter alle älteren Blätter verlieren und dementsprechend nackte, glatte Stämme haben. Diese zeigen meist in gleichmäßigem Abstand helle Ringe ähnlich wie bei Bambushalmen. Die Ringe sind die Narben der abgefallenen Blätter. Bei manchen Arten, vor allem bei denen des Regenwaldes, bleiben die Stämme grün und betreiben Fotosynthese, um das wenige im dichten Wald vorhandene Licht optimal auszunutzen. Die Kubanische Königspalme (*Roystonea regia*) dagegen hat hohe glatte hellgraue Stämme, die wie Betonsäulen in die Höhe ragen. An ihrer hellen Oberfläche wird ein Teil des Lichtes reflektiert, wodurch eine Überhitzung vermieden wird.

siehe links:
Die Basen der abgeschnittenen Blätter einer Kanarischen Dattelpalme ergeben ein gefiedertes Muster.

Das Herz der Palmen

Auch Palmen haben ein Herz. Das ist das Bildungsgewebe von Stamm und Blättern an der Spitze des Stammes. Unter Palmherz versteht man aber auch die ganz weiche Zone, die armdick und meterlang sein kann und nur zum kleinsten Teil aus Bildungsgewebe besteht. Wird das Herz zerstört, stirbt die Palme komplett ab, weshalb man Palmen nicht wie viele andere Bäume an der Spitze kappen kann. Dieser empfindliche Bereich muss also besonders geschützt werden. Bei großen Palmen ist deshalb bei vielen Arten ungefähr der oberste Meter dick und fest eingepackt von den Scheiden der aktuell existierenden Blätter, man spricht von einem Kronenschaft. Besonders auffällig ist dieser Bereich bei der Siegellackpalme (*Cyrtostachys renda*) aus Malaysia ausgeprägt, denn er ist wie Siegellack leuchtend rot gefärbt.

Pritchardia pacifica mit einem kräftigen Kronenschaft.

Die Baumrinde – Schutzmantel und Lebensraum

DR. RUTHILD KROPP

„In den Wäldern sind Dinge, über die nachzudenken, man Jahrelang im Moos liegen könnte“, schrieb Franz Kafka 1918 auf einer Postkarte an seinen Freund Max Brod. Meinte er die Bäume? Aus dem Nachlass überliefert (Stufen 1918) ist eine Äußerung von Christian Morgenstern: „Wer die Welt nicht von Kind auf gewohnt wäre, müßte über ihr den Verstand verlieren. Das Wunder eines einzigen Baumes würde genügen, ihn zu vernichten.“ Der Baum als Wunder?

Ein Baum kann uns beeindrucken – sowohl von der Ferne als auch aus der Nähe. Manchmal fällt uns seine schiefe Haltung auf, zuweilen sein schöner Wuchs, auch mal seine volle Krone und immer wieder seine Rinde. Glatt kann sie sein in der Jugend, tief gefurcht im Alter und zuweilen schält sie sich schlimmer als unsere Haut nach jedem Sonnenbrand. Auch kann sie farbenfroh und kunstvoll leuchten. Doch sie ist viel mehr als nur eine äußere schöne Hülle, sie ist vielfältiger Schutz, Trutz, Pipeline, Müllhalde und Wertstoffdepot, Apotheke, Dämmschicht, Brandschutz und Lebensraum – kurz, sie ist, wie so oft in der Natur, eine perfekt an die Bedürfnisse der verschiedensten Sträucher und Bäume unserer Erde angepasste Verpackung.

Doch was genau ist eigentlich die Rinde? Sie besteht von außen nach innen aus drei Schichten: der Borke, dem Kork und dem Bast. Alle drei haben wichtige Funktionen für den Baum. Betrachtet man den Querschnitt eines Baumes, eine sogenannte Baumscheibe, liegen bekanntermaßen außen die Rinde und innen das Holz. Getrennt und gebildet werden beide durch das Kambium, einen Ring aus Zellen, die in der Lage sind, neue, lebende Holz- und Rindenzellen nach innen und außen zu produzieren.

Vertikale Pipelines

Das Kambium bildet Zellen, die spezialisiert und für den Baum überlebenswichtig sind, denn über sie funktioniert sein Wasser- und Nährstofftransport. Nach innen entsteht das Splintholz, weiche und helle Zellen, die, gleich einer Pipeline, Wasser von den Wurzeln zu der Baumkrone befördern. Nach außen bildet das Kambium die innere Rinde, den Bast. Auch hier findet man Leitungsbahnen, die Assimilate (organische Stoffe) der Fotosynthese von der Krone in Richtung Wurzel transportieren. Zuweilen werden in diesen Röhren auch Wasser und Nährstoffe nach oben bewegt.

Atmungsaktive Halde

An den Bast grenzt der Korkbereich, der aus drei Schichten besteht. In der Mitte liegt erneut ein aktiver Bereich, das Korkkambium. Nach außen produziert es viele Zellen, die rasch verkorken, nach innen wenige, die unverkorkt sind. Das Korkkambium stellt meist seine Teilungen nach kurzer Zeit ein und es entsteht am Bast ein zweites Korkkambium, später ein drittes. Die Schichten außerhalb des aktiven Korkkambiums, also alle verkorkten Zellen, bezeichnet man als Borke.

In die äußeren Schichten lagert der Baum Stoffe ein: Harze, Schleime oder Gerbstoffe, aber auch Materialien, die der Baum nicht mehr benötigt. So wird der Schutzmantel zur

siehe links: *Pseudobombax ellipticum* trägt eine grün gemusterte Rinde. Er wird auch Rasierpinselbaum genannt wegen seiner typischen Pinselblüten.

Korkwarzen (Lentizellen) in der Rinde der gemeinen Esche (*Fraxinus excelsior*).

Müllhalde, wobei der „Müll" zum Teil dem Baum nützt und diese Schicht vielleicht eher ein Wertstoffdepot ist.

Die Verkorkung geht einher mit einer Unterbrechung der Wasser- und Nährstoffzufuhr. Deshalb sterben nicht nur die Korkzellen ab, sondern auch alles, was außerhalb von ihnen liegt. Wichtig ist für einen Baum jedoch der Gasaustausch zwischen Innen und Außen – und der ist durch diese zum Teil sehr dicke und dichte Korkschicht oft nicht möglich. Als Rettung bildet der Baum deshalb Korkwarzen, Lentizellen (von lateinisch lens = Linse), die den Gasaustausch möglich machen.

Schlecht für die schlanke Linie

Vergleicht man einen Baum mit einer Blume, so fällt neben vielen weiteren Unterschieden auf, dass der Baum nicht nur in die Höhe, sondern auch in die Breite wächst. Der Grund ist, dass Splintholz- und Bastzellen vom Kambium immer wieder neu gebildet werden, sie lagern sich so Ring um Ring innen und außen an diese Schicht. Dadurch wird der Holzbereich immer umfangreicher, der Baum geht in die Breite (sekundäres Dickenwachstum).

Das Kambium stellt sich darauf ein und bildet neben Splintholz- und Bastzellen auch neue Kambiumzellen, wodurch dieser wichtige Ring mit dem Umfang des Baumes wächst und nicht unterbrochen wird.

Die Rinde hat da ein größeres Problem. Einmal gebildet, können ihre Zellen den gewaltigen Kräften des sekundären Dickenwachstums nicht standhalten; es reißen sowohl der Bast als auch die äußeren Schichten der Borke. Der Baum verdankt es dem immer neu gebildeten Kork, dass Risse nicht bis tief in das Gewebe reichen.

Im Holzbereich lagern die älteren Zellen des Splintholzes Lignin (von lateinisch lignum = Holz) ein. Die Fähigkeit des alten Splintholzes zum Wassertransport wird langsam abgebaut und die Zellen sterben ab. Sie werden zum Kernholz, das im Vergleich zum Splintholz hart, schwer und trockener ist und die Stabilität des Baumes garantiert.

Im Holz – und selten auch im Bast – sieht man die Tätigkeit des Kambiums in den Jahresringen, mit deren Hilfe man das Alter eines Baumes bestimmen kann. Zudem sind sie für die Dendrochronologie von Bedeutung, eine Wissenschaft, die Holz aus archäologischen Ausgrabungen anhand seiner Jahresringe datiert.

Mit Gerbsäure zum Leder

Gerbsäuren machen die Rinde resistent gegenüber Mikroorganismen, sie sind sozusagen ein vom Baum hergestelltes Schutzmittel. Chemisch bezeichnet man sie als Tannine (Polyphenole der Gallussäure), sie finden sich auch in Wein oder Schwarzem und Grünem Tee und manchmal nehmen wir ihren herben Geschmack wahr.

Der Mensch setzt die Gerbsäuren der Baumrinden zum Konservieren von Tierhäuten ein, dem sogenannten Gerben, dessen Endprodukt Leder ist. In unseren Breiten nutzte man dazu häufig Eichenrinde und pflanzte große Eichenwälder, die Lohwälder. Dort erntete man die Gerberlohe, das sind Rinden mit hohem Gerbsäureanteil. Man verwendet die Rinde unterschiedlicher Baumarten für verschiedenfarbige Leder: Eiche (*Quercus*) und Fichte (*Picea*) für Hellbraun, Kastanie (*Aesculus hippocastanum*) für Mittelbraun, Weide (*Salix*) und Birke (*Betula*) für gelbliche Töne. Heute wird meist mit Chromgerbung gearbeitet (mit Chrom(III)-Salzen).

Warum ist die Birkenrinde weiß?

Die Birke ist einer der wenigen Bäume, die auch Laien leicht identifizieren können. Ihre weiße Rinde fällt auf und prägt sich ein. Grund für diese ungewöhnliche Rindenfarbe ist wieder der Standort der Bäume bzw. ihre sogenannte Pioniereigenschaft: Sie besiedeln als erste Bäume unbewirtschaftete Gebiete, etwa Schutt- und Brachflächen. An diesen unwirtlichen Orten können sie nicht den kühlen Schatten eines Waldes genießen, sondern wachsen zunächst vereinzelt und und damit ungeschützt. Jetzt kommt das Betulin ins Spiel, der Stoff, der die Birkenrinde weiß färbt. Die weiße Farbe ist ein Schutz: Sie reflektiert das Sonnenlicht, wodurch der Baum nicht so stark erhitzen kann. Das ist ein wichtiger Faktor sowohl an südlichen, heißen Standorten als auch im Norden, wenn bei Eiseskälte die Sonne auf den Bäumen steht und ein zu starker Kontrast zwischen kalt und heiß zu Schäden führen würde.

Zusätzlich schützt das Betulin die Birke vor Krankheiten. Es wirkt nämlich gegen Pilze und Tierfraß, durch die zum Beispiel Mikroorganismen in den Baum gelangen könnten.

Durch Betulin wird die Birkenrinde zudem wasserabweisend. Der Baum wird so nicht nur nicht nass; bei Trockenheit verhindert das Betulin einen Wasserverlust über die Rinde. Die wasserabweisende Fähigkeit der Birkenrinde hat schon Ötzi zu schätzen gewusst: Er trug ein Gefäß aus Birkenrinde mit sich.

Die Papierbirke (*Betula papyrifera*) hat eine Ringelborke. Weitere Borkentypen sind die Schuppenborke (z. B. bei der Kiefer, *Pinus*, oder der Lärche, *Larix*) und die Streifenborke (z. B. bei der Waldrebe, *Clematis*).

Schutzmantel

Die Borke schützt den Baum vor vielerlei Bedrohungen – und das standortabhängig, weshalb die Rinden unserer Bäume so verschieden sind. Die Eiche zum Beispiel steht häufig auf freien Flächen und ist den Wetterkapriolen ungeschützt ausgeliefert. Sie trägt deshalb eine sehr

Ein Blick auf die Korkeiche (*Quercus suber*) mit ihren wülstigen Korkschichten.

dicke und schuppige Borke, die sie gegen Hagel und Sonnenlicht schützt. Die Buche (*Fagus*) hingegen wächst eher in dichten Wäldern. Hier ist die Sonneneinstrahlung nicht sehr hoch, eigentlich ist es ziemlich dunkel im belaubten Buchenwald – so hat sie ein dünne und glatte Rinde, die zudem kaum Borke bildet. Was man sieht, ist der Korkbereich mit seinen drei Schichten.

Ganz grundsätzlich verhindert die Borke, dass der Baum austrocknet, denn ohne sie läge der Bast mit seinen Leitungsbahnen fast schutzlos da. Zudem schützt sie vor zu viel Nässe von außen: In den Kork wird ein wasserabweisender Stoff (Suberin) eingelagert. Auch Strahlung, Hitze und Kälte treffen zunächst auf die Borke und richten meist keinen Schaden an, denn der Kork ist ein vorzügliches Dämmmaterial, weswegen er häufig als Bodenbelag oder zur Wärmedämmung verwendet wird. Gewonnen wird er aus der Korkeiche, *Quercus suber*.

Schutz vor Wunden und Infektionen

Immer wieder kann es zu mechanischen Beschädigungen des Baumes kommen, etwa durch Hagel, Schnitt oder Autounfälle. In solchen Fällen schützt die Rinde vor Verwundung oder, falls eine Wunde entstanden ist, wird sie durch das Schutzholz geschlossen, das der Baum bildet. Auch Harzfluss ist eine Abwehrreaktion des Baumes bei einer Verletzung.

Ein weiteres Problem stellen Tiere dar, die gerne mal Rinde fressen, sowie hungrige Insekten oder Larven von im Holz brütenden Insekten. Jede Verletzung, und sei sie noch so klein, öffnet Mikroorganismen, Pilzen und anderen Schädlingen Tür und Tor, den Baum zu befallen und ihn von innen zu schädigen. Hier helfen Stoffe, die in die Borke eingelagert werden. Einige dieser Stoffe kennen und schätzen wir: Zimt etwa. Der Ceylonzimtbaum (*Cinnamomum verum*) lagert in allen Teilen Zimtöl ein, das bitter schmeckt und Tieren den Appetit nach dem ersten Bissen verdirbt. Oder Aspirin: Sein „Vorbild", Salicin, findet sich neben vielen anderen Stoffen in den Rin-

Der Florettseidenbaum (*Ceiba speciosa*) stammt aus Südamerika. Er lagert bei Trockenheit in seinen Stämmen Wasservorräte und schützt sich mit spitzen Stacheln.

den der Weiden (*Salix*) und wird im Körper zu Salicylsäure, dem Grundstoff des Aspirins.

Zuweilen schützen sich die Bäume ohne große chemische Anstrengung gegen Angreifer: *Ceiba speciosa*, ein Baum aus dem tropischen Amerika, schützt seinen sukkulenten (wasserspeichernden) Stamm mit großen Stacheln.

Auch ein kleine Ästchen kann Lebensraum für Flechten bieten.

Harze und Balsame

Doch in der Rinde liegen noch weitere Stoffe, die der Mensch nutzt: Harz etwa, das fast alle unsere Nadelbäume über ihre Harzgänge aus Rinden oder jungem Holz ausscheiden. Man nennt es Terpentin. Was wäre eine große Messe im Vatikan ohne Weihrauch? Das Räuchermittel stammt vom Weihrauchbaum (*Boswellia sacra*), man gewinnt es, indem man die Rinde anritzt, worauf das Harz austritt und erhärtet. Die festen Brocken wurden schon im Alten Ägypten hochgeschätzt und als Räucherwerk verwendet.

Ob Mastix als Räuchermittel, Japanlack für kostbare Lackarbeiten oder Kanadabalsam als Einbettung für mikroskopische Präparate – die Harze und Balsame der Bäume sind so vielfältig wie der Einfallsreichtum des Menschen bei ihrer Verwendung.

Gummifabrik

Hevea brasilensis ist ein Baum, der aus dem Amazonasgebiet stammt. Durch seine Rinde verlaufen Milchröhren, deren Milchsaft man durch Anzapfen der Bäume gewinnt – vorsichtig, damit das Kambium nicht verletzt wird. In Fabriken stellt man Rohkautschuk her. Dieser wird weiter verarbeitet zu Gummi, hochgeschätzt, weil er dehnbar, wasserabweisend und widerstandsfähig ist. Er wird verwendet für Auto- und Fahrradreifen, Kondome, Dichtungen aber auch aufgeschäumt für Matratzen und vieles mehr. Kautschuk kann übrigens auch aus der Sonnenblume und anderen krautigen Pflanzen gewonnen werden, die Milchsaft führen – man denke nur an den Löwenzahn.

Leben auf der Rinde

Wenn wir uns ohne Kompass im Wald verlaufen haben, dann können wir die Himmelsrichtung anhand des Moosbewuches von Bäumen bestimmen: Sie sollen auf der immer schattigen Nordseite wachsen. Das ist zwar keine sehr zuverlässige Richtungsbestimmung, doch sie verlässt sich auf die Eigenschaft der Rinde, wichtigen Sporenpflanzen wie Moose, Pilze, Flechten und Grünalgen einen Lebensraum zu bieten. Moose, Flechten und Grünalgen schaden der Rinde nicht. Anders ist das bei Pilzen, von denen manche mit ihren Hyphen in das Holz eindringen und dem Baum Nährstoffe entziehen. Zuweilen bevorzugen bestimmte Arten von Flechten und Moosen ganz bestimmte Bäume – wahrscheinlich sind spezifische chemische Stoffe in der Rinde dafür verantwortlich.

Neben diesen Sporenpflanzen bieten Rinden vielen Tieren einen Lebensraum. Auf ihr tummeln sich Baumwanzen, Schmetterlinge, Spinnen, Käfer und vieles mehr. Von den Nährstoffpipelines des Bastes profitieren etwa die Larven der Borkenkäfer. Ihre Eltern bereiten in der Rinde die Brutkammern vor, in denen sich ihr Nachwuchs dann dick und rund frisst. Im schlimmsten Fall kann dies zum Absterben des Baumes führen. Einige Vögel wie Specht, Kleiber oder Baumläufer ernähren sich von diesen fetten Larven. Schließlich fressen Rehe und Biber, aber auch Vögel die Rinde, wenn sie keine andere Nahrung finden.

Die oberste Erdkruste – lebendige Hülle unserer Erde

DR. ASTRID
RÖPKE

Zugegebenermaßen ist die oberste Erdkruste keine imposante Naturgewalt wie ein Vulkan oder eine schön anzuschauende seltene Blume auf einem schroffen Berggipfel. Sie wird Boden oder einfach nur „Erde" genannt. Beim Gärtnern bleiben immer ein paar Reste dieses wertvollen Gutes unter unseren Fingernägeln zurück. Doch es ist kein Zufall, dass der Boden Namensgeber unseres Planeten ist, denn von seiner Fruchtbarkeit hängt die Ernährungssicherheit der Menschen ab.

Auf den ersten Blick mag die oberste Erdkruste als amorphes und lebloses Aufwuchsmedium für die Pflanzenwelt und als Fläche für unsere Häuser und Straßen erscheinen. Bei näherer Auseinandersetzung aber zeigt sich der Boden als geheimnisvolle Zwischenwelt von unbelebter und belebter Natur. Diese Welt ist so komplex, dass bis heute viele ablaufende Prozesse noch nicht verstanden sind. Beispielsweise hinterlässt der Regenwurm Kalkausscheidungen in seinen Gängen zurück. Die Wissenschaft rätselt, woher er den Kalk nimmt. Er produziert die Kalkausfüllung auch in kalkfreien Böden, sodass vermutet wird, dass der Wurm in der Lage ist, den Kalk in seinem Körper selbst herzustellen.

Zum Bodenleben gehören nicht nur Regenwürmer, Schnecken, Ameisen, Käferlarven, weniger bekannte Arten wie Springschwänze und Pseudoskorpione, sondern auch Mikroorganismen wie Pilze und Algen. Die gesamten Bodenorganismen werden als Edaphon bezeichnet. Ihre Anzahl ist unvorstellbar groß. Es wird oft zitiert (zum Beispiel in Lindbo et al. 2012), dass in einer Handvoll Boden mehr Organismen enthalten sind, als momentan Menschen auf der Erde leben. Sie sorgen dafür, dass der Boden fruchtbar ist. Dabei wird alles Tote ins Leben zurückgeführt: Holz, Rinde, Blätter, Tierkadaver und auch der Mensch. Der Maler Friedensreich Hundertwasser nahm im Humus gar den „Geruch der Wiederauferstehung, der Unsterblichkeit wahr" (Hundertwasser 2007).

In den 1990er-Jahren wurde ein futuristisch anmutendes Projekt in Arizona (USA) gestartet, das zum Ziel hatte, eine kleinere Kopie der Erde zu bauen. Man nannte sie „Biosphäre 2". Als Fernziel war die Verwirklichung von Langzeitreisen im Weltraum oder Kolonien auf Mond und Mars angedacht. Beim Bau der „Biosphäre 2" hat man allerdings den Einfluss der Lebewesen im Boden auf das Gesamtökosystem schlicht unterschätzt und nach zwei Jahren musste das Projekt aufgegeben werden, denn ihnen ist der Sauerstoff ausgegangen. Neben dem unerwartet hohen Verbrauch der Bodenorganismen kam hinzu, dass auch das Stahlbetongerüst Sauerstoff adsorbierte.

Welche Auswirkungen dagegen ein fehlendes Bodenleben haben kann, zeigt das drastische Beispiel Tschernobyl. Fast 30 Jahre nach dem Reaktorunfall verrotten Laub und Totholz immer noch nicht. Es hat sich mittlerweile eine dicke Laubschicht gebildet, die vom verstrahlten geschädigten Bodenleben nicht zersetzt wird. Normalerweise zerfallen in einem Laubwald die Blätter nach einem Jahr größtenteils. Die Laubansammlung in Tschernobyl können verheerende Auswirkungen haben, denn innerhalb eines Waldbrandes würde diese gesamte Biomasse wie Zunder brennen und radioaktive Strahlung wieder in der Atmosphäre freigesetzt werden.

siehe links:
Oben Blümchen unten Boden, die geheimnisvolle Zwischenwelt aus belebter und unbelebter Natur.

Unter dem Mikroskop offenbart sich die Vielfalt des Bodenlebens. Landschnecken gibt es dort in Größe eines Staubkorns zu sehen.

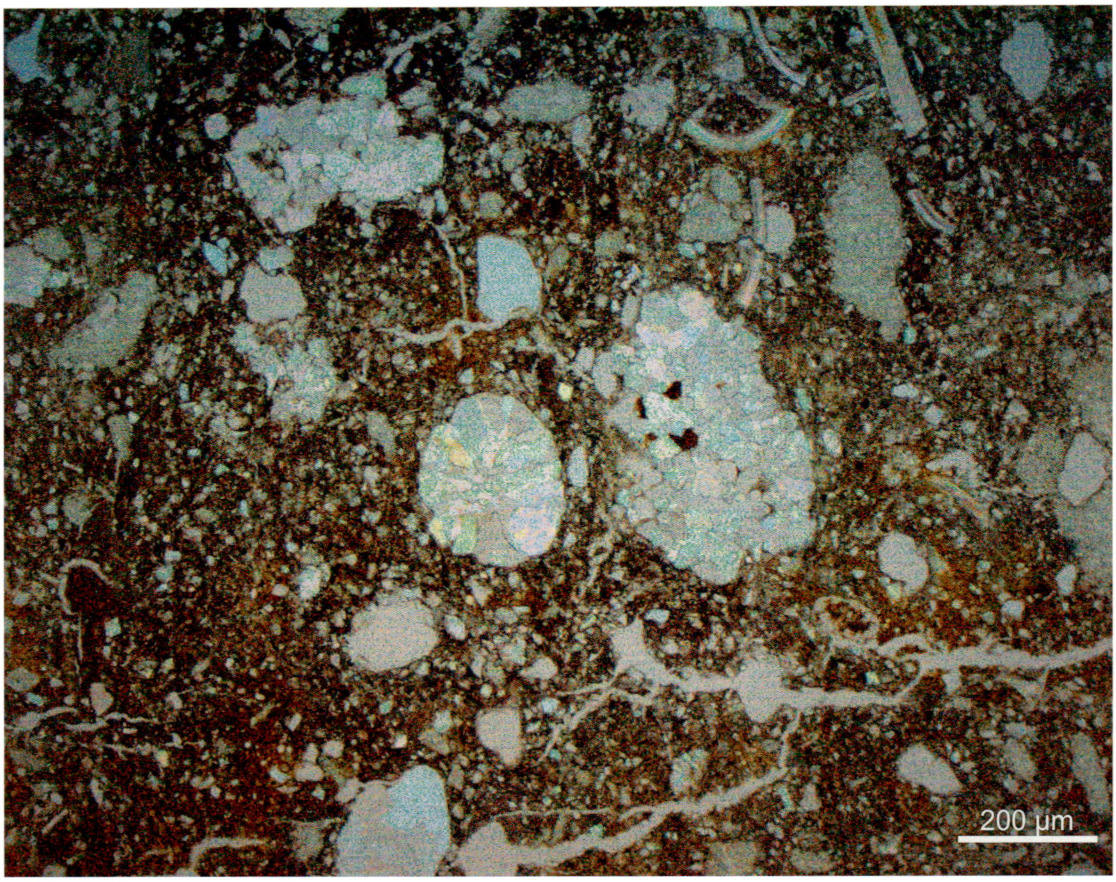

Würmer sind Erschaffer dieser glitzernden Unterwelt. In ihren Gängen hinterlassen sie schillernde Kalkausscheidungen.

Verschiedene Böden unserer Erde

Die Böden unserer Erde sind sehr verschieden und haben sich entsprechend der auf sie wirkenden Einflüsse wie Klima, Pflanzen, Geologie und Menschen sehr unterschiedlich entwickelt. Sie sind ein Spiegel der Umweltbedingungen. Um Aussagen zur Fruchtbarkeit und potenziell nachhaltigen Anbauweisen machen zu können, ist es daher wichtig, den Aufbau und die Eigenschaften der jeweiligen Böden zu kennen. Sie werden dabei in die Abschnitte A, B und C untergliedert – auch Horizonte genannt. A bezeichnet den humosen Oberboden, B den Unterboden und C den Untergrund. Diese Horizonte werden nun nach ihrer Beschaffenheit weiter untergliedert.

Die fruchtbarsten Böden sind in den Lösslandschaften, in Talauen oder Küstenregionen anzutreffen. Löss ist ein kalkhaltiges Sediment, welches während der letzten Eisenzeit abgelagert wurde. In Europa haben sich Schwarzerden auf Löss gebildet und werden aufgrund ihrer Fruchtbarkeit fast ausschließlich als Ackerland genutzt. Sie bestehen aus einem humusreichen A-Horizont und viel Bodenleben. Die Nährstoffe werden von den Bodenlebewesen durch Zersetzung für die Pflanzen verfügbar gemacht. Organisches Material wird in den Boden eingearbeitet und frisches Gesteinsmaterial in den Oberboden transportiert.

Als ein Gegenbeispiel ist der Podsol (russisch für „Ascheboden“) zu nennen. Diese Böden entstehen in kühl-feuchtem Klima unter Nadelwald oder Heidekräutern wie in den Alpen, in Skandinavien oder in der Taiga Sibiriens. Sie sind sauer und unfruchtbar. Der Oberboden ist weiß, denn bis auf Quarz enthält er keine Minerale und Nährstoffe mehr. Die Färbung entsteht durch die Verlagerung von Humusstoffen, Eisen-, Aluminium- und Manganverbindungen. Sie gelangen mit dem Sickerwasser bis in den Unterboden.

In Bezug auf die Bodenfruchtbarkeit sind tropische und subtropische Böden ebenso problematisch einzuschätzen. Obwohl der Regenwald mit seiner Artenvielfalt als ökologische Schatzkammer erscheint, enthalten die unter der dünnen Humusauflage befindlichen Bereiche kaum Nährstoffe. Gleichbleibend hohe Temperaturen und Niederschläge über Jahrtausende haben die Böden intensiv und tiefgründig verwittert. Am bekanntesten sind die tiefrot leuchtenden Tropenböden (Ferralsole). Sie sind Farbgeber der Pisten, die durch den Regenwald führen.

Die in den Lehrbüchern beschriebenen typischen Böden sind in der Landschaft selten in dieser Form anzutreffen. Mindestens die Hälfte der Landfläche unserer Erde wird deutlich vom Menschen beeinflusst. Böden werden durch Rodung sowie intensiven Ackerbau erodiert und gänzlich verändert. In den meisten Fällen entstehen dabei weniger widerstandsfähige Agroökosysteme. Dies trifft besonders auf die Tropen und Subtropen zu. In den Alpen kann Erosion auch als positive Entwicklung gesehen werden. Wenn der saure Oberboden eines Podsols entfernt wird und mit Humus angereichertes Bodenmaterial sich ablagert, entsteht ein fruchtbarer Almboden. In manchen dieser Bodenprofile lässt

Anders als der Podsol bilden die von menschlicher Nutzung geschaffenen Böden unter Almen die Grundlage für fette nährstoffreiche Weiden. Bei den schwarzen Stücken handelt es sich um Holzkohle Zeugnisse ehemaliger Feuertätigkeit um Weiden zu erhalten.

Das Feuerlegen in den Tropen und Subtropen führt zu einem Öffnen der geschlossenen Vegetationsdecke, welches Erosion begünstigt. Zudem bleiben nur noch feuerresistente Pflanzen übrig.

sich eine Entwicklungsgeschichte von mehreren Tausend Jahren ablesen. Jedes enthaltene Holzkohleband ist da Zeugnis einer ehemaligen Brandrodung. In den Nordalpen konnten so die Entstehung von Almen vor 4000 Jahren nachgewiesen werden.

Bodennutzung und Ernährungssicherheit

Die lebendige Hülle unserer Erde ist eine endliche Ressource, die bei steigender Bevölkerung in Zukunft ein knappes Gut wird (Lindbo et al 2012). Schon heute haben mehr als eine Milliarde Menschen kein ausgewogenes und ausreichendes Nahrungsangebot. Hinzu kommt, dass fruchtbarer Boden auf unserem Globus sehr ungleich verteilt ist. Die Erde besitzt etwa eine Landfläche von 149 Millionen Quadratkilometern, davon nimmt Ödland wie Wüsten und Eis etwa ein Drittel ein.

Der größte Anteil der landwirtschaftlichen Nutzflächen befindet sich in den Tropen. Um die Ernährungssicherheit zukünftiger Generationen in diesen Regionen zu gewährleisten, müssen die Böden so genutzt werden, dass ihre Fruchtbarkeit erhalten bleibt. Dies stellt uns vor eine große Herausforderung, da es sich um fragile Ökosysteme handelt, die auf Brandrodung und Übernutzung sensibel reagieren. Intensive Nutzung, Bodenerosion und Auswaschung führen zu einem extremen Nähstoffmangel in der obersten Erdkruste. Diese Übernutzung wird auch „soil-mining" genannt (Kotschi 2013). In den letzten Jahrzehnten galt Stickstoffdüngung als Wunderwaffe und im großen Stil wurde der Einkauf staatlich subventioniert. Nun zeigt sich, dass Stickstoff in den Tropen auf den degradierten Böden kaum wirksam ist. Er wird beim nächsten Regen wieder ausgewaschen. Neueste Forschungsergebnisse setzen nun wieder auf traditionelle Wirtschaftsweisen oder natürliche Bodenverbesserer wie die Termiten.

Besonders die holzfressenden Gilden sind in der Lage, Humus und Phosphor im Boden anzureichern. Sie gehören zu den staatenbildenden Insekten und sind mit Schaben und Fangheuschrecken verwandt. Ihre steil emporragenden Turmbauten werden aus Erde und Speichel zusammengehalten. Manche besitzen auch schirmförmigen Dächer, die vor Regen schützen. In Australien können Termitenbauten die Höhe eines Baumes erreichen und wirken wie Festungen in der Landschaft. Diese imposanten oberirdischen Bauwerke dienen zum Schutz vor Witterung und Feinden. Sie enthalten Schächte, die für eine gute Belüftung und kühle Temperaturen in den unterirdischen Bauten sorgen. In einem unterirdischen Labyrinth aus Gängen und Kammern spielt sich das Leben der Termiten ab. Sie tragen vorverdaute Kotballen in die Kammern, um auf ihnen Pilze zu züchten. Die Pilze dienen ihnen als Nahrung. So bringen sie humoses Material in den Boden hinein und transportieren mit dem Bau der Gänge frisches mineralisches Bodenmaterial nach oben.

Außerdem hat zum Teil eine Rückbesinnung eingesetzt und es wird gefordert, dass Techniken aus der traditionellen Bewirtschaftung wieder aufgenommen werden. Sie sollen den Boden schonen und langfristig wieder zu einer Humusanreicherung führen. Generell eignen sich zum Aufbau der Bodenfruchtbarkeit das Aufbringen von Dünger, Kompost und Gründüngung. Eine Verbesserung der Bodenqualität ist auch mit Intensivbrachen und Agroforstsysteme zu erreichen. In Agroforstsystemen ist die räumliche Trennung von Feld und Wald aufgehoben. Mehrjährige Hölzer werden mit einjährigen Nutzpflanzen wie Yams, Hirse und Mais auf derselben Fläche angebaut. Sie gehören zu den Methoden, die im Englischen als „Sustainable Land Management" der nachhaltigen Landwirtschaft zusammengefasst werden (Kotschi 2013).

Während in den Tropen zu wenige Nährstoffe im Boden sind, leidet die Landschaft unserer Breiten an Überdüngung. Der überflüssige Dünger landet in Flüssen, Seen und auch in unserem Trinkwasser. Nicht mal dem Boden tut er gut, da dieser versauert und dadurch die Artenvielfalt von Flora und Fauna zurückgeht. Damit nicht genug, die heutige Landwirtschaft trägt zur Emission von Kohlendioxid bei, indem Wäldern gerodet, Grünland umgebrochen und Moore trockengelegt werden. Mit diesen Eingriffen wird der in dem Boden gespeicherte Kohlenstoff freigesetzt.

Boden ist neben den Ozeanen der wichtigste Kohlenstoffspeicher. Er bindet weltweit doppelt so viel Kohlendioxid wie die globale Vegetation und die Atmosphäre zusammen (Grefe 2009). Ein Speicherpotenzial, das im Rahmen von Klimaschutzmaßnahmen noch von großer Bedeutung sein wird. Die Bewahrung und neue Einlagerung von Kohlenstoff im Erdreich könnten den Klimawandel sogar abmildern und zugleich die Fruchtbarkeit erhöhen (Grefe 2009). Innerhalb der letzten Jahre ist daher die Schutzwürdigkeit des Bodens neben Luft und Wasser als wichtigste Ressource dieses Planeten anerkannt worden. Die Generalversammlung der UN hat 2015 als internationales Jahr des Bodens beschlossen. Immerhin, ein erster Schritt, der Welt unter unseren Füßen eine angemessenere Beachtung zu schenken.

Pilzförmiger Termitenbau der Gattung *Cubitermes* auf dem Mabilla Plateau (Nigeria). Das schirmförmige Dach schützt vor Regen.

Die Atmosphäre – kräftig und zerbrechlich

DR. ESTER BECKER

Es ist der 12. April 1961. Der 27-Jährige wird um 5.30 Uhr geweckt. Mithilfe zweier Assistenten zieht er einen schweren Druckanzug an, besteigt einen Bus und kurz darauf einen Aufzug, der ihn 40 Meter hoch an die Spitze der Rakete bringt. Kurz vor 8 Uhr wird die Luke geschlossen. Aus den Lautsprechern der kleinen Kabine tönt die Lieblingsmusik des jungen Mannes. Dann wird es still. Nur das Brummen der Aggregate ist zu hören. Wenig später erwachen Millionen von PS und kurz nach 9 Uhr startet das Raumschiff „Wostok 1". Einziger in der Kapsel ist Juri Gagarin – er wird heute in die Weltgeschichte eingehen. „Auf geht's", ruft er der Mannschaft am Boden zu. Nur 14 Minuten nach dem Start hat der Sohn eines russischen Bauern als erster Mensch die Erdumlaufbahn erreicht. Aus einer Höhe von 300 Kilometern blickt er auf den blauen Planeten: „Ich sehe die Erde, ich sehe die Wolken, es ist bewundernswert, was für eine Schönheit." Selbst Wälder und Küstenlandschaften kann er erkennen. Und er sieht jene faszinierende blau schimmernde Hülle, die es um den Mond herum nicht gibt ...

siehe links:
Polarlichter im Norden Norwegens. Sie entstehen, wenn elektrisch geladene Sonnenteilchen auf die Atmosphäre treffen. Treffen sie in etwa 100 Kilometer Höhe auf Sauerstoffatome, sind die Lichter grün. In Höhen von rund 200 Kilometern sind sie rot und wenn die elektrischen Sonnenteilchen auf Stickstoffatome treffen, leuchten Polarlichter rot bis blau. Manchmal entstehen auch Mischfarben wie weiß, gelb oder violett.

Unsichtbarer Lebensspender

Am Erdboden kann man sie weder sehen, noch riechen oder schmecken und merkt noch nicht einmal, dass sie überhaupt existiert. Dennoch: Ohne sie gäbe es kein Leben. Die Atmosphäre ist die größte Verpackung unseres Heimatplaneten, die von der Alge bis zum Mammutbaum und von der Ameise bis zum Elefanten alle Organismen dieser Erde in einen warmen, feuchten Gasmantel hüllt. Und sie ist einzigartig – denn ein Planet, der eine Atmosphäre wie die unsere besitzt, wurde bislang noch nicht entdeckt.

Einerseits lässt sie lebensnotwendiges Sonnenlicht zu den Oberflächen der Kontinente und Ozeane passieren, andererseits hält sie schädliche Strahlung fern. Sie enthält Sauerstoff zum Atmen und genau die richtige Menge an Kohlendioxid, um eine ideale Durchschnittstemperatur von 15 °C auf der Erde zu erhalten. In ihr können Raumstationen um die Erde kreisen und Gesteinsbrocken aus dem All verglühen. Ohne sie hätten wir kein Wetter, wäre der Himmel nicht blau, könnten weder Flugzeuge noch Vögel fliegen und wir könnten auch kein gekochtes Frühstücksei essen.

In trockenem Zustand ist die irdische Atmosphäre ein Gasgemisch aus 78 Prozent Stickstoff, 21 Prozent Sauerstoff, etwas weniger als einem Prozent des Edelgases Argon und einem winzigen Anteil von Spurengasen wie Kohlendioxid, Methan und Ozon. Zusätzlich enthält die Luft auch unsichtbares gasförmiges Wasser, den Wasserdampf.

Der Apfel des Isaac

Dass die Gase nicht ins All entweichen, verdanken wir der Schwerkraft. Isaac Newton (1642–1726) hat diese anziehende Kraft als Erster erkannt. Nach Geschichtsbüchern soll er sie just in dem Moment schmerzlich wahrgenommen haben, als er unter einem Apfelbaum saß und ihm ein Apfel auf den Kopf fiel. Ob wahr oder unwahr, fest steht, dass Newton dieses Naturgesetz verfasste: Zwei Körper ziehen sich immer gegenseitig an und je schwerer ein Körper ist, desto stärker ist seine Anziehungskraft. Die Erde hat genau die richtige Größe, um Atmosphärengase in Erdnähe zu halten. Wäre sie so klein wie der Mond, würden die Luftmoleküle ihrer Wege ziehen und ins All entkommen.

Die Atmosphäre besteht aus mehreren Schichten und reicht vom Erdboden bis ins Weltall – da sind sich alle einig. Aber wo beginnt das Weltall? Für den internationalen Luftsportverband mit Sitz in der Schweiz liegt die Grenze zum Weltall in einer Höhe von 100 Kilometern über dem Meeresspiegel, für die Behörden der USA beginnt der Weltraum bereits in einer Höhe von 80 Kilometern. Beides sind festgelegte Grenzen, die dazu dienen, die Luftfahrt von der Raumfahrt zu trennen. Nach der Definition der Erdatmosphäre liegt die Grenze zum Weltall deutlich höher. Sie beginnt dort, wo die Schwerkraft der Erde ihre Atmosphärengase nicht mehr festhalten kann. Leichte Gase verschwinden ab 500 Kilometer in das Universum, andere erst in Höhen von 10 000 Kilometern. Tatsächlich gibt es keine konstante Grenzschicht, der Übergang zum Weltall ist fließend.

Zuunterst: luftvoll und windig

Gleichgültig, wo wir die Grenze zum Universum ziehen oder wo auch immer das letzte Gasteilchen ins All entkommt, eines steht fest: Wir leben in der untersten Schicht der Erdatmosphäre, und die nennt man Troposphäre. Nur hier kann uns ein laues Lüftchen um die Nase wehen, gibt es Wolken, warme Sommerregen oder heftige Gewitter. Hier findet das gesamte Wettergeschehen statt und nur hier gibt es Leben. 90 Prozent aller Gasmoleküle bewegen sich in dieser vergleichsweise dünnen Schicht. Obwohl die Troposphäre über dem Äquator nur rund 15 Kilometer und über den Polen nur acht Kilometer dünn ist, können selbst Düsenjets diese dicke Suppe aus sauerstoffreicher Luft nicht verlassen. Denn die Triebwerke dieser Überschallflugzeuge fliegen mit luftatmenden Triebwerken – und Luft gibt es oberhalb der Troposphäre definitiv zu wenig.

Luft ist ein seltsamer Stoff. Sie ist nicht greifbar und erscheint uns gewichtslos. In Wirklichkeit hat sie aber ziemlich viel Masse. Auf Meereshöhe beschwert die Atmosphäre jeden einzelnen Quadratzentimeter unseres Körpers mit einem Kilogramm Druck. Auf dem Mount Everest lasten auf den gleichen Fleckchen Haut nur noch 330 Gramm. Grund ist die Erdanziehungskraft. Sie zieht umso mehr Gasmoleküle an sich, je näher sie sich in Reichweite der Erdoberfläche befinden. Deshalb ist auf dem 8848 Meter hohen Mount Everest die Last der Atmosphäre – wie Meteorologen den Luftdruck bezeichnen – nur knapp ein Drittel so hoch wie am Meer. Aus diesem Grund können wir dort oben auch kein Frühstücksei kochen. Denn bei einem Luftdruck wie auf dem höchsten Berg der Erde kocht Wasser bereits bei 70 °C. Eiweiß gerinnt allerdings erst bei einer Temperatur von 84,5 °C.

Blick auf die Anden aus dem Raumschiff Gemini 7 im Dezember 1965. Gemini 7 umrundete 206-mal die Erde in Höhen von 162 bis 328 Kilometern.

Die Macht des Windes

Die Schichten der Erdatmosphäre.

Die unglaubliche Kraft der Luft ist auf allen Kontinenten sichtbar. Überall formt der Wind Landschaften und zerkleinert selbst härtestes Gestein.

Eine vom Wind modellierte Landschaft ist das Monument Valley im Südwesten der USA. Diese senkrecht aufragenden Sandsteinfelsen, die wie gigantische Hocker aussehen, entstanden, weil große Temperaturunterschiede, Wasser und Stürme an der ehemaligen Landoberfläche nagten, bis schließlich der Wind sein letztes Werk vollenden und weichere Schichten als Sand in die Wüste wehen konnte.

Sand wird von Luft getragen, bleibt irgendwo liegen und bildet Dünen. So lässt der Wind wahre Ozeane aus Sand entstehen. In Wüsten und an Küsten, wo der Wind ungehindert wehen kann und Sand in Hülle und Fülle existiert, werden ganze Berge aus Sand zusammengetrieben. „Big Daddy" gilt als größter vom Wind aufgehäufter Sandhaufen der Welt. Die riesige Sanddüne des Sossusvlei in Namibia ist rund 350 Meter hoch.

Der Wind schafft auch Transportwege zwischen weit voneinander entfernten Regionen und transportiert Nahrung für unzählige Organismen. In der Sahara, der größten Staubquelle der Welt, sammelt er manchmal große Mengen an mineralischen Körnchen auf und trägt sie in Richtung Westen. Ein Teil der winzigen Partikel, die reich an Phosphor und Eisen sind, fallen in den Atlantischen Ozean und sorgen so für ein ausgesprochen gutes Algenwachstum. Diese pflanzlichen Mikroorganismen locken Scharen tierischer Kleinstlebewesen an, die kleinere Raubfische im Schlepptau haben, und die wiederum Haien, Robben und Meeresvögeln als Nahrung dienen. So kurbeln Passatwinde die Nahrungskette an. Und nicht nur das: Rund 50 Millionen Tonnen Saharastaub landen jedes Jahr im Amazonasbecken und düngen dort den größten tropischen Regenwald der Erde.

Wettermotor Sonne

Jede Form von Wetter, angefangen von der sanftesten Brise bis zum heftigsten Gewittersturm, beginnt mit Wärme. Treibende Kraft hinter all dem: die Sonne. Ihre Strahlen heizen die Erdoberfläche auf, die ein Teil ihrer Wärme an die Lufthülle abgibt und den Wettermotor antreibt. Eigentlich merkwürdig, dass die Luft nicht von der Sonne direkt, also von oben, sondern von unten erwärmt wird. Das liegt an unserer Atmosphäre. Sie lässt nicht alles passieren. Sämtliche kurzwelligen Strahlen des sichtbaren Lichtes dürfen zu uns durch, aber nur ein kleines bisschen der langwelligen Infrarotstrahlung – und diese unsichtbaren Strahlen sind nichts anderes als Wärme.

Die Troposphäre wird also von unten beheizt. Wasser verdunstet und Winde treiben gewaltige Mengen an unsichtbarem Wasserdampf um die ganze Erde. Kondensiert das gasförmige Wasser zu winzigen Tröpfchen, entstehen Wolken und Regen.

Strömende Luftmassen sind ganz offensichtlich von zentraler Bedeutung für das Leben auf der Erde. Doch wie kommen eigentlich die Winde in Bewegung? Warme Luft dehnt sich aus und steigt nach oben. Weil der Luftdruck mit zunehmender Höhe abnimmt, kühlen die Gasteilchen auf ihrem Weg nach oben ab. Erkaltet die Luft, dann zieht sie sich zusammen, wird somit schwerer und fällt nach unten.

Wo warme Luft aufsteigt, wird der Anteil an Gasteilchen geringer. Am Boden entsteht ein Unterdruck. Der Meteorologe spricht dann von einem Tiefdruckgebiet. Wo erkaltete Luft absinkt, sind mehr Gasmoleküle in der Luft und der Druck der Atmosphäre auf alles, was darunter ist, wird höher. Dann haben wir ein Hochdruckgebiet.

Winde entstehen, weil sich Luftteilchen stets vom Hoch- zum Tiefdruckgebiet bewegen. So werden Druckunterschiede ausgeglichen. Wo Hoch- und Tiefdruckgebiete aufeinandertreffen, kann es ganz schön windig werden. Bei allen Sturmjägern beliebt sind die Anden. Hier prallen zwei besonders starke Luftmassen aufeinander: Warme und feuchte Luft aus dem Amazonasbecken kollidiert mit kalter Luft der Südpolarregion. Das Ergebnis sind gigantische Gewitterstürme, die zu den heftigsten der Erde zählen.

Wo lichte Dichte UV-Strahlen bremst

Wenn an schwülen Sommertagen Wolken zu riesigen Wolkengebirgen aufquellen, irgendwann nicht mehr weiterkommen und schließlich als sogenannte Ambosswolken nur noch in die Breite wachsen, dann können wir die Grenze zur darüberliegenden Atmosphärenschicht gut erkennen.

Die Stratosphäre liegt wie ein unsichtbarer Deckel über der Troposphäre. Ursache ist die Temperatur: In der Troposphäre nimmt die Temperatur von unten nach oben ab, in der Stratosphäre nimmt sie wieder zu. Und hier gilt das Naturgesetz: Kalte Gase wollen eng zusammenbleiben – sie sind dichter und bleiben unten. Warme Luftmoleküle bewegen sich dagegen angeregt in alle Richtungen – die Luft ist dünner und treibt oben.

Weder Wolken noch Menschen haben in der Stratosphäre etwas zu suchen. Am 16. August 1980 war das anders: Joseph Kittinger dringt mit einem Heliumballon in die Stratosphäre ein – bis in eine Höhe von 31 Kilo-

Die Landschaft des Monument Valley im Südwesten der USA wurde von Wetter und Wind geformt.

metern. Dann springt er mit dem Fallschirm ab. In dieser Höhe gibt es nur noch sehr wenig Gasteilchen. Deshalb saust der amerikanische Testpilot nahezu ungebremst der Erde entgegen. Trotz einer Fallgeschwindigkeit von 988 Kilometern pro Stunde spürt er keinen Luftwiderstand. Erst als er in die Troposphäre eintaucht, bemerkt er Reibung und das vertraute Rauschen der Luft.

Joseph Kittinger fiel in der Stratosphäre fast durch ein Nichts. Dennoch, ohne dieses „Nichts" ginge es uns hier unten ziemlich schlecht. Hier verwandelt die ultraviolette Strahlung der Sonne den aus zwei Atomen bestehenden Luftsauerstoff in Moleküle mit drei Sauerstoffatomen, und das ist Ozon. Eigentlich ist Ozon ein giftiges und ätzendes Gas. In Bodennähe reizt es Augen und Schleimhäute. In Höhen ab 12 Kilometern saugt es aber fast die gesamte ultraviolette Strahlung der Sonne auf und schützt uns vor Sonnenbrand und Hautkrebs.

Bei Eiseskälte verglühen

Ab einer Höhe von 50 Kilometern wird kaum noch Ozon gebildet. Deshalb geht es auch wieder bergab mit den Temperaturen: In den nächsten 35 Kilometern fallen sie von 0 °C auf -100 °C. Und trotz Eiseskälte würden wir uns hier in kürzester Zeit verbrennen. Der Grund ist: Die schützende Ozonschicht fehlt.

Diese kälteste Schicht der Erdatmosphäre ist die sogenannte Mesosphäre. Unter ihr bewegen sich etwa 99,9 Prozent aller Atmosphärengase, in ihr weniger als 0,1 Prozent. Und dennoch: Es gibt noch so viel Luft, dass sich Raumschiffe im Landeanflug auf mehr als 1000 °C aufheizen.

Und auch Gesteinsbrocken aus dem Weltraum verglühen hier. Täglich prasseln Milliarden von Himmelskörpern mit einem Gesamtgewicht von 100 Tonnen auf die Erdatmosphäre. Die meisten von ihnen sind kleiner als ein Millimeter. Mit Geschwindigkeiten bis 4500 Kilometer pro Minute rasen die kosmischen Bröckchen durch die Atmosphäre. Haben sie die Größe eines Reiskorns, können wir das aufgeheizte Gas hinter der verdampfenden Fracht aus dem All als Sternschnuppe sehen.

Auch mehrere metergroße Meteoriten rasen jährlich auf die Erde zu. Doch die irdische Atmosphäre wirkt wie ein Schutzschild. Eintretende Objekte werden abgebremst, ein Großteil ihrer Masse verglüht, und oft explodieren ihre Reste noch in der Luft.

Im Glutofen frieren

Die Atmosphäre ist ein trügerischer Stoff. In Höhen von 85 bis 500 Kilometern, in der sogenannten Thermosphäre, steigen die Temperaturen je nach Sonnenaktivität bis auf 2000 °C an. Doch diese Hitze bemerken wir nicht. Denn Temperatur ist nur fühlbar, wenn Luftmoleküle aufeinanderprallen. Wenn wir an einem Frühjahrstag wohlige Wärme am Rücken spüren, nehmen wir in Wirklichkeit von Sonnenlicht angeregte Atome wahr, die durch ihren verstärkten Bewegungsdrang heftig aufeinanderprallen. In der vorletzten Schicht der irdischen Atmosphäre ist die Luftdichte aber millionenfach dünner als am Boden. Deshalb gibt es hier kaum noch Kollisionen und keine spürbare Wärme.

Die gute Nachricht: Diese Hitze kann uns nichts anhaben. Die schlechte Nachricht: Würden wir hier eine Hand aus einem Raumschiff strecken, so würde dennoch eine Hälfte verbrennen. Denn hier bekommen wir das volle Strahlungsspektrum der Sonne ab, und deshalb würde die sonnenzugewandte Seite wie in einem Ofen schmoren, während die abgewandte Seite kalt bliebe.

Aber es gibt noch eine gute Nachricht: Röntgen- und Gammastrahlen und ein Großteil der UV-Strahlen versperren sich hier praktisch selbst ihren Weg zur Erdoberfläche. Wenn energiereiche kosmische Strahlen auf die Atmosphäre treffen, dann zerlegen sie irdische Gasmoleküle in kleinere Teilchen. Bei diesem Vorgang werden aber die schädlichen Strahlen herausgefiltert – unser Glück, denn sonst wäre es hier unten ziemlich ungemütlich.

Darüber hinaus haben die Gasteilchen noch eine andere angenehme Eigenschaft: Sie fangen die Energie kosmischer Radiowellen ein und schwingen anschließend mit der gleichen Frequenz. So verwandeln sie sich in winzige Sender und wir können überall Radio hören – auch im entlegenen Norden von Alaska.

Und hier gibt es auch die besten Logenplätze für Himmelsinszenierungen der besonderen Art: Polarlichter – riesige grüne, rote oder blaue Schleier, die nachts am Himmel tanzen. Sie entstehen, wenn die Sonne elektrisch geladene Teilchen als gewaltige Sonnenwinde in den Weltraum schleudert. Am Äquator und in unseren Breiten bewahrt uns das Erdmagnetfeld vor dem solaren Bombardement. Aber in den Polarregionen, wo magnetische Feldlinien senkrecht auf die Erde treffen, prallen die energiereichen Sonnenteilchen mit voller Wucht gegen die irdische Atmosphäre. Dabei werden Gasatome zum Leuchten angeregt.

Trotz Hitze wie im Glutofen – die Thermosphäre behält gleich mehrere Attribute für uns bereit: Sie fängt schädliche Strahlen ein, ist aber gleichzeitig so dünn mit Gasteilchen besiedelt, dass kaum Reibung existiert, und zudem lässt die Erdanziehungskraft nichts ins All entkommen. Das macht sich auch die Internationale Raumstation ISS zu Nutze. In einem Abstand von 400 Kilometern umrundet sie täglich 16-mal die Erde, verbraucht dabei aber nur 20 Kilogramm Treibstoff - und dieser Astronautenarbeitsplatz hat immerhin die Ausmaße eines Fußballfeldes.

Ab einer Höhe von 500 Kilometern verliert die Erde langsam ihre Anziehungskraft. Von da an machen sich leichte bewegungsfreudige Teilchen auf den Weg ins All. Schwere Gase haben es nicht so leicht, sie verschwinden erst deutlich höher. Wo genau, kann niemand so genau sagen. Für die äußere Grenze der Erdatmosphäre wird eine Höhe von 10 000 Kilometern angenommen.

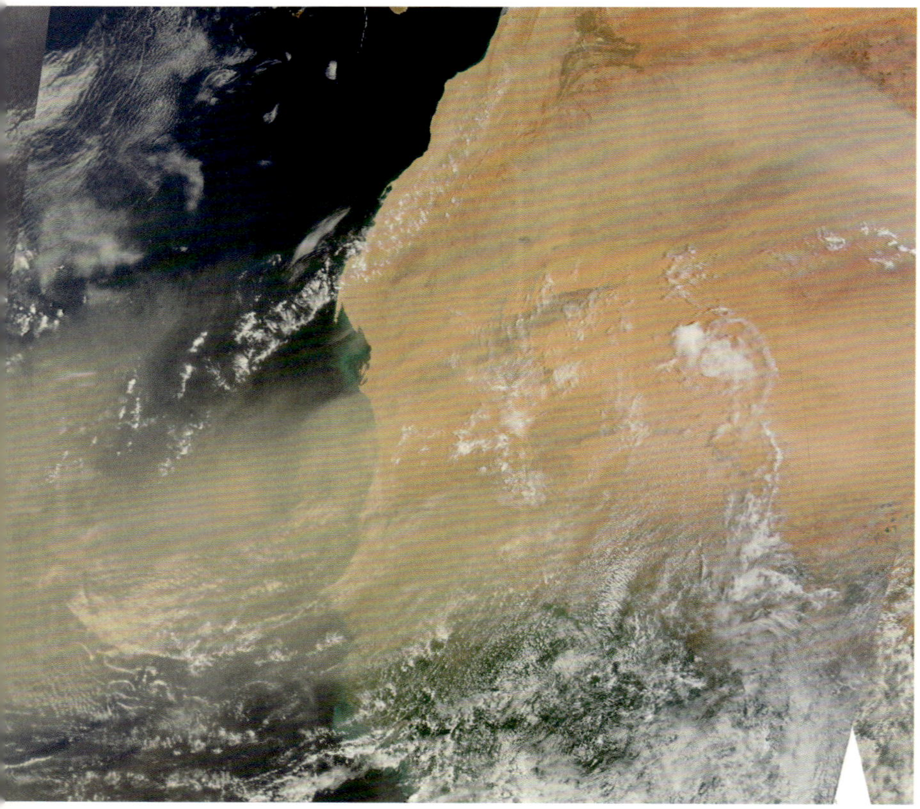

Satellitenbild eines Sandsturms über der Sahara und dem Atlantik. Saharastaub wird von Passatwinden bis in das Amazonasbecken getrieben.

Nur gut, dass es die Atmosphäre gibt …

… denn ohne sie wären wir nicht nur dem Beschuss von Meteoriten, Sonnenwinden und kosmischen Strahlen ausgesetzt, sondern auch der klirrenden Kälte des Weltalls – und im leeren All ist es -270 °C kalt. Auf der Erde wären die Temperaturen etwa so wie auf dem Mond: Tagsüber durch den Einfluss der Sonne mit rund 130 °C brütend heiß und nachts mit -160 °C deutlich kälter als im Winter am Südpol.

Hätten wir keine Atmosphäre, wäre der Himmel auch nicht blau, sondern schwarz. Denn Licht ist nur sichtbar, wenn es auf Materie trifft. Wir sehen den Mond auch nur deshalb, weil er von der Sonne angestrahlt wird. Aber wo nichts ist, kann auch nichts erhellt werden. Deshalb wäre es ohne Luft hier unten so dunkel wie im Weltall.

Sind Astronauten in der Raumstation ISS schwerelos?

Astronauten schweben zwar in der Raumstation ISS, sind aber dennoch nicht wirklich schwerelos. Der Grund dafür ist die Erdanziehungskraft. Sie ist in einer Höhe von 400 Kilometern, in der die Raumstation um die Erde kreist, immer noch wirksam – aber deutlich geringer. Deshalb fallen Astronauten ganz langsam nach unten, werden aber gleichzeitig so schnell nach vorne beschleunigt, dass sie quasi um die Erde herum fallen.

Der lange Weg zum Sauerstoff

Unsere vertraute Schutzhülle, die uns hier so komfortabel leben lässt, gab es nicht von Anbeginn. In der Frühphase, vor rund 4400 Millionen Jahren, als die Erde nichts anderes war als eine glühend heiße Magmakugel, gab es keinen freien Sauerstoff. Aus dem heißen Gesteinsbrei entwichen Stickstoff, Methan, Kohlendioxid, Schwefelwasserstoff und Wasserdampf und bildeten die Uratmosphäre. Sie war rötlich, ließ kein Sonnenlicht durch, dafür aber umso mehr aggressive UV-Strahlen, denn die schützende Ozonschicht fehlte. Als die Erde abkühlte und es über viele Tausend Jahre hinweg buchstäblich wie aus Eimern schüttete, bis die Ozeane voll waren, hatte das Wasser eine Temperatur von mehr als 100 °C. Es war dennoch flüssig. Ursache war die Last der Atmosphäre, die angesichts der Masse ihrer Gase deutlich höher war als heute. Umhüllt von dichten Gasen und angetrieben von UV-Strahlen und Gewitterblitzen konnten in der brodelnden Ursuppe die ersten lebenden Zellen entstehen. Das war vor etwa 4000 Millionen Jahren.

Rund 500 Millionen Jahre später kamen jene Winzlinge hinzu, die alles verändern sollten: Cyanobakterien – die Erfinder der Fotosynthese. Als erste Lebewesen waren sie in der Lage aus Sonnenlicht, Kohlendioxid, Wasser und ihrem grünen Farbstoff, dem Chlorophyll, Zucker für ihren Stoffwechsel zu erzeugen. Abfall produzierten sie dabei auch: Sauerstoff. Für die meisten anderen Bakterien jener Zeit war es das pure Gift. Anfangs ging das aggressive Gas im Wasser Verbindungen mit Eisen ein und verwandelte es zu Rost. Doch als es vor rund 2500 Millionen Jahren frei im Meer herumtrieb, setzte das größte Massenaussterben der Erdgeschichte ein. Zum Glück entstanden neue Lebewesen, die den Sauerstoff für ihre Atmung nutzten. So überlebte die Erde die größte Umweltkatastrophe ihrer Geschichte.

Vor etwa 800 Millionen Jahren, rund 4000 Millionen Jahren nach den ersten Geburtswehen unseres Heimatplaneten, war es endlich soweit: Der erste Sauerstoff entwich aus den Meeren in die Atmosphäre. Kurz darauf bildete sich die schützende Ozonschicht, die seitdem das Leben vor tödlichen UV-Strahlen bewahrt. Wir sollten den Cyanobakterien dankbar sein, denn sie sind die Weltveränderer, die einen dunklen Planeten ohne Sauerstoff in einen Blauen Planeten mit Sauerstoff verwandelten.

Gewitterwolken (Ambosswolken) steigen bis zur Stratosphäre auf. Dort kommen sie nicht mehr weiter und wachsen wie ein Amboss in die Breite, weil sie durch einen Temperaturanstieg abgebremst werden. Wärmere und damit leichtere Luftmassen der Stratosphäre liegen über kalter Luft der Troposphäre.

Blaue Papageienfedern.

Autoreninformationen

Dr. Ester Becker, Diplom-Geologin/-Paläontologin, arbeitet nach einer Ausbildung zur Fachzeitschriftenredakteurin als Naturpädagogin im Palmengarten und im Senckenbergmuseum in Frankfurt am Main. Ihre Themenschwerpunkte sind Botanik, Erdgeschichte, Paläontologie und Madagaskar.

Nora Bluhme studierte Biologie mit den Schwerpunkten Zellbiologie, Virologie und Botanik. Sie arbeitet für eine Klimaschutzorganisation in Frankfurt am Main und schreibt gelegentlich Fachartikel zu unterschiedlichen Themen.

Martin Bopp, Diplom-Biologe und Fachjournalist für Umweltwirtschaft, schreibt und fotografiert als freier Journalist und Autor (Schwerpunkte Kommunales, Energietechnik, Mobilität, Natur & Umwelt), lektoriert Hochschularbeiten und Sachtexte und erstellt gelegentlich faunistische Fachgutachten für Behörden.

Maike Drewing, Diplom-Biologin, ist angehende Gymnasiallehrerin für Biologie und Physik.

Eileen Dworaczek, Diplom-Biologin, arbeitet als wissenschaftliche Mitarbeiterin am Institut für Spezielle Botanik der Johannes-Gutenberg-Universität Mainz. Für ihre Dissertation forscht sie an der Entwicklung von Blütenständen verschiedener Pflanzenfamilien.

Johanna Kiefer, Verlagsbuchhändlerin und Diplom-Geographin, arbeitet im Umweltbildungsbereich in Frankfurt am Main. In ihren Seminaren, Führungen und Workshops spielen die Vielfalt der Natur und der Kulturen sowie globale Zusammenhänge eine große Rolle.

Anna Valerie Köcke, Diplom-Biologin, verfasste im Bereich Botanik ihre Doktorarbeit über die räumlich-zeitliche Evolution und die Dynamiken klimatischer Nischen von Mahagonibaumarten in der Neotropis. Sie arbeitet nun bei der Heraeus Bildungsstiftung, Hanau.

Dr. rer. nat. Gudrun Kräbs, Diplom-Biologin, arbeitet als Kinderwunschberaterin in Frankfurt am Main. Thematischer Schwerpunkt ihrer Arbeit sind Stressprävention, Achtsamkeit und Kommunikationstraining für Frauen, Männer und Paare in der Kinderwunschzeit.

Dr. Ruthild Kropp, Germanistin und Diplom-Biologin, arbeitet als Autorin, Naturpädagogin und Archäobotanikerin in Frankfurt am Main. Thematische Schwerpunkte ihrer Bücher, Artikel, Führungen und Vorträge sind Botanik, Literatur und Pferde.

Sebastian Lotzkat, Diplom-Biologe, befasst sich wissenschaftlich mit der Vielfalt von Amphibien und Reptilien. Als freier Mitarbeiter des Senckenbergmuseums und des Palmengartens in Frankfurt am Main konzipiert und realisiert er Führungen, Vorträge und Workshops zu verschiedensten Themen rund um die Natur.

Christian Offer, Diplom-Ökologe, setzt sich als Seminarleiter, Fachautor, Medienreferent und Pädagoge für eine ökologisch nachhaltige Entwicklung ein. Er konzipiert Ausstellungen und Bildungsmaterialien und ist ehrenamtlich weltweit für den Schutz der Wälder unterwegs.

Dr. Astrid Röpke, Geowissenschaftlerin, bearbeitet die Themengebiete Natur, Umwelt und Mikroarchäologie. Sie arbeitet als freie Journalistin und als wissenschaftliche Mitarbeiterin an der Goethe-Universität Frankfurt am Main innerhalb verschiedener Projekte zu Eurasien.

Dr. Carina Scherbaum-Heberer, Diplom-Biologin, arbeitet in verschiedenen Forschungsprojekten zu baumhöhlennutzenden Tierarten an der Ökologischen Forschungsstation Schlüchtern sowie als Natur- und Museumspädagogin im Rhein-Main-Gebiet.

Anja Schweia-Buttero, Diplom-Biologin und Lehrkraft für die Fächer Biologie und Chemie, arbeitet in Frankfurt am Main an der Schule und im Senckenbergmuseum als Freie Museumspädagogin.

Matthias Stanke, Biologe, Frankfurt am Main.

Dr. Hilke Steinecke, Diplom-Biologin, ist Kustodin am Palmengarten in Frankfurt am Main. Ihre Aufgaben hier sind: wissenschaftliche Betreuung des Pflanzenbestandes, Konzeption von Ausstellungen, Redaktion der Palmengartenzeitschrift, Vorträge und der Kontakt zur Presse.

Dr. Astrid Stobbe, Diplom-Biologin, ist Leiterin des Labors für Archäobotanik an der Goethe-Universität Frankfurt am Main.

Weiterführende Literatur und Internetquellen

Die Körperhülle der Fische

R. Froese und D. Pauly (Hrsg.): FishBase. World Wide Web electronic publication. www.fishbase.org (Version 04/2014)

H. Müller 1986: Fische Europas. Enke Verlag, Stuttgart

G. Sterba 1990: Süßwasserfische der Welt. 2. Aufl., Urania, Leipzig

W. Westheide und R. Rieger 2004: Spezielle Zoologie. Teil 2: Wirbel- oder Schädeltiere. Spektrum Akademischer Verlag, Heidelberg; Seiten 21 f. und 200 f.

www.fischlexikon.eu/fischlexikon/anatomie/schuppen.php

www.spektrum.de/lexikon/biologie/schuppen/59990

www.iucnredlist.org/about/summary-statistics#TrendsInBiodiversityStatus

www.elasmo-research.org

Schmetterlingsschuppen

H.-J. Weidemann und J. Köhler 1996: *Nachtfalter, Spinner und Schwärmer*, Naturbuch-Verlag, Augsburg

H. Bellmann 2009: Der neue Kosmos Schmetterlingsführer. Schmetterlinge, Raupen und Futterpflanzen. 2. Aufl., Kosmos Verlag, Stuttgart,

www.schwalbenschwanz.ch

http://de.wikipedia.org/wiki/Schuppe_%28Schmetterling%29

Bromelien und ihre Saugschuppen

D. H. Benzing 1980: The biology of the Bromeliads. – Eureka.

N. Ehler 1977: Bromelienstudien II. Trop. u. Subtrop. Pflanzenwelt 20: 473–508.

W. Rauh 1981: Bromelien. – Stuttgart.

K. Zimmer 1986: Bromelien. Botanik und Anzucht ausgewählter Arten. – Berlin, Hamburg.

G. Zizka 1988: Bromelien –Tropische Lebenskünstler in Gefahr. Begleitheft zur Ausstellung in der Galerie am Palmenhaus. – Palmengarten Sonderheft. 10: 1–99.

Das Vogelei

N.A. Campbell 2002: Biologie. Spektrum Akademischer Verlag, Heidelberg

E. Bezzel und R. Prinziger 1990: Ornithologie, Verlag Eugen Ulmer, Stuttgart

M. Offenberger 2012: Ursprung allen Lebens – Das Ei, Primus Verlag, Darmstadt

A. G. Gosler, J.P. Higham und S.J. Reynolds 2005: Why are birds eggs speckled? Ecology Letters, 8, 1105–1113

http://www.papageien.org/HJP/PK/das_ei.html

http://www.wissenschaft-im-dialog.de

Die Elefantenhaut

www.wissenschaft.de/leben-umwelt/biologie/-/journal_content/56/12054/4116406/Rüsseltier-mit-Supernase/

Video: Human Planet, Folge Jungles, Timothy Allen/BBC, 2010; Wald-Arbeitselefanten in Burma.

Pollen

K. Faegri und J. Iversen 1994: Textbook of Pollen Analysis. (4. Aufl. herausgegeben von K. Faegri, P.E. Kaland, K. Krzywinski) Chichester, New York, Brisbane, Toronto, Singapur

P. A. Hochuli und S. Feist-Burkhardt 2013: Angiosperm-like pollen and Afropollis from the Middle Triassic (Anisian) of the Germanic Basin (Northern Switzerland). Front. Plant Sci., 01 October 2013 I doi: 10.3389/fpls.2013.00344

P. D. Moore, J.A. Webb und M.E. Collinson 1992: Pollen analysis. Oxford

www.diekriminalisten.at/krb/show_art.asp?id=1260

Kieselalgen

R. H. Francé 1920: Die Pflanze als Erfinder. Kosmos

L. Friedrichs, M. Hörnig, L. Schulze, A. Bertram, S. Jansen und C. Hamm 2013: Size and biomechanic properties of diatom frustules influence food uptake by copepods. Mar Ecol Prog Ser 481: 41–51

C. Hamm 2006: Das Leben im Plankton – Überleben durch Leichtbaustrukturen. In: Faszination Bionik: die Intelligenz der Schöpfung (Hrsg. K.G. Blüchel und F. Malik), McB Verlag

C. Hamm 2006: Diatomeen – schön, stark und nützlich. In: Faszination Meeresforschung: Ein ökologisches Lesebuch (Hrsg. G. Hempel, I. Hempel und S. Schiel), Hausschild

C. Hamm, R. Merkel, O. Springer, P. Jurkojc, C. Maler, K. Prechtel und V. Smetacek 2003: Architecture and material properties of diatom shells provide effective mechanical protection. Nature 421: 841–843

J. G. Helmcke 2004: Diatomeen II: Schalen in Natur und Technik III. Krämer (Hrsg. U. Kull)

H. Kranz 2009: Diatomeen im 19. Jahrhundert: Typenplatten und Salonpräparate von Johann Diedrich Möller. Keltern

Kokosnuss

J.B. Engelhard und B. Fenner 1996: Wer hat die Kokosnuss …? – Köln.

R. Lieberei und C. Reisdorff 2007: Nutzpflanzenkunde. Begründet von W. Franke. 7. Aufl., Stuttgart.

W. Rauh 1994: Morphologie der Nutzpflanzen. Heidelberg, Wiesbaden.

F.O. Steeb 1993: Palmen. Gütersloh.

Die menschliche Haut

M. Grillparzer 2011: KörperWissen. Gräfe und Unzer, München

A. Wagner 2013: Das Tier in dir. Frederking und Thaler, München

Viren

W. Dörfler 2013: Viren: Krankheitserreger und Trojanisches Pferd. Springer Verlag, Heidelberg

S. Modrow 2010: Molekulare Virologie. Spektrum Akademischer Verlag, Heidelberg

Link zu Animation der DNA-Injektion durch einen Phagen „T4 Virus infecting bacteria": http://www.youtube.com/watch?v=41aqxcxsX2w

Auf die Palme gebracht

J. Dransfield, N.W. Uhl, C.B. Asmussen, W. J. Baker, M. M. Harley und C.E. Lewis 1995: Genera Palmarum. Evolution and classification of the palms. 2nd edition. Kew.

D. Jones 1995: Palmen. Köln.

www.palmweb.org/

Die Baumrinde

C. Pollet 2009: Rinde. Die Wunderwelt der Bäume entdecken. Ulmer, Stuttgart

J.-D. Godet 2011: Baumrinden vergleichen und bestimmen. Ulmer, Stuttgart

Die oberste Erdkruste

P. Goldberg und R.I. Macphail 2006: Practical and theoretical geoarchaeology. Blackwell, Malden, Oxford, Carlton

C. Grefe 2009: Raubbau und Klimawandel zerstören den Boden. Eine „schwarze Revolution" muss her. 20/2009, Die Zeit

F. Hundertwasser 1979: Manifest „Scheißkultur. Die heilige Scheiße", http://www.eautarcie.org/de/05b2.html

R. Knoll 2010: Einfluß der Bodenmakrofauna auf Bodenmikromorphologie und Bodenchemie in zentralamazonischen Agrar- und Waldökosystemen. Karlsruher Schriften zur Geographie und Geoökologie. Bd. 25

J. Kotschi 2013: Bodenlos – Negative Auswirkungen von Mineraldüngern in der tropischen Landschaft. Heinrich Böll Stiftung/WWF

D. Lindbo, D.B. Kozlowski und C. Robinson 2012: Know soil, know life. Madison

D.R. Montgomery 2007: Dirt – The Erosion of Civilization. 295, University California Press

J. Poynter 2006: The Human Experiment. Two Years and twenty minutes inside Biosphere 2. Basic Books.

D. Rückamp 2012: Die Bedeutung von Termiten für die Verteilungsmuster von Kohlenstoff- und Phosphor-Fraktionen sowie die Genese Tropischer Böden, Brasilien. Dissertation

A. Röpke und R. Krause 2013: High montane-subalpine soils in the Montafon Valley (Austria, northern Alps) and their link to land-use, fire and settlement history. Quaternary International 308–309, 178–189

F. Scheffer und P. Schachtschabel 2005: Lehrbuch der Bodenkunde. Spektrum Akademischer Verlag, Heidelberg

M. A. Stocking 2003: Tropical Soils and Food Security: The Next 50 years. Science 302, 1356–1359

D. H. Yaalon 2007: Human-induced Ecosystem and Landscape Processes Always Involve Soil Change. BioScience 57, 18–19

Stichwortverzeichnis

Bildnachweis

2: Eric Isselée – Fotolia.com **I 8:** Africa Studio – Fotolia.com **I 10 oben:** www.bienenzauber-honigprodukte.at **I 10 unten:** Bobo – Fotolia.com **I 11:** www.bienenzuchtverein-bechen.de **I 12 oben:** Ahileos – Fotolia.com **I 12 unten:** mytree – Fotolia.com **I 13 oben:** Elya – wikimedia commons **I 13 unten:** AxelL – Fotolia.com **I 14:** AlexRaths – istockphoto.com **I 16:** alessandrozocc – Fotolia.com **I 17:** Ineuw – wikimedia commons **I 18:** FAUP – Fotolia.com **I 19:** Georg – gw-forum.de **I 20:** thomas hasenberger – Fotolia.com **I 21:** Rolfmueller – wikimedia commons **I 22 oben:** Geri und Freki – wikimedia commons **I 22 unten:** Fraunhofer Institut für Fertigungstechnik und angewandte Materialforschung **I 23:** Trevor Sewell / Electron Microscope Unit, University of Cape Town **I 24:** Kurt Wirz **I 26:** bioinspired.sinet.ca **I 27 oben:** LEX – Fotolia.com **I 27 unten:** Helma Spona – Fotolia.com **I 28:** qphotomania – Fotolia.com **I 29 oben:** schnabi – Fotolia.com **I 29 unten:** Chushkin – istockphoto.com **I 30:** Dr. Hilke Steinecke **I 32:** Dr. Hilke Steinecke **I 33 oben:** Dr. Hilke Steinecke **I 33 unten:** Dr. Hilke Steinecke **I 34 oben links:** Dr. Veit M. Dörken **I 34 oben rechts:** Dr. Veit M. Dörken **I 34 unten:** Dr. Hilke Steinecke **I 36:** Ornitolog82 – istockphoto.com **I 38 oben:** Danakia – istockphoto.com **I 38 unten:** xfi – wikimedia commons **I 40:** njgphoto – istockphoto.com **I 42:** lukaves – istockphoto.com **I 43:** Studio-Annika – istockphoto.com **I 44:** Okapia / imageBROKER / Ottfried Schreiter **I 45:** Risto0 – istockphoto.com **I 46 oben:** Valeriy Kirsanov – Fotolia.com **I 46 unten:** scubaluna – stockphoto **I 47 oben:** flikr.com **I 47 unten:** Michael Tieck – Fotolia.com **I 48:** Gucio_55 – Fotolia.com **I 50 oben:** M. Wesemann **I 50 unten:** Metronomo – wikimedia commons **I 51:** Michael Gäbler – wikimedia commons **I 52:** hfox – Fotolia.com **I 53:** M(e)ister Eiskalt – wikimedia commons **I 54:** Oh-Cool – Fotolia.com **I 56:** W. Barthlott – lotus-salvinia.de **I 57 oben:** HLPhoto – Fotolia.com **I 57 unten:** Marco Schmidt **I 58:** Valerie Köcke **I 60:** Nadine Haase – Fotolia.com **I 62 oben:** az_garret – istockphoto.com **I 62 unten:** EcoView – Fotolia.com **I 63 oben:** Rinelle – istockphoto.com **I 63 unten:** Digitalpress – Fotolia.com **I 64 oben:** Daniel Pittner – pixelio.de **I 64 unten:** Rudolpho Duba – pixelio.de **I 65:** Caitlin E. O'Connell-Rodwell **I 66:** akg / Science Photo Library **I 68 oben:** Dr. Astrid Stobbe **I 68 unten:** Dr. Astrid Stobbe **I 69 oben:** Wwing – istockphoto.com **I 69 unten:** Dr. Astrid Stobbe **I 70:** Marco Uliana – Fotolia.com **I 72:** Samuele Gallini – Fotolia.com **I 74–78:** Friedel Hinz **I 80 oben:** Manfred Ruppel **I 80 unten:** Manfred Ruppel **I 82:** Dr. Peter Schubert **I 84 oben:** Dr. Hilke Steinecke **I 84 unten links:** Dr. Veit Dörken **I 84 unten rechts:** Dr. Veit Dörken **I 85 oben:** Dr. Veit Dörken **I 85 unten:** Dr. Hilke Steinecke **I 86–90:** Sebastian Lotzkat **I 92:** abstractdesignlabs – istockphoto.com **I 94, 95, 97:** Carina Scherbaum-Heberer **I 96:** Yeko Photo Studio – Fotolia.com **I 98:** marvinh – istockphoto.com **I 100:** emer – Fotolia.com **I 102–104:** Eileen Dworaczek **I 105 oben links:** Grafissimo – istockphoto.com **I 105 oben rechts:** Topjabot – wikimedia commons **I 105 unten links:** ilbusca – istockphoto.com **I 105 unten rechts:** karandaev – istockphoto.com **I 106:** RollingEarth – istockphoto.com **I 109, 111–113:** Maike Drewing **I 110 oben:** Reisbegeleidercom – istockphoto.com **I 110 unten:** EuropePhotos – istockphoto.com **I 114:** pehutter – Fotolia.com **I 116 oben:** Zmeel – istockphoto.com **I 116 unten:** DLeonis – Fotolia.com **I 117:** Arend xy **I 118:** Robert von Blittersdorf **I 120:** witoldkr1 – Istockphoto.com **I 122 oben:** Guido Greiner **I 122 unten:** Heiko119 – istockphoto.com **I 123:** Astrid Steindorf **I 125 links:** AppleAday – istockphoto.com I 125 rechts: Anest – istockphoto.com **I 126:** Whiteway – istockphoto.com **I 127 oben:** mtreasure – istockphoto.com **I 127 unten:** MorelSO – istockphoto.com **I 128 oben:** Pakhnyushchyy – Fotolia.com **I 128 unten:** HLPhoto – Fotolia.com **I 129:** nevodka – istockphoto.com **I 130:** Jean-Paul Ferrero / Auscape / SAVE **I 132:** thingamajiggs – Fotolia.com **I 133:** Dianakc – wikimedia commons **I 134:** Michael32710 – wikimedia commons **I 135:** Byronsdad – istockphoto.com **I 136:** Wolfgang Kruck – Fotolia.com **I 138:** LaserLens – istockphoto.com **I 139 oben:** Dennis Donohue – Fotolia.com **I 139 unten:** GlobalP – istockphoto.com **I 140:** Naturediver – fotolia.com **I 142 oben:** Aquapix – fotolia.com **I 142 unten:** Aquapix – fotolia.com **I 143:** Boggy – fotolia.com **I 144 oben:** Maasik –stockphoto.com **I 144 oben:** Suegries – fotolia.com **I 145:** Esculapio – wikimedia commons **I 146:** Thomas Deerinck, National Center for Microscopy and Imaging Research **I 148 oben:** drimafilm – Fotolia.com **I 148 unten:** Dr. Axel Kohlmeyer **I 149:** alxhar – Fotolia.com **I 150:** j. Spacek – synapses.clm.utexas.edu **I 151:** Tina Carvalho – The cell image library **I 152:** Olena_T – istockphoto.com **I 154:** Masur – wikimedia commons **I 155 oben:** CDC / Dr. Joseph J. Esposito; F. A. Murphy **I 155 unten links:** Hans-Wolfgang Ackermann – wikimedia commons **I 155 unten rechts:** Vincent Fischetti and Raymond Schuch – wikimedia commons **I 157:** Webridge – wikimedia commons **I 159:** CDC / Dr. Fred Murphy; Sylvia Whitfield **I 160–165:** Dr. Hilke Steinecke **I 166:** Guido Greiner **I 168:** Astrid Steindorf **I 169–170:** Guido Greiner **I 171:** Astrid Steindorf **I 172:** klikk – istockphoto.com **I 174–177:** Dr. Astrid Röpke **I 178:** jamenpercy – Fotolia.com **I 180:** NASA **I 181:** jeremkin – istockphoto.com **I 182:** Caaz – wikimedia commons **I 184:** NASA / GSFC **I 185:** BanksPhotos – istockphoto.com